普通高等教育印刷工程本科专业教材

印刷图文复制原理与工艺

编著　刘全香
主审　刘浩学

内容提要

印前图文处理是一项理论性与实践性都很强的技术,本书将印前图文处理的理论与技术按照以理论为指导、技术为基础、工艺方法为手段的方式紧密地结合,系统地阐述了印刷图文复制的基本方法、工艺流程与原理,主要包括印刷图文复制技术的发展及现代图文复制的基本工艺流程、彩色图像的颜色复制方法及分色原理与技术、图像的阶调复制原理与加网技术、印前图文处理的原理及技术、印前处理输出的原理和技术、各种印前输出方法的质量控制技术与手段等。

本书可作为印刷工程及相关专业的教学参考书,也可供印刷技术、图文信息处理、电子出版等领域的相关研究人员和技术人员参考。

图书在版编目(CIP)数据

印刷图文复制原理与工艺/刘全香编著.—北京:文化发展出版社,2008.5(2019.8重印)
ISBN 978-7-80000-734-7

Ⅰ.印… Ⅱ.刘… Ⅲ.印刷-生产工艺 Ⅳ.TS805

中国版本图书馆CIP数据核字(2008)第048544号

印刷图文复制原理与工艺

编　著:刘全香　　　　　主　审:刘浩学

责任编辑:李　毅
责任印制:邓辉明　　　　责任设计:侯　铮
出版发行:文化发展出版社(北京市翠微路2号 邮编:100036)
网　　址:www.wenhuafazhan.com　www.printhome.com　www.keyin.cn
经　　销:各地新华书店
印　　刷:北京建宏印刷有限公司
开　　本:787mm×1092mm　1/16
字　　数:300千字
印　　张:12.75
印　　次:2008年5月第1版　2019年8月第3次印刷
定　　价:45.00元
ISBN:978-7-80000-734-7

◆ 如发现任何质量问题请与我社发行部联系。发行部电话:010-88275710

前　言

　　二十多年来，随着信息技术的发展，特别是数字技术及其相关技术在印刷复制领域应用的不断深入，印刷图文复制的技术与方法发生了革命性的变化，无论是印前、印刷还是印后加工各环节的设备、工艺技术与方法及控制手段都在不断的完善与发展，特别是数字印前处理技术已在实际生产中得到了迅速推广与普及，已基本从传统的模拟信息处理方式转向全新的数字印前处理方式，不仅大幅度地提高了生产效率和图文复制的质量，而且印前领域正不断扩展并成为现代信息传播的关键技术。

　　本书主要介绍印刷图文复制的基本方法、工艺流程与原理，并侧重介绍印前图文处理的原理与工艺。全书共分六章，其中第一章主要介绍印刷图文复制技术的发展及现代图文复制的基本工艺流程；第二章介绍图像的阶调复制原理与技术，重点阐述加网原理与技术；第三章重点介绍彩色图像的颜色复制方法及分色原理与技术；第四章重点介绍印前图文处理的技术及原理方法；第五章介绍印前输出的技术方法和原理；第六章介绍各种印前输出方法的质量控制技术与手段。

　　印前图文处理是一项理论性与实践性都很强的技术，本书将印前图文处理的理论与技术按照以理论为指导，技术为基础，工艺方法为手段的方式紧密地结合，在本书的编写过程中，力求系统全面地阐述现代印前图文处理的理论与方法，并注重理论与实践的结合，便于读者能更全面地学习和掌握有关的理论与技术。

　　书中引用了多位作者的资料和著述以及国内外最新研究文献，在此谨向他们致以真诚的谢意。

　　由于时间仓促和作者水平所限，书中有不足与错误之处在所难免，恳请广大同行专家不吝批评指正。

编　者
2008 年 1 月于武汉大学

前言

目 录

第一章 概 述 ... 1

第一节 印刷复制的对象 ... 1
一、文字 ... 1
二、图形 ... 3
三、图像 ... 4

第二节 印刷复制技术的发展 ... 6
一、现代印前复制工艺的发展 ... 6
二、色彩复制技术的发展过程 ... 9
三、加网技术的发展过程 ... 10

第三节 印刷图文复制基本工艺 ... 12
一、CTF 工艺 ... 12
二、CTP 工艺 ... 12

第四节 印前图文处理系统 ... 15
一、照相制版系统 ... 15
二、电子分色制版系统 ... 16
三、数字印前系统 ... 17
四、典型的数字印前系统 ... 20

复习思考题一 ... 22

第二章 图像阶调复制原理与技术 ... 23

第一节 概述 ... 23
一、连续调图像与网目调图像 ... 23
二、空间视觉混合原理 ... 24

第二节 加网方法 ... 25
一、调幅加网 ... 25
二、调频加网 ... 25
三、混合加网 ... 26

第三节 传统模拟加网技术 ... 26
一、投影网屏加网 ... 26
二、接触网屏加网 ... 27
三、激光电子加网 ... 27

第四节 数字加网技术 ... 29
一、数字加网基础 ... 29
二、点聚集态网点技术 ... 32

三、点离散态网点技术 35
　第五节　网点复制原理 36
　　一、网点的作用 36
　　二、网点的基本构成参数 36
　　三、网点传递规律 42
　复习思考题二 44

第三章　图像颜色复制原理与技术 45

　第一节　图像颜色复制过程与方法 45
　第二节　模拟分色基本原理 46
　　一、基于呈色光源分色 47
　　二、基于感光材料的感色性分色 47
　　三、基于互补滤色片分色 47
　第三节　数字分色原理 49
　　一、数字分色的基本原理 49
　　二、数字分色的数学模型 55
　第四节　数字分色技术 57
　　一、黑版 57
　　二、底色去除 59
　　三、非彩色结构工艺 62
　　四、灰平衡 65
　第五节　印刷颜色合成原理 67
　　一、网点的叠合呈色 67
　　二、网点的并列呈色 68
　　三、彩色油墨的混合呈色 68
　复习思考题三 69

第四章　印前图文处理原理与技术 70

　第一节　图像信息处理基本原理 71
　　一、图像模拟处理方式及原理 71
　　二、图文数字处理方式及原理 72
　第二节　图像的数字化 75
　　一、模拟图像的数字化过程 75
　　二、图像扫描仪 76
　　三、图像扫描过程 79
　第三节　灰度变换与图像增强 82
　　一、灰度直方图 82

二、灰度变换 …………………………………………………………………… 84
　　三、图像平滑 …………………………………………………………………… 86
　　四、图像锐化 …………………………………………………………………… 90
　第四节　图像层次校正与控制 ……………………………………………………… 93
　　一、层次再现曲线 ……………………………………………………………… 94
　　二、图像层次再现与调节规律 ………………………………………………… 94
　　三、印前图像处理层次曲线设计 ……………………………………………… 97
　　四、图像层次校正方法 ………………………………………………………… 97
　第五节　图像颜色校正与控制 ……………………………………………………… 99
　　一、颜色复制传递规律 ………………………………………………………… 99
　　二、颜色校正基本方法 ………………………………………………………… 103
　　三、色彩管理与控制 …………………………………………………………… 104
　第六节　图像平滑与锐化 …………………………………………………………… 113
　　一、图像平滑原理及处理方法 ………………………………………………… 113
　　二、图像锐化原理与方法 ……………………………………………………… 115
　第七节　图文组版 …………………………………………………………………… 118
　　一、印刷版面构成及排版要求 ………………………………………………… 118
　　二、拼版 ………………………………………………………………………… 122
　　三、页面描述 …………………………………………………………………… 126
　复习思考题四 ………………………………………………………………………… 131

第五章　印前输出工艺 …………………………………………………………… 132

　第一节　RIP 及其输出设置 ………………………………………………………… 132
　　一、光栅图像处理器 RIP ……………………………………………………… 132
　　二、RIP 的输出设置 …………………………………………………………… 135
　第二节　打样 ………………………………………………………………………… 136
　　一、打样方式与打样流程 ……………………………………………………… 136
　　二、数字打样系统及工艺 ……………………………………………………… 138
　第三节　CTF 输出与晒版 …………………………………………………………… 145
　　一、激光照排输出 ……………………………………………………………… 145
　　二、PS 版晒版 …………………………………………………………………… 154
　第四节　CTP 输出 …………………………………………………………………… 163
　　一、直接制版系统组成和工作原理 …………………………………………… 163
　　二、直接制版材料 ……………………………………………………………… 164
　　三、CTP 制版工艺 ……………………………………………………………… 166
　复习思考题五 ………………………………………………………………………… 167

第六章　印前图文处理质量控制　168

第一节　印刷复制质量控制参数　168
一、图像质量控制参数　168
二、文字质量控制参数　169

第二节　印前处理质量控制方法　169
一、图像处理质量控制的内容　170
二、印前分色必须考虑的因素　171

第三节　印刷图文复制质量测控条　172
一、测控条的作用　172
二、GATF 信号条　173
三、布鲁纳尔测控条　174
四、数字式测控条　176

第四节　打样质量控制与检测　178
一、机械打样质量控制　179
二、数字打样质量控制　180
三、样张的检查方法　181

第五节　分色片的质量检测与控制　182
一、对分色片的质量要求　182
二、分色片中常见故障分析及解决方案　183

第六节　印版的质量控制与检测　185
一、平印制版的质量要求　185
二、平印制版质量控制与检测方法　186
三、晒版过程中常见故障分析及解决方案　189

复习思考题六　192

参考文献　193

第一章 概 述

印刷复制技术一般指以原稿为依据，利用直接或间接的方法制成印版，再在印版上敷上黏附性的色料，在机械压力的作用下，使印版上的色料转移到承印物表面上，从而得到批量印刷品的复制技术。根据传统印刷的定义，必须具有原稿、印版、油墨、承印物和印刷机械五大要素才能进行印刷，但随着现代印刷技术的不断发展，印刷的含义也在发生变化，如一些新的印刷方式不一定需要印刷机械施加压力（如静电印刷、喷墨印刷等），还有一些现代印刷方式不一定要先制印版，才能印刷（如喷墨印刷等）。

第一节 印刷复制的对象

现代印刷复制的目的就是将各种模拟的或数字的原稿，通过各种技术手段和工艺复制成批量的印刷品。而原稿的信息主要通过文字、图形、图像等静态媒体形式表现，所以印刷复制就是要将原稿中的文字、图形、图像等在承印载体上准确地表现，也就是说印刷复制的对象主要包括文字、图形和图像。

一、文 字

文字是一个国家和民族文化的象征，是信息传递的载体，在社会和历史的发展过程中有着特殊的地位。在多元化的信息表现形式中，文字是一种最通用、最普遍的表现形式，无论是公文、文件、信函、报表还是其他印刷物，绝大多数都通过文字的形式来记录。对文字表现的关键是要按所要求的文字的字体、大小及其在版面中的排列方式等，在复制载体上清晰地再现文字。

在现代印刷复制工艺中，为达到所需的文字再现效果，通常要在计算机中对文字进行处理。在计算机中对文字的存储采用文字编码方式，其中英文字符采用 ASC Ⅱ 编码，一个英文字符占 1 字节的存储容量，一个汉字占 2 字节的容量，国内汉字采用国标区位码，即 GB 2312—80 编码。例如"中国"两字的十六进制国标区位码分别是"5650H"和"397AH"。计算机内部存储文字时只是存储字符编码，如果要把文字显示在屏幕上或打印输出，还须使字符编码变成能读懂的显示或打印文字，即必须经过变换，使之显示出对应的形状。这就要字库的支持，字库是专门提供字符具体形状的数据。一个字符编码可有多种对应的字库数据，包括繁体和简体两大类，每一类又有各种字体。在 Windows 下，因为采用的是 Ture Type 轮廓字形，每种字形理论上都可以做到无极缩放而不会产生锯齿，因此一种字体仅需一个字库。一般的 PC 机上字库数量达 10MB 以上，主要包括宋体、仿宋体、楷体和黑体四种。当然，字体越复杂，字库容量越大，排版系统的字库数据量达几十 MB 甚至几百 MB。由于有了标准的字库，虽然文字的显示方式可多种多样，但记录文字的编码却相当简单，所需的空间也很小。

按照不同的表示方法，可以将计算机文字分为位图字体（Bitmap Fonts，又称点阵字）和曲线轮廓字体（Outline Fonts）两大类，曲线轮廓字体又包括 True type 字体和 PostScript 字体两大类。

1. 位图字体

位图字体是将文字方块画成网格，文字由黑色的小点所组成，如图 1-1 所示。

点阵网格一般有 16×16、32×32、48×48、72×72、256×256 等种类，网格数越多，文字越光滑。这种字放大后会出现阶梯状锯齿，如 12P（磅）的字放大后显示成 24P，原设计中每个点变成 4 个点，在斜线地方会出现锯齿，如图 1-2 中 12P 的字放大为 24P 和 48P，会呈现出明显的锯齿。

图 1-1　位图字体

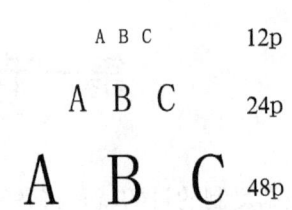

图 1-2　位图字体的放大效果

位图字体的点与计算机屏幕的像素具有相同的意义，因此位图字一般用作屏幕显示用，故位图字体也称屏幕字体或显示字体。在屏幕上字体大小和设计的一致，则显示光滑；如果不是对应大小，则文字显示粗糙。早期计算机输出的字体为位图字体，现在一般不用它来输出。

位图字体输出是否光滑，还和分辨率相关：分辨率越高，字体越光滑，但放大倍数越大，字体越粗糙。

2. 曲线轮廓字体

曲线轮廓字体是目前最完善的计算机字体技术。它将整个字形用 Bezier 曲线或 Spline 曲线来描述，如 Bezier 曲线用四个控制点来描述一段曲线，即用指令描述字的轮廓。轮廓画出后，就用颜色进行填充。图 1-3 就是 New York 字体中字母"O"的轮廓。曲线字体是用数学方法来表达的，它可以任意放大、缩小、旋转，并且所占磁盘空间大小是一样的，放大后也不会出现锯齿。Ture Type 字体、PostScript 字体都是典型的曲线轮廓字体。

（1）PostScript 字体（PS 字体）

PostScript 字体简称 PS 字，是用 Adobe 公司的 PostScript 语言描述的一种曲线轮廓字体。PS 字是用于 PostScript 设备输出的，且主要用于 PS 激光打印机和照排机的输出。由于计算机不是 PostScript 设备，因而不能利用 PostScript 信息在屏幕上显示。当设计系统中使用 PostScript 字体时，仍然需要某种外观为屏幕服务，故显示时用该字体的位图字体版本。因此在使用 PostScript 字体时应有两套字体：一套 PS 字体用于安装在打印机硬盘或照排机磁盘上；另一套相对应的显示字则安装于计算机系统的字库中，也就是说使用 PS 字时需要有两个版本的字体。PostScript 字体在 Mac 机中的图符如图 1-4 所示。

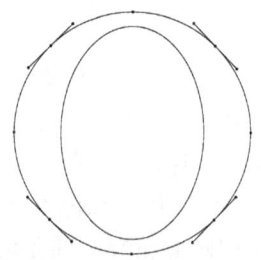

图 1-3　曲线轮廓字体

图 1-4　PostScript 字体在 Mac 机中的图符

（2）True Type 字体

True Type 是由苹果公司和微软公司联合开发的，它使用二次曲线，精度不及 PS 字。但 True Type 字既可以用于打印机打印，打印质量好，也可用于显示，显示光滑，可以放大很多倍。但 True Type 安装于计算机系统字体中，所占空间较大，且 True Type 在打印机上打印时速度比 PS 字慢。文字太小时，输出会不清楚。如图 1-5 是 Mac 机中 True Type 字体的图符。

图 1-5　True Type 字体在 Mac 机中的图符

二、图　　形

图形通常是指没有明暗层次变化，简单的线画和形状要素，是机械结构图、工艺流程图、图标边框、标志、标识等的主要表现形式。表现图形要素的关键是要按所规定的形状和大小来清晰地再现各种不同粗细和颜色的线条。

在计算机中一般用矢量图来表示图形，矢量图（vector—based image）是用一系列计算机指令来描述和记录一幅图，这幅图可分解为一系列子图如点、线、面等。因此，矢量图一般也称作矢量图形或简称图形。

矢量图的描述方法很多。例如，用两点坐标及颜色参数来表示一条直线；用圆心坐标、半径、颜色值等来表示一个圆面等。这种方式实际上是用数学的方式来描述一个图形，在处理图形时根据各个子图对应的数学表达式编辑和处理，也就是说需要专门的软件来解释对应的图形指令。编辑这种矢量图形的软件通常称为绘图程序（draw program），每种绘图程序都有其相应的图形描述语言或指令。编辑图形时将图形指令转变成屏幕上所显示的形状和颜色，显示时也往往能看到绘图的过程。例如根据直线方程逐点算出该直线的起点与终点间各个中间点的坐标并在屏幕上逐点绘制出来。绘图程序可以分别产生和编辑矢量图形的各个子图或元素，可任意移动、缩小、放大、旋转或扭曲各个部分，即使互相覆盖或重叠，也依然保持各自的特性。

矢量图主要用于线形的图画、美术字、工程制图等。然而，当图变得很复杂时，若用矢量图形的格式来表示，计算机就要花费很长的时间去执行绘图指令才能把一幅图显示出来。

在这种情况下，通常可以用矢量图形的方式创建和编辑一幅复杂的图形，然后在应用程序中将其转化为位图的方式。

三、图　像

图像是印刷复制工艺中最难控制和掌握的信息要素，其主要特征包括阶调、色彩和清晰度。阶调是指图像中可辨认的颜色浓淡梯级的变化，是组成图像的基础，图像复制过程就是对图像阶调的转移过程。在连续调图像中有很多不同深浅的中间调阶调。色彩是彩色图像各阶调颜色变化的特征。图像的颜色复制实际是经过色彩分解、色彩传递和色彩合成三个过程来完成的。清晰度是指图像细节层次的清晰程度，它包含图像画面轮廓和线条的虚实程度、细微层次的明暗对比度以及图像细节的分辨率三个方面的内容。

在计算机中存储的图像即数字图像，一般都以位图形式存在。位图是把一幅彩色图像分成许许多多的像素，每个像素用若干个二进制位来表示其颜色、亮度和属性。因此一幅图像由许许多多描述每个像素的数据组成，这些数据通常称为图像数据，而这些数据作为一个文件来存储，这种文件又称为图像文件。

位图在内存中是由一组二进制位（bit）组成，这些位定义图像中每个像素点的颜色和亮度。根据定义可知，位图能够表示任何图，特别适合表现比较细腻、层次较多、色彩较丰富、包含大量细节的图像。因此位图一般也称为图像。

位图图像一般通过以下要素表现图像的各种特征。

1. 像素

把一幅图分解成若干行、若干列，行列坐标上的一个点就称为一个像素。显示一幅图像时，屏幕上的一个像素也就对应于图像中的某一个点。各像素有其相应的颜色、亮度等属性，如图1-6所示为位图图像及其局部放大后的像素点。

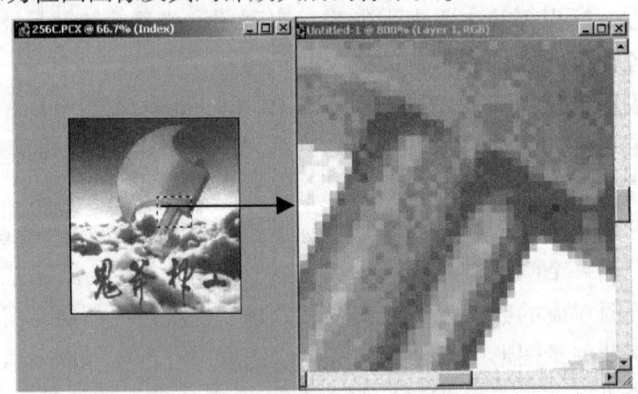

图1-6　位图图像及其局部放大后的像素点

2. 图像位深

图像位深也称为图像颜色深度，指位图中每个像素所占的位数，它存放图像的相关颜色信息，即用来记录一幅图中每个像素点的色彩等属性的位（bit）长度。图像深度，即位数的多少决定了位图中出现的最大颜色数。

例如，图像深度为1，表明位图中每个像素只有一个颜色位，即只能表示两种颜色，"0"和"1"，即黑与白，通常称为单色图像或二值图像。再如，图像深度为8，则每个像素具有8个颜色位，能表示256种颜色，通常称为伪彩色图像。若图像深度为16位时，能表示2^{16}种颜色，通常称为高彩色图像。图像深度为24位时，颜色会显得非常细腻，逼真，因为它能表示2^{24}种颜色，称为真彩色。

3. 图像分辨率

把一幅模拟图转换成数字位图时的像素精度，用每英寸像素数（ppi，pixels per inch）表示。图像分辨率即模拟图上的一英寸对应数字位图上的像素点的个数。显然，图像分辨率越高，像素点越精细，图像也越清晰，图像文件所需的磁盘空间也越大，编辑和处理所需的时间也越长。

4. 图像颜色模式

在进行图形图像处理时，颜色模式决定了用于显示和打印图像的颜色模型，也决定了如何描述和重现图像的色彩。Photoshop为用户提供的色彩模式有十余种，表1-1中列出的是最常用且最重要的图像颜色模式，每一种模式都有自己的优缺点及适用范围，实际中可以按照制作要求来确定色彩模式，并且根据处理图像工作的需要在各模式之间进行转换。

表1-1 图像颜色模式及参数

图像模式	通道数	位深	可复制颜色数	用途
RGB	3（红、绿、蓝）	3×8位	2^{24}=16.78百万	屏幕显示的多色连续调图像（如彩色照片）
CMYK	4（青、品红、黄、黑）	4×8位	2^{32}=42.9亿	四色印刷的多色连续调图像（如彩色照片）
Lab	3（亮度、红-绿值、黄-蓝值）	3×8位	2^{24}=16.78百万	与设备无关的多色连续调图像的存储
索引色	1	1~8位	2~256	适合于互联网的图形、特殊效果
位图	1	1位	2（黑白）	线条的绘制
灰度	1	8位	256（从黑到白的灰度值）	单色连续调图像（如黑白照片）

尽管理论上RGB、CMYK、Lab图像中有百万或上亿种不同的色彩值。但事实上真正能被表现出来的色彩数却是非常有限的，这主要是受输出设备的物理条件所限制，比如彩色显示器的性能指标、技术等。因此，色彩范围通常都不能达到按照数据所定义的理想值，印刷色域比显示器的色彩范围更窄。

5. 图像通道

色彩通道的功能是存储图像中的色彩元素。图像的默认通道数取决于该图像的色彩模式，比如索引色、位图、灰度图只有一个色彩通道；RGB、Lab色彩模式的图像有三个主通道；CMYK色彩模式的图像有四个主通道，分别存储图像中的C、M、Y、K色彩信息。

第二节 印刷复制技术的发展

随着现代科学技术的快速进步及其向印刷复制技术领域的不断渗透，以及人们对印刷复制要求的不断提高，印刷复制技术近几十年来发生着日新月异的变化，新的材料、工艺、技术不断出现，特别是图像复制的工艺流程越来越简单，而复制质量却越来越高。

一、现代印前复制工艺的发展

现代印前复制处理工艺的发展实际是由模拟工艺向数字工艺发展的过程，经过全模拟工作方式的照相制版工艺，模拟与数字混合工作方式的电子印前处理工艺，发展到今天的全数字印前工艺。

1. 照相制版工艺

照相制版是指用照相方法将原稿制作成供晒版用的底片，然后晒制印版，同时要对工艺中各种误差做必要的修正，以满足图像复制的工艺要求。照相制版技术经历了明胶湿版照相法，明胶干版照相法和胶片照相法。在图像处理技术方面从采用间接加网分色工艺（即先对彩色原稿进行分色处理，然后对各分色片分别进行加网处理）。到20世纪60年代初，随着对印刷技术研究的不断深入，新设备与新材料的产生与改进，图像制版形成了完整的直接加网分色工艺，即"直挂"，并以蒙版修正为主要手段，取代了长期以来手工修正的主导地位，并迅速在全国推广。

照相制版工艺的基本技术工艺流程如图1-7所示。照相制版工艺主要缺陷是工艺复杂，

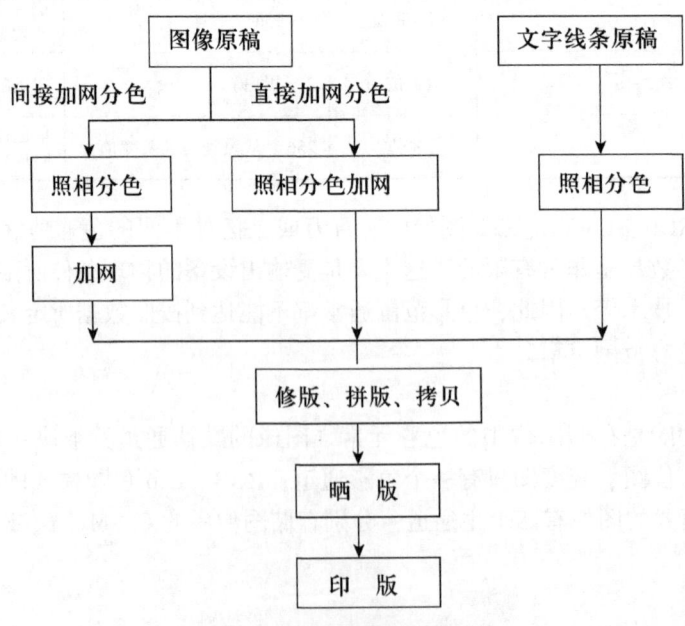

图1-7 照相制版工艺流程

制版质量不易控制。

2. 电子分色制版工艺

由于照相制版工艺过程多而复杂，且可变因素多，生产中难于掌握和控制，造成生产效率低，产品质量差，从而迫使人们去研究开发新的制版技术——电子印前图像处理技术。电子印前图像处理的典型工艺是电子分色制版工艺，如图1-8所示为电子分色制版工艺的基本工艺流程。

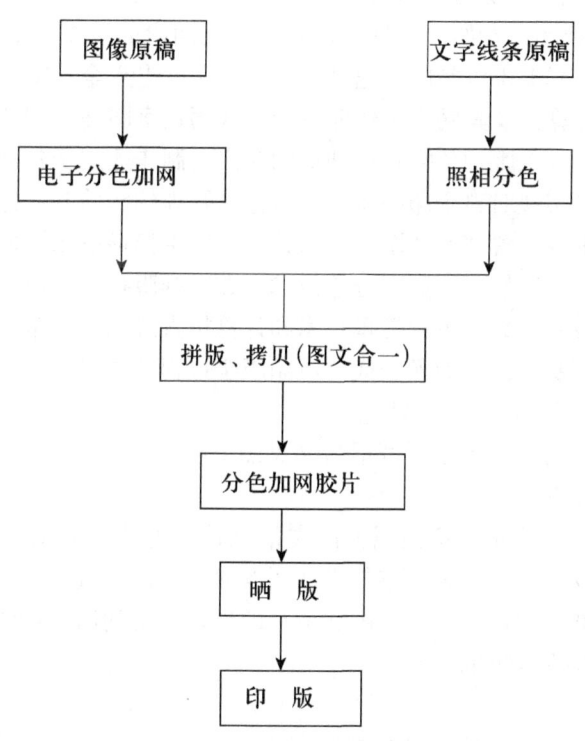

图1-8 电子分色制版工艺流程

电子分色制版工艺是利用电子扫描分色机对彩色图像进行扫描分色输出分色片的工艺。随着科学技术的发展，高新技术的应用使电子分色机的功能日臻完善。由于电子分色制版能满足不同原稿的技术工艺特点和艺术期望，并具备整体性、科学性和系统性的特点，从而逐步淘汰了"直挂"工艺。进入20世纪80年代后，电子分色制版已上升成为图像制版的主要技术手段，并建立了以彩色复制理论及印刷适性理论为基础的彩色复制的标准化管理体系，为各种图像制版新工艺的发展开拓了广阔前景。

电子扫描分色系统虽然实现了模块化的工作方式，但就整个系统而言，仍是一个封闭的系统，另外电子扫描分色系统主要适合对图像的处理，对文字、图形则不适合。

3. 数字化复制工艺

在20世纪80年代，随着计算机技术应用的不断发展并向印前图文处理领域的渗透，出现了DTP（Desktop Publishing）分色制版工艺，也称为桌面出版技术，源于1985年从美国非专业内部出版印刷的集成制版，最初仅仅用于黑白制作，特征是在构建的计算机及其网络平台上通过集成图文采集和输出设备以及各种图文处理、排版与输出控制软件，形成"采编排"一体化。20世纪80年代后期，各种硬件设备和软件技术的快速发展，DTP处理范围不断扩大，内涵不断扩展，出现了能够进行彩色制作和图文合一输出的彩色桌面出版系统CDTP（Color DTP），并以PostScript和RIP为技术特征。20世纪90年代CDTP实现了对电子分色制版工艺的硬软件重构，将电子分色机分解为专业扫描仪和大幅面激光照排机，将控制计算机演变为计算机平台，并通过扫描、排版、RIP的技术整合，建立了一套数字化印前处理技术体系，成为20世纪最优秀的印前处理技术手段和方法。

在21世纪初期，数字化开始广泛深入地对世界范围内的各个行业和领域产生影响，印刷业特别是印前制版领域也正以空前的速度、广度和深度进入全数字制版工艺的新时代。全数字印前工艺是指以计算机及其网络为作业平台，采用数字图文处理技术进行印刷图文信息的采集、处理、排版、拼大版、数字打样和加网输出，制作适用于各种印刷机或印刷复制系统复制的页面文件，并实现对整个印刷系统实施色彩管理的印前制作体系。

数字化印前技术主要包含文本和图像输入技术、数字扫描技术、数字图文处理技术、数字数据和图像的转换与存储技术、数字分色技术、数字排版技术、数字图文合一技术、数字加网技术、数字打样技术、数字色彩管理技术和计算机直接制版技术等。目前数字印前工艺已基本实现了从原稿到制作出大版晒版底片或印版全过程的数字化，正在完善数字打样以及CIP3/4的数字化，逐步淘汰胶片和晒版。

现代数字印前工艺的技术流程可概括为（见图1-9）：

（1）图文输入与处理技术

在数字印前工艺中，首先要将模拟的图文信息转换为数字信息，其关键是图像扫描技术，即利用图像扫描仪或电分机将二维的平面图像通过采样和量化转化为数字图像，也可利用数码相机直接拍摄数字图像。对数字图文信息的处理则要利用各种图文处理系统实现对图文信息的校正及各种特殊效果的处理。

（2）数字打样技术

打样技术是印刷复制技术的重要组成部分。数字打样是将数字页面直接转换成彩色样张的打样技术，无须任何中介媒介，如胶片、印版等，是数字印前工艺必不可少的配套技术。数字打样技术又分为软打样和硬打样。所谓软打样，是在屏幕上看色，主要用途是方便分色过程中的修整。硬打样是指利用数字打样设备将图文信息打印记录在纸张上获得样张。随着色彩管理及网络技术的普及，可以利用数字打样技术实现远程打样，作为与客户沟通之用。

（3）CTF/CTP技术

目前，数字制版工艺主要有CTF（Computer to Film）制版工艺和CTP（Computer to Plate）制版工艺两种实现方式，其中，CTF制版工艺是一种基于大幅面激光照排机为输出的数字制版工艺，除保留晒版工序外，其他全部采用数字化作业，其特点是充分依托现有设备和管理方法，采用渐进方式实现制版的全数字化，能够有效提升品质，降低成本。而CTP制版工艺则是对CTF制版工艺的进一步数字化完善，即将输出大版胶片和晒版合二为一，其特点是充分采用先进直接制版技术和设备，有利于CIP3/CIP4的应用以及先进数字化管理的实施，实现印刷生产流程的数字化整合。

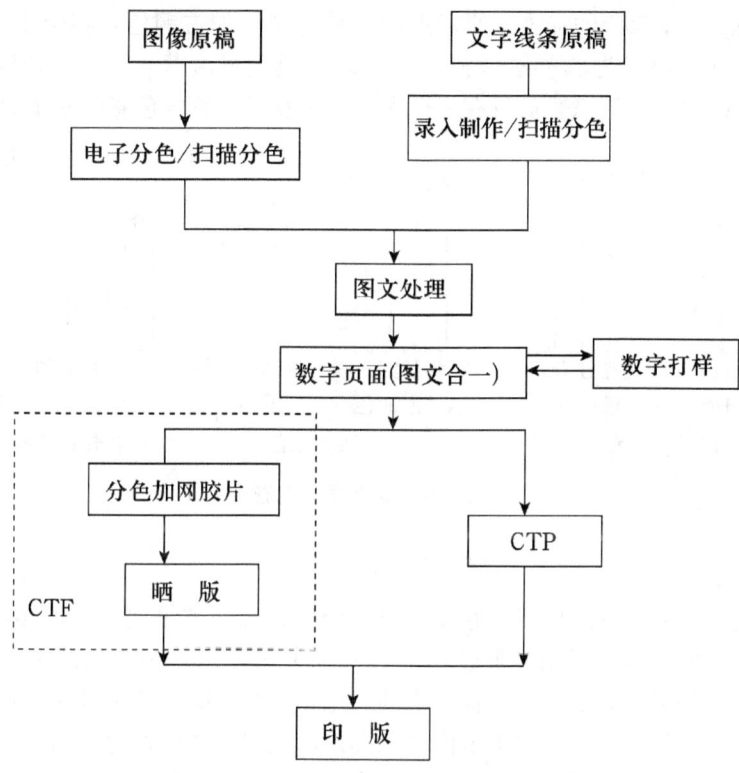

图 1-9 数字印前工艺流程

二、色彩复制技术的发展过程

现代印刷复制工艺对色彩的复制是基于色光加色法和色料减色法的原理实现的。

1. 三色印刷工艺

从理论上讲,利用黄、品红、青三色油墨应能将彩色原稿图像中所有的颜色准确地再现出来,即三色工艺是充分可行的。三色印刷的特点就是仅使用黄、品红、青三原色油墨对原稿进行复制,原稿中的黑色按中性灰平衡原则由三原色油墨混合而成,如图 1-10（a）所示。三色工艺套印次数少,对印刷来说应该更为有利。然而由于材料和技术的限制,三色工艺在画面反差、灰平衡方面效果很差,没有得到真正的推广。

2. 四色印刷工艺

为了解决三色印刷工艺的问题,在三色工艺的基础上增加了黑版。以三原色为基础,黑版起骨架、轮廓作用,于是四色工艺开始推广应用。黑版的加入使三原色油墨的中性灰平衡更易控制,提高了画面的反差,改善了暗调的细微层次,降低了彩墨的用量。然而从理论上说,黑版的加入需要对构成消色的三原色成分进行去除,即底色去除。例如,要复制原稿上的古铜色,若加入 10% 的黑,如图 1-10（b）所示,可以去除与之等量的黄、品红、青三原色油墨,同样能达到良好的色彩再现效果。底色去除仅作用于中性灰部位,而且由于阶调范围上的局限性,去除量受到限制,最多只能做 30%~40% 的去除,所以四色工艺的黑版主要起调节作用。由于黑版的加入，原稿上的某种色彩（如古铜色）将会由黄、品红、青、黑四种参数来描述，但因为黑色不是独立的参数（黑色可由黄、品红、青匹配而成），所以，四色工艺理论对颜色的描述仍只有三个参数是独立的，符合色彩学基本原理。

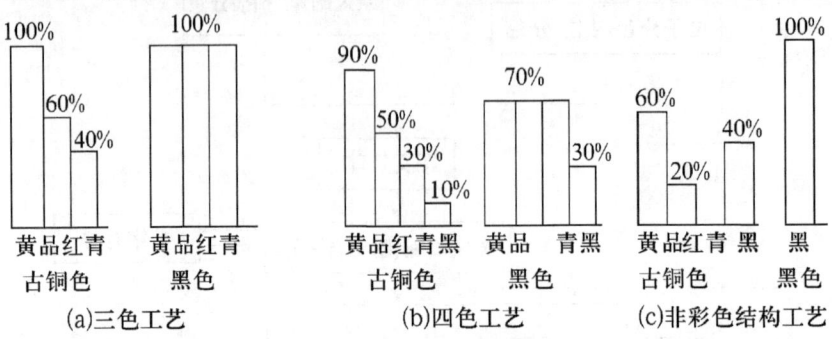

图1-10 彩色复制工艺

3. 非彩色结构工艺

随着数字式电子分色机的出现，原稿上每一个像素都能被量化，有条件对底色做100%的去除。这样图像的色彩可以由三原色中的两种加上黑墨来再现，如图1-10（c）所示，古铜色由黄、品红和黑来表示，而和青相当的底色全部被去除，这两种原色加黑构成图像的工艺被称为非彩色结构工艺，它解决了由多色高速印刷机代替中低速印刷机过程中出现的中性灰不够稳定，印刷适性差等问题。非彩色结构工艺打破了只能以三原色为基础的彩色复制的传统习惯，突出了黑版的作用，黑版已不再处于从属地位，整个画面的层次和色彩都要由黑版来统管，黑版作为完整的结构起到了影响整体颜色组合的重要作用。

采用长调黑版进行印刷，可以改善多色印刷过程对上墨的波动，提高色还原的可靠性，同时也增强了印刷适应性。然而非彩色结构工艺不能逼真地复制出明亮纯净色彩如紫蓝、绿和橙红色等，使得非彩色结构印刷在对原稿的复制范围上受到限制。

三、加网技术的发展过程

印刷术发明以来，人们一直希望能在印刷品上表现出浓淡色调变化的图像，而平版、凸版在印刷中都不能以墨层的厚薄来反映层次的变化。后来采用线条的疏密来再现层次，也只能从远处看才能显示出连续调的效果。自100多年前发明加网技术后，就可以将连续调图像分解成网目调图像进行印刷。即原稿图像的一个像素对应于印刷介质上的一块方形区域，整幅图像被网格化，在每一网格单元中，用墨点面积占网格单元面积的比例来控制亮度，暗调部分比例高，亮调部分比例低，这样做实际是用降低分辨率的方法来换取对亮度层次的再现，但根据视觉空间混合原理，当网线对人眼的视角小于人眼视觉解像力极限时，观察者感觉上仍然是一个连续调图像，像这样将图像网格化的过程称为挂网或加网。随着科学技术的不断发展，先后创造了多种加网技术，使印刷品的质量不断提高，制作工艺不断简化。

1. 调幅加网技术

调幅加网技术是利用均匀分布、规则排列的网点的大小表现图像层次变化的加网技术，其网点是通过网屏形成的。

(1) 投影网屏

1882 年德国 Georg Meisenbach 发明了加网技术，并申请了专利，开始能将连续调图像经加网后分解成网目调图像进行制版印刷，但他当时采用的是线条网目。1886 年美国人 Ives 和 Levy 将线条网目旋转，采用十字线网目。加网照相时，将十字线网屏置于感光材料前一定距离，原稿投射来的光线经网屏分割后，再投射到感光材料上，从而将连续调图像分解为网目调图像，所以称为投影网屏。

(2) 接触网屏

接触网屏是在加网曝光时与感光材料密接接触进行曝光的，根据原稿不同光量，在感光材料上受光量的不同，形成大小不同网点。网点的大小与原稿上的密度大小是相一致的。

使用接触网屏较投影网屏有许多优点；不需要计算网屏距离；可使用任意光圈曝光；由于接触网屏的网点密度的变化，可以最好地反映色调变化，反差调整简单；网点形状固定；细部表现效果好；既可用于照相加网，也可用干拷贝加网；价格相对来讲比投影网屏便宜。

接触网屏也存在一些缺点：在高光和暗调部位，网点的表现效果较差；需要备用各种点形、反差、阶调、颜色、线数的网屏；耐用性较差。

(3) 电子网屏

电子加网产生于 20 世纪 80 年代初，是在电子分色机上通过电子网点发生装置对原稿进行加网的过程。这是计算机技术向微型、高速及大容量存储器扩展、激光技术、光纤材料普及的结果。

电子加网是经电子分色机处理的代表图像不同密度级次的数字信号，送入电子分色机图像输出记录系统的网点计算机，并通过比较回路形成网点大小、形状、角度的地址指令，由地址指令从网点计算机中获得控制激光记录系统的控制信号，加于电光调制器上，控制各电光调制器的输出工作状态，最后把由调制器控制的光信号记录在感光材料上，就能获得与原稿图像信息相一致的、具有特定大小、形状和角度的网点。

电子加网是由激光曝光记录，因此网点实在、密度高、边缘清晰，俗称硬点子；不会因晒版曝光时间误差使网点大小发生变化；电子加网是由图像密度转换成的数字信号，因此，网点层次多，再现性好，细微层次丰富；网点形状由软件来控制，可有多种变化，并可以根据需要在不同阶调处产生形状不同的网点，易于控制网点扩大和印刷质量。

2. 调频加网技术

调频加网技术是图像经扫描输入后，经处理，通过输出装置时以同样大小的点随机分布在不同空间内，用网点的多少和疏密即网点出现的频率高低，表现图像的密度和层次的一种技术方法。因此，调频网点表现图像的精细程度，不再以每厘米内有多少黑白相间的网线来说明，而是以点子的大小来定义，网点尺寸越小，能表现的图像精度就越高，清晰度越好。

调频加网技术与调幅加网技术相比，有下列优点：由于网点是随机分布的，彩色叠印以后不会产生龟纹；由于网点大小相同，在印刷时其中间调处不会因网点增大量大而导致阶调跳跃；细部的清晰度效果好，图像上一些细线条不会因加网而形成折线或产生毛刺；能表现细腻的层次，适合高精细印刷的需要；胶印印版上的图像构成是呈针点微细化的，因此，润版液也微细分散化，使胶印作业容易稳定；极微小点的全面分散构成，使印张与橡皮布容易分离，减少了印张背面蹭脏；点子越小，越能复制更多的色调，能满足图像不同设色层次的需要。但是，由于调频网点过于小而精细，一般印刷条件无法满足其分辨率的要求。

第三节 印刷图文复制基本工艺

一、CTF工艺

CTF（Computer to Film）工艺系统是指通过印前图文处理，并辅之人工或数字拼大版，制作适合晒版要求的原版底片，再由原版底片晒版，获得印版的工艺体系。

CTF的原版可以采用电子分色制版和数字印前制版两种方式来实现图文的采集、处理以及拼大版，其中拼大版可以采用人工拼大版和数字拼大版两种作业方式。晒版则采用模拟方式通过接触曝光将大版胶片上的图文转移到印刷的印版上。

其工艺流程如下：

1. 原稿——电子分色（图像）——激光电子加网——文字照相——拼版拷贝——打样（机械、数字）——晒版——印版

2. 原稿——扫描分色（图像）——排版——计算机图文合一——RIP加网——打样（机械、数字）——晒版——印版

3. 数字原稿——分色（图像）——排版——计算机图文合一——RIP加网——打样（机械、数字）——晒版——印版

CTF＋人工拼版工艺是指先采用电子分色制版或数字制版的方法制作出四色小版分色片，再通过人工拼大版获得满足印刷要求的大版胶片，最终通过晒版获得印刷PS版的工艺。人工拼版是最关键的工序。人工拼版是指将分色后的阴图片或阳图片以及文字、图案按版面设计要求，用手工操作方法拼贴，通过拷版或晒版，最终获得完整的原版或印版的作业方法。

CTF＋计算机拼版工艺是指在图文信息处理完成后，采用数字印前系统的拼大版软件直接完成拼大版工作，并由激光照排机输出可以用于晒版的大版分色片。数字拼版是指采用一定的拼版软件将数字图文文件组合成满足制版要求的整页的数字文件。

二、CTP工艺

CTP（Computer to Plate）是指经过计算机将图文直接输出到印刷版材上的工艺过程。传统的制版工艺中，印版的制作要经过激光照排输出胶片和人工拼、晒版两个工艺过程。CTP技术不用制作胶片，不依靠手工制版，直接输出印版，而且输出印版重复精度高，网点还原性好。

CTP技术实际上是印刷产业技术数字化发展的一个必然结果。CTP已经不再是一个孤立的设备或器材，而是一个完整的系统工程，需要配套的数字化环境、控制管理技术和设备器材之间的协调作用才能发挥所具有的潜能和优势。

CTP制版工艺是在CTF工艺上的扩展与简化，在国内主要有RIP前拼大版CTP工艺和RIP后拼大版CTP工艺两类，分别适合不同技术水平的企业与应用领域。

1. RIP 前拼大版 CTP 工艺

RIP 前拼大版 CTP 工艺是指先将页面拼成大版再送去 RIP 的作业方式。其特点是先完成各个页面的排版及补漏白，接着进行各页面拼大版作业，并制作包含 OPI 指令（用于 RIP 时高、低分辨率图像替换）的输出文件，最后将文档送到 RIP 中进行处理，直接生成 1bit 的 tiff 文件，供 CTP 直接制版机输出。

RIP 前拼大版 CTP 工艺方式由于直接应用大版文件，经过 RIP 处理后，文件的数据量会变得很大，处理时就不适合经网络存取传输，也不适合经常性修改。此外，由于拼大版软件以处理 PS 文件为主，在进行拼大版作业之前，排版软件就必须将制作好的页面以 PS 或 EPS 的文件格式进行输出。由于 PS 文件通常比应用软件的原有文件大很多，处理文件的时间就长，硬盘储存空间需求量大。其生产作业流程如图 1-11 所示。

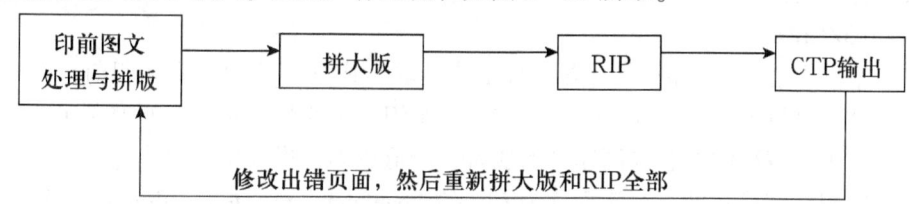

图 1-11　RIP 前拼大版 CTP 工艺

2. RIP 后拼大版 CTP 工艺

RIP 后拼大版 CTP 工艺是指先对单页文件进行 RIP，获得小版（单页）的 tiff 文件，再采用拼大版软件进行拼大版作业，将拼成大版的 tiff 文件送 CTP 直接制版机输出。这种工作流程使得最后文件的修改方式更简化更方便，若发现某页面中含有一个排版错误，只需在修正错误后，再将这份页面重新 RIP 一次，替换掉原来错误的页面即可，比将整个大版重作 RIP 要省事省时，但也存在 RIP 后文件较大的缺点，对文件传输和存储有特别要求。RIP 后拼大版的 CTP 工艺流程如图 1-12 所示。

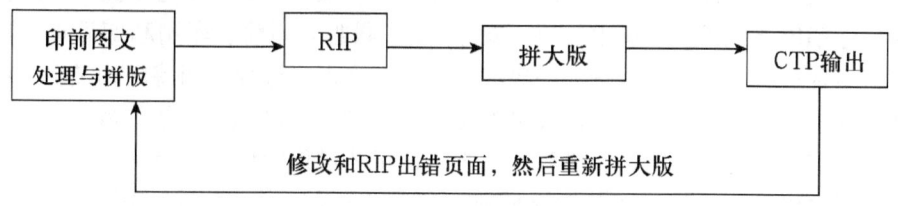

图 1-12　RIP 后拼大版 CTP 工艺

3. 数字化工作流程

CTP 工作流程所覆盖的范围已经从前端设备一直延伸到印刷机，甚至要延伸到印后工序，实现了印刷生产系统的高度整合和生产流程的综合管理和控制。在这种高度整合的生产系统中，传统的印前、印刷和印后工序由计算机网络（+数字媒体）连接成为一个整体（系统的无缝连接），各种设备和器材都作为整合系统的组件在系统级别上进行集中统一管理和控制，所有生产信息和产品资源在系统各个组件实现无缝传输，交换和共享。因此，数字化工作流程及管理将成为 CTP 技术运行的必要条件和关键。

由于网络技术、数字化技术的发展，为了提高工作效率，人们采用标准化的工作流程技术管理印前过程。在数字化工作流程的技术发展过程中，以下几个技术在其中扮演了重要的角色。

（1）PDF

作为全球标准的 Adobe 系统的图像模式，PDF（Portable Document Format）是 Adobe 公司研究开发的能进行可靠的、连贯的图形、图像和文字混排技术的一种记录格式，即"可携带的文件格式"。PDF 是在 PS 的基础上发展起来的一种文件格式，沿用了 PS 的页面描述方式，可以很好地保证屏幕浏览与打印版式的一致性，并能独立于各软件、硬件及操作系统之上，便于用户交换文件与浏览。PDF 不仅用在印前领域，在电子出版中也有广泛应用，是一种能满足纸张媒体和电子媒体出版要求的电子文件格式，它已成为可进行电子传输并在远距离阅读或打印的排版文件标准。

（2）CIP3/CIP4

1995 年，世界上 26 个印前、印刷及印后企业联合成立了致力于实现印前、印刷及印后工艺流程综合计算机控制的国际性合作组织。该组织的主要目的是为了研究制定一些标准格式，以数据化工艺流程的概念提高印品的质量，降低成本，提高生产效率。

符合该组织标准格式的工艺流程称为 CIP3（Computer Integrated of Prepress、Press、Postpress）工作流程。利用 CIP3 工作流程，在印前处理时可实现色彩管理，补漏白，字体、文稿、图像的管理，拼大版及生成 ICC Profile 以及用数字打样机打样。在印刷过程中，可在印刷机上实现油墨量的控制（油墨扩大和转换曲线）、套准控制、颜色质量控制（颜色色彩和密度测量）。在印后，可通过传送裁切和装订的参数和信息，实现对印刷品的裁切控制和装订控制。

基于 CIP3 的工作，为能更广泛地适应印刷出版、电子商务自动化和计算机集成制造等方面的需求，更明确地将"集成"的范围扩大到印前、印刷和印后的各个过程，CIP3 组织与 JDF 组织（Job Definition Format）联合组成 CIP4 联盟（International Cooperation for Integration of Processes in Prepress, Press and Postpress），由原有 CIP3 规范和 JDF 规范组成 CIP4 规范。JDF 与 CIP3 合并后，JDF 联盟在考虑了 CIP3 联盟对印前、印刷和印后加工的垂直集成基础上，实现这三个工艺过程的水平集成，并尝试将生产过程与因特网相结合，以使整个印刷生产过程具有更高的集成度。通过 JDF 定义的各种部件可建立有效的数字工作流程。它对作业的定义包括工艺过程资料、资源、用于沟通工艺过程的信息以及网络环境，其中工艺过程定义为能够由设备、器材（包括原材料）执行生产的工作链，而同一个工艺过程则可以通过不同的途径实现；组成工艺过程的工作链由各生产环节组成，通过特定的手段可以组合和连接；对每一个工艺过程而言，可以采用多重工作链的组合。

（3）RIP

为了满足数字化印前高速高效处理数据的要求，光栅图像处理器（RIP）驱动着各种输出设备，承担着繁重的生产任务，如补漏白、组版、加网、图像自动替换（OPI）。目前，RIP 已经变成了印前生产的核心，它影响到从色彩和文件管理到印刷的整个生产过程的方方面面。

（4）色彩管理

色彩管理力求使印刷复制工艺流程中多种设备（如扫描仪、彩色显示器、数字打样机和印刷机等）输出的色彩保持一致。为了在整个印刷复制工艺流程中实现多种设备间一致的色彩转换，1993年由八大电脑及电子音像发展商组成了国际色彩联盟（International Color Consortium/ICC）。ICC决定建立基于电脑作业系统之内的色彩管理，并利用"ICC Profile"（色彩描述档案）完成不同设备间的色彩转换，任何输入或输出设备支持这种格式的话，它们之间便可作准确的色彩转换。每个设备只需建立一个ICC Profile，系统便可方便地管理色彩。

第四节　印前图文处理系统

印前图文处理系统是指以满足印刷工艺要求为目标，制作出印版的技术体系。从工艺流程上讲，主要包括图文的数字化采集（扫描）、电子分色、图文处理、页面组版、数字加网、打样以及胶片输出与晒版或计算机直接制版等内容。从设备构成上讲，主要包括照相设备、扫描设备、图文处理设备、打样设备、激光照排机与直接制版机等。从技术发展来看，主要包括照相制版系统、电子分色制版系统和数字印前系统等。

一、照相制版系统

照相制版系统是20世纪40年代随着光学成像技术和感光材料技术的发展与应用引发的制版新技术。照相制版从技术上取代了生产工艺复杂、工艺流程长、容易造成污染以及图文质量低劣的热排技术，从方法上应用各种模拟控制手段取代了经验性的作业控制。使印刷制版工艺普遍采用精密仪器和光学器件来实现彩色平版制版的技术关键——分色与加网，使工艺相对简单、作业控制手段优化、印刷质量获得明显提升，也成为20世纪80年代以前的主要制版技术。照相制版系统的主要设备是制版照相机，如图1-13所示，它可以通过对原稿光学成像而得到原稿图像的连续调分色片或加网分色片。

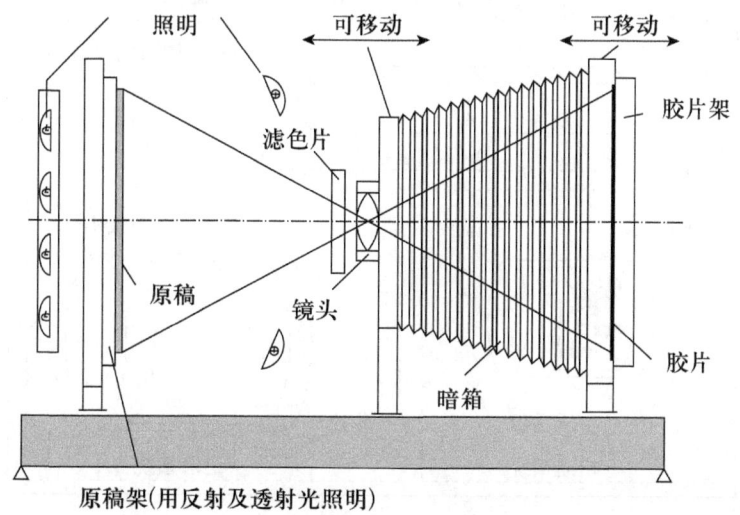

图1-13　制版照相机基本结构示意图

照相制版系统从技术上构建了现代印前工艺的基本技术框架和内容,采用模拟方法实现了原稿、分色、加网、分色片、印版等制版关键要素,可以获得符合彩色印刷要求的四色分色片和四色印版(对黑白原稿只需要制作出符合印刷要求的单色胶片和单色印版)。从工艺上建立了以精密设备和感光材料为基础、以过程控制为中心、以质量提升为目标的新型工艺方法,实现了制版技术从工匠技艺向工业化的普及。尽管随着技术的发展,目前印前工艺已经很少采用照相制版技术,但它却是电子分色制版和数字制版的技术基础,也是一种最基本的分色制版技术。

二、电子分色制版系统

电子分色制版系统是20世纪中叶开始随着电子技术和信息技术的发展与应用而对照相制版技术的变革,突破了复杂光学技术对制版控制的制约,形成了一套以模拟/数字电路为基础的新制版体系。电子分色制版通过电分机取代制版照相机,在技术上应用电子扫描技术取代了光学直接曝光成像技术,在方法上应用各种模拟电子控制手段取代了复杂光学作业控制。不仅使印刷制版工艺采用精密光学器件和电子电路来实现彩色平版制版的技术关键分色与加网,而且应用电子电路来实现对图像的校正,使工艺更简单、作业控制手段更优化、印刷质量显著提升。

尽管电子分色制版系统突破了照相制版系统的技术瓶颈,但体系上与照相制版系统都隶属于模拟方式的制版工艺,只是电子分色制版系统通过光电信号的相互转换及其电子信息处理,替代了照相制版系统的光学系统及其处理方法,使分色过程更加易于控制和规范。简言之,就是采用电子分色机取代制版照相机,用电子信息处理取代光学信息处理。电子分色机及其处理与控制工艺是电子分色系统的核心与关键。

电子扫描分色机基本结构如图1-14所示,它采用扫描方式将彩色原稿分解成规则排列

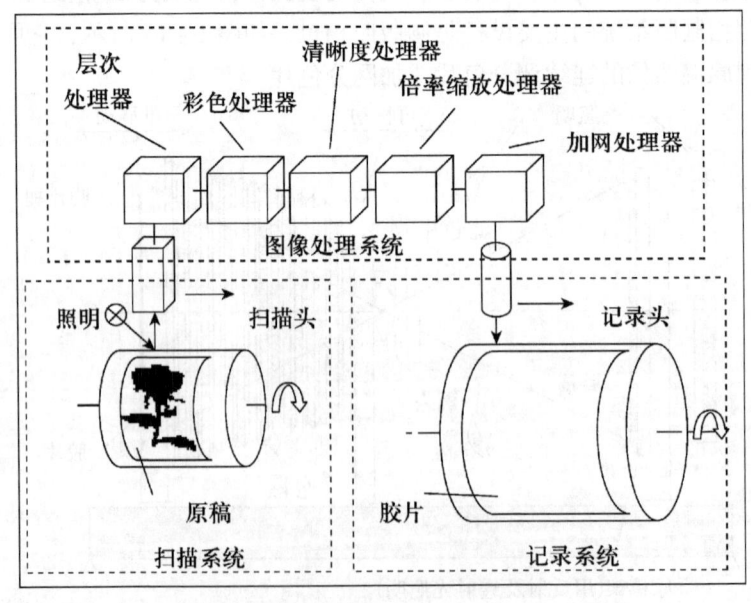

图1-14 电子扫描分色机基本结构示意图

的像素，并将每个像素色彩分色后转换成电信号；再利用计算机对每个像素的电信号进行图像校正和加网，最终将电信号转换成光信号后再记录在胶片上，获得四色分色片。

电子分色机主要有三部分组成，即扫描输入系统、图像处理系统、图像输出记录系统。

1. 图像扫描输入系统

图像扫描输入系统完成图像输入，即图像采集，实质上是一个图像数字化设备，包括安放原稿的分析滚筒，对原稿图像进行扫描的分析头以及实现扫描运动的电机和传动装置。主要功能是完成对原稿的扫描工作，获得原稿图像的光信号，并转换成易于控制和处理的电信号。

2. 图像处理系统

图像处理系统就是按照印刷要求进行各种图像处理的计算机信息处理系统，主要完成图像处理的各种操作，如彩色校正、层次校正、黑版计算、底色去除、加网、细微层次强调和图像比例变换，使处理后的信号符合印刷要求。

3. 图像输出记录系统

图像输出就是图像的记录装置，包括贴附感光片的记录滚筒，对感光片扫描曝光的记录头以及实现扫描运动的电机和传动装置。主要功能是完成图像的记录，将经处理后的图像电信号转换成光信号，并记录在感光片上。

三、数字印前系统

数字印前系统是20世纪末随着计算机技术、网络技术和数字图像处理技术的发展与应用而对电子分色制版技术的变革，突破了模拟电子技术对制版控制的制约和对图文质量的限制，形成了一套计算机平台和图文处理软件为基础的新制版体系。数字印前系统将电子分色机转变为图像输入和图文输出设备，技术上应用数字技术取代了电子技术，在方法上应用基于计算机的数字控制手段取代了较复杂的模拟电子作业控制。不仅使印前处理工艺采用精密输入输出设备和计算机来实现彩色图文的数字化采集、数字分色、数字处理、页面组版与数字加网，而且应用各种交互式软件来实现对图像的校正、图文合一、组版与拼大版和数字打样，使工艺流程更简单、作业控制手段更优化、印刷质量显著提升、作业效率迅速提高，作业与控制向更易用、简单化、高可靠发展。数字印前系统的典型构成如图1－15所示。

数字印前系统是在电子分色制版系统的基础上，基于计算机技术、网络技术和图像处理技术的发展而形成，实现了从原稿到印版的数字化作业。数字印前系统包括硬件和软件两大部分，其中：硬件主要有计算机系统平台、网络通信设备、扫描仪、数码相机、数字成像设备、显示设备、数字打样设备、激光照排机、计算机直接制版机、晒版机及其胶片与印版冲洗设备，软件主要有图文采集软件、图像处理软件、图形处理软件、排版软件、数字打样软件、拼大版软件、RIP、数字化流程软件以及输出控制软件。

数字印前系统采用并集成现代最完备的彩色图像信息采集、传输、处理和记录的各种硬件设备，采用数字化的软件作业来实现页面内容位置与内容的处理，实现了印前作业及其控制的数字化，使传统制版工艺形成计算机系统平台、图文输入、图文处理、图文输出以及色彩管理五大部分构成的现代印前处理体系。其各部分的作用如下：

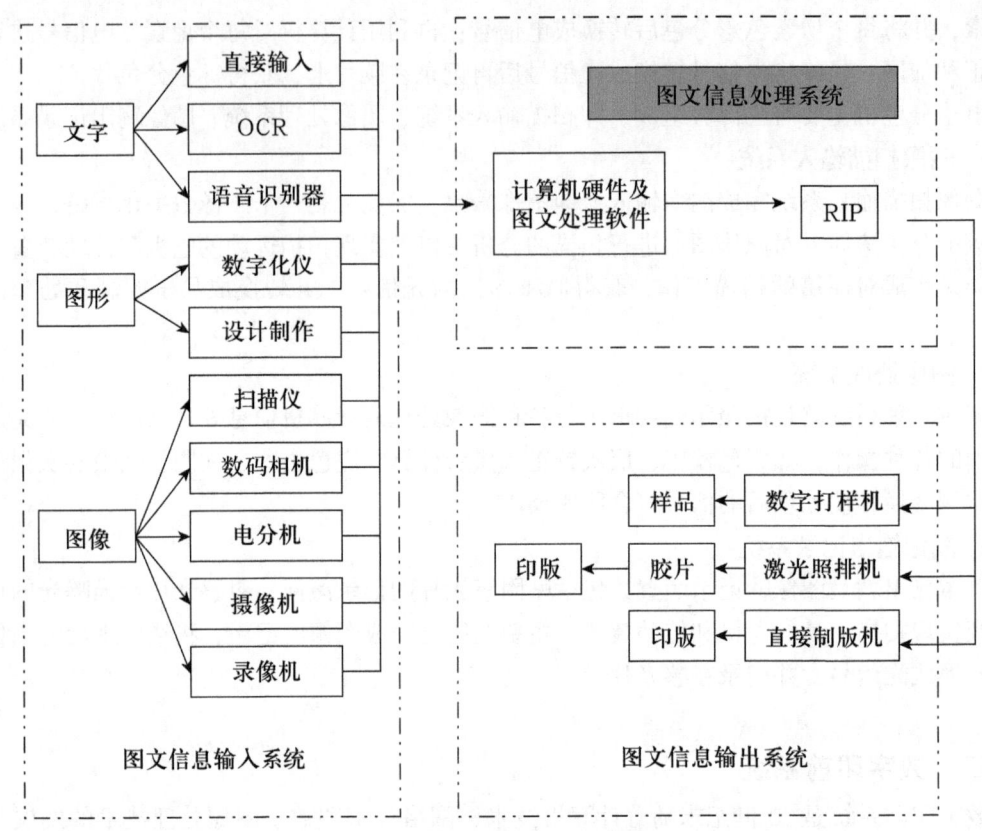

图1-15 数字印前系统的典型构成

1. 计算机系统平台

数字印前系统是集成在计算机系统平台上的一种专业印前体系。其平台主要包括系统服务器、作业工作站（PC）、图像处理工作站（Mac）、网络系统及其通信设备。

2. 图文输入

数字印前系统中的图文输入设备，包括文字采集、图形采集和图像采集三类。其中，文字采集设备主要有计算机键盘、光学文字识读机和手写识别设备；图形采集设备主要是数字化仪、图形扫描仪以及绘图板；图像采集设备主要有电子分色机、扫描仪、数码照相机以及摄像机、录像机等。

3. 图文处理

数字印前系统中的图文处理是数字印前系统的核心，由硬件和软件构成。其中，硬件部分主要包括高性能的 Mac 机、PC 机和 SGI 工作站等计算机及其网络等硬件环境，主要负责数据的传输和运算。而软件部分主要包括系统软件，输入输出设备的驱动软件和各种图文处理的应用软件三类。应用软件在交互环境下，实现各种图文信息编辑与处理功能，主要有文字处理、图形处理、图像处理、排版、拼大版、数字打样、RIP 和流程等软件。

4. 图文输出

数字印前系统的图文输出方法主要包括图文显示、打样、存储、输出胶片或输出印版等。

（1）图文显示

在数字印前系统中，图文显示是软打样方式，实时再现图文处理的结果。主要利用显示器来实现图文的显示输出。印前图文的显示器类型主要有 CRT、LCD、LED 和投影仪；对显示器的尺寸、所支持的分辨率、色彩数目都有一定要求。但不同计算机采用的显示卡都有所不同，这些性能参数会直接影响到显示输出的质量。

（2）数字打样

在数字印前系统中，打样采用硬打样方式实现，分为校对样和合同样两类，目的是将图文处理中设计制作结果在正式输出胶片、印版或直接印刷之前预先输出样本，根据设计进行检查。目前，印前系统主要采用数字打样，即采用印前系统生成页面数据，不产生中间媒体（胶片）而直接以数字方式输出，不需要传统打样中的分色胶片—晒版—打样等复杂作业程序。

数字打样是一种以网点阶调直接在纸张上输出数字化彩色图文信息的打样方式。数字打样系统由计算机系统、RIP、色彩管理软件和打印设备构成。有喷墨、热敏、热升华和激光打印等实现方式。其中，热升华打印的色彩鲜艳，层次细腻，可达到彩色照片的效果，但需要使用厂商指定的纸张和颜料，热升华打样和印刷品效果存在较大差异。而采用喷墨打印能够选择印刷所需要的纸张作为打印材料，通过色彩管理后，容易达到印刷品的视觉效果，高档喷墨打印是国内印前系统首选的数字打样设备。激光打印机能很快地输出文字和图形，分辨力已经达到 600 dpi 以上，输出质量较好，比较经济，主要用作校对样输出。

（3）存储设备

在数字印前系统中，图文数据的存储主要采用磁介质，如磁盘（阵列）、ZIP、JAZ 等；光介质，如 CD-ROM（Compact Disc Read Only Memory）、DVD（Digital Video Disk）等；光磁存储介质，如 MO，以及网络存储，如 SAN（Storage Area Network）、NAS（Network Attached Storage）等。

目前，随着光磁技术的发展，大容量的光盘和磁盘是主要的存储媒体，光盘具有体积小、重量轻和容量较大的特点，存储容量从 CD-ROM 的数百 M，DVD 的数 G，正在向数十 G 和 TB 级，更大容量的 EVD、全息光盘存储以及光盘阵列发展。而磁盘容量可达数百 G，磁盘阵列更是可达数十或数百 T。与此同时，网络存储正在结合网络应用技术的发展，得到越来越广泛的关注。存储区域网（SAN）是一种数据存储中心，采用可伸缩的网络拓扑结构，通过具有高传输速率的光通道的直接连接方式，在多种操作系统下，实现最大限度的数据共享和数据优化管理，以及系统的无缝扩充。网络附加存储设备（NAS）是一种专业网络文件存储及文件备份设备，或称为网络直联存储设备、网络磁盘阵列。每个 NAS 中包括核心处理器，文件服务管理工具，一个或者多个的硬盘驱动器用于数据的存储。NAS 可以应用在任何的网络环境当中，根据服务器或者客户端计算机发出的指令完成对内在文件的管理。

（4）胶片输出与印版输出设备

在数字印前系统中，图文数据输出为胶片和印版是最终目标，主要有激光照排机（CTF）、胶片记录仪和直接制版机（CTP）等。

激光照排机用于正式图文分色片的输出，其分辨力可达 5000dpi 以上，激光照排机图像、文字、图形能图文合一的一体化输出。高分辨力、高记录速度、大记录尺寸和高重复套准精度是高质量的激光照排机的重要评价标准。

胶片记录仪主要用于将数字图文信息在传统感光材料上成像的记录设备，通过高分辨力的单色或三原色扫描装置将数字信号转变为光学信号记录于感光材料上，获得单色或彩色模拟图像，主要用作照片等的制作输出。

计算机直接制版机（CTP）是通过计算机直接制作印版的输出设备。直接制版机实际上是一台由计算机控制的激光扫描输出设备，在结构上与激光照排机非常相似，也称为印版照排机。直接制版机是连接印前系统和印版的关键，其作用是将数字式的版面信息直接扫描输出在印版上。CTP 直接制版机一般采用激光扫描的方法直接将版面信息记录在印版上，然后通过适当的后处理来获得印版。

四、典型的数字印前系统

目前，在国内印刷工业中，印前系统主要采用开放式的图文处理系统结构，可根据实际需要确定各部分具体的硬软件，两种典型的数字印前系统的系统配置如图 1-16 所示，图 (a) 是一种典型 CTF 的印前系统的配置，最终输出黄、品红、青、黑四色分色片，图 (b) 是一种典型 CTP 的印前系统的配置，最终输出黄、品红、青、黑四色分色印版。

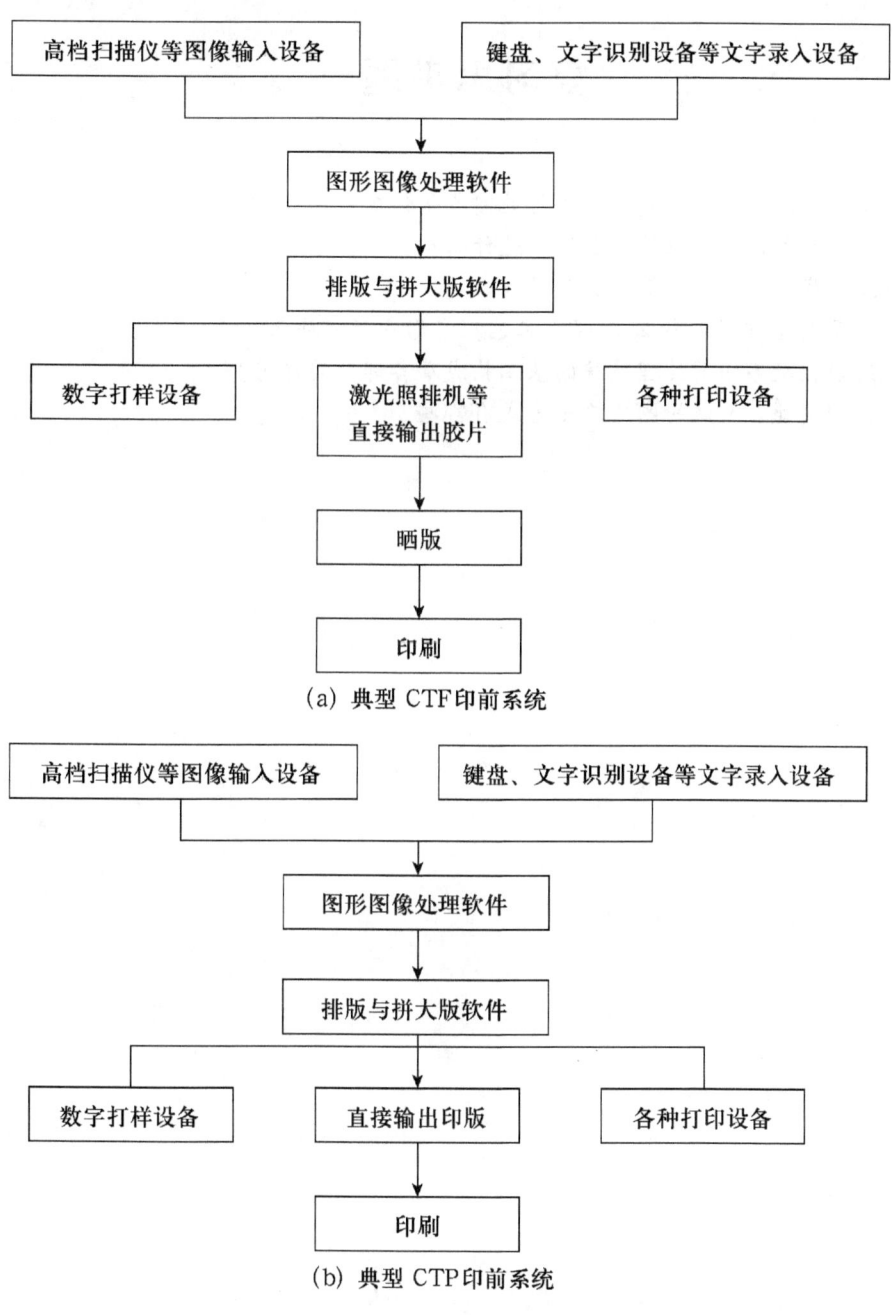

(a) 典型 CTF 印前系统

(b) 典型 CTP 印前系统

图 1-16 典型数字印前系统的配置

复习思考题一

1. 对文字、图形、图像复制的主要关键各是什么？
2. 矢量图形和位图图像的主要区别是什么？
3. 试述现代图像复制的基本工艺过程。
4. 什么是 CTF 工艺？什么是 CTP 工艺？它们各有何特点？
5. 试述现代数字印前处理系统的基本构成及各部分的作用？
6. 数字印前处理系统的图文输出方式有哪些？

第二章
图像阶调复制原理与技术

图像的阶调是图像的三大主要特征之一，在复制图像时，应力求准确地再现原稿图像的阶调，但由于原稿图像的阶调往往变化非常丰富（实际是连续变化的），而实际印刷中无法直接再现连续阶调的图像层次，因此须采用特殊的复制技术，即加网技术来再现图像丰富的层次。

第一节 概 述

一幅连续调图像在视觉上从白到黑可以有无数个阶调。人的视觉至少可以分辨 64 个阶调，一般可以分辨 100 个阶调，所以对图像进行复制时，应该至少复制出 100 个阶调。而在印刷中却因为印刷复制条件的限制，对图像阶调只存在两种表达形式，即图像处印油墨、空白处不印油墨，各种层次的再现只有通过加网才可以实现，即用许多网点来再现每一个色调层次。由于人眼观察印刷品时，见到的是单位面积内网点的整体组合效果，所以看见的是一个细腻的图像。

一、连续调图像与网目调图像

一幅照片或画稿图像的明暗变化即层次往往是连续的，具有这种性质的图像即层次连续变化的图像叫连续调图像。如果用密度来表示，连续调则表示从最低密度到最高密度之间有无数多个连续变化的密度值，如图 2-1 所示。彩色图像也满足这个条件，用彩色密度仪测量时，就可以出现从白色到饱和色之间的所有密度值。

在对连续调图像进行复制时，理论上讲应可以通过不同厚度的油墨层来再现图像连续变化的层次，但由于印刷墨层的厚度有限（一般胶印墨层厚 3~5μm，凸印墨厚 5~20μm，丝印墨厚 20~100μm，凹印墨厚 10~30μm），而且平版印版和凸印印版上只有着墨部分和非着墨部分，实际复制时无法通过改变油墨层的厚度来再现丰富的图像层次，因此，人们不得不将连续调图像分解，用不连续的图像再现其层次的变化，通常通过加

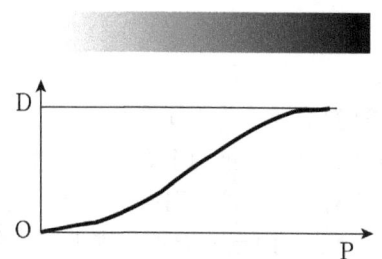

图 2-1 连续调图像及其密度变化

网的方式实现图像分解，使图像分解成为大小不同或分布频率不同而黑度相同的网点，以此来模拟连续调的视觉效果，如图 2-2 所示，具有这种特征的图像叫做网目调图像，所以网目调图像中实际只有两个密度值——黑与白，但视觉上感觉图像是有层次变化的。

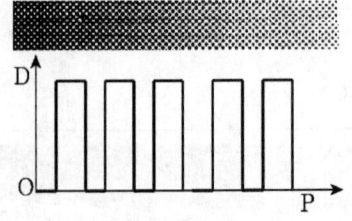

图 2-2　网目调图像及其密度变化

二、空间视觉混合原理

在把连续调图像分解为网目调图像进行复制后，网目调的复制品给人的视觉感受并不是不连续的，而仍然是连续的效果，其主要原因是网目调图像中相邻网点之间的距离小于视觉能分辨的最小距离，因此在对连续调图像加网时，只要相邻网点之间的距离和网目阶调级数量符合人眼的视觉要求，网目阶调在视觉上就是连续的，否则将无法忠实于连续调的原稿图像。

根据人眼的视觉成像原理可知，当空间的某个物体在人眼的视网膜上所成影像小于一定极限时（落在一个锥体细胞范围内），人眼将无法分辨出这个物体的存在，如图 2-3 所示，被观察的物体一旦进入眼球，它们的反射光通过眼球晶体在视网膜上形成倒像。设物体两点间距离为 AB，它们对眼球所形成的张角叫做视角，设为 α，设观察距离为 D，则视角 α 的大小取决于物体两点间距离 AB 和观察距离 D，从三角函数知道：

$$\mathrm{tg}\frac{\alpha}{2}=\frac{AB}{2D} \qquad 式（2-1）$$

当角度 α 很小时，tgα≈α，则

$$\alpha = AB/D（弧度） \qquad 式（2-2）$$

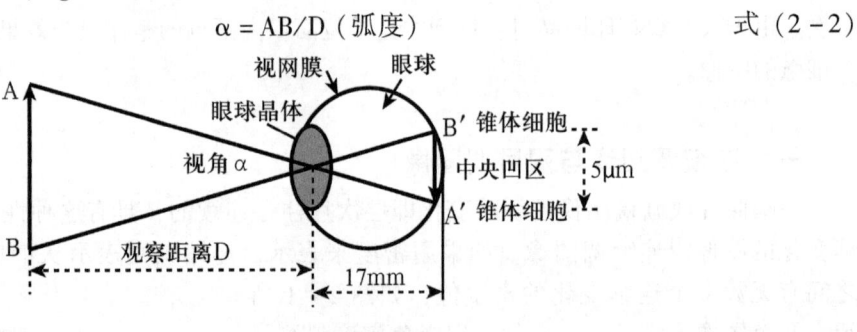

图 2-3　视觉成像原理

这就是视觉的空间混合原理，即当人眼对空间的两个点之间的张角小于一定的极限时，人眼就分辨不出这两个点的独立存在。当 A、B 两点的影像 A′、B′都落在同一个锥体细胞上时，这两点的影像便融合为一点，分辨不清。只要 A、B 两点的影像落在相邻的两个锥体细胞上，A、B 两点才能被分辨为独立的像，这时 A、B 两点的距离被认为是可分辨的最小距离。锥体细胞的直径约为 2μm，两个锥体细胞之间距离约为 5μm，人眼球从晶体到视网膜中央凹区的距离一般为 17mm。当 A、B 两点成像以后的尺寸小于 5μm 时，便分辨不清，所以人眼可分辨的最小视角为

$$\alpha = \frac{0.005 \times 57.3 \times 60}{17} = 1 \quad\quad 式（2-3）$$

而在一定的观察距离 D 时，可分辨的两网点间的最小距离为

$$AB = 1 \times D = \frac{D}{57.3 \times 60} \quad\quad 式（2-4）$$

所以当人们对网目调印刷复制品的观察距离越远时，加网的网目线数可以低一些，而观察距离越近，加网线数就应越高，如当观察距离 D 为明视距离（一般为 250 mm，如普通画册等）时，所需网目线数最少为 68 线/厘米，而当观察距离 D = 2000 mm 时（如广告画），网目线数选择 9 线/厘米即可。

第二节　加网方法

将连续调图像转换为网目调图像，即通过网点表现图像阶调层次变化的过程称为加网。加网技术一直是彩色印刷中最关键的技术，加网方法的好坏直接影响彩色印刷品的质量和印前输出的速度。现代彩色印刷中主要采用两类加网方式：调幅加网和调频加网。

一、调幅加网

调幅（Amplitude Modulation，简称 AM）加网是利用大小不同而分布均匀的网点来表现图像阶调层次的变化的加网方法。在调幅加网中，所加网的每个网格单元内只有一个网点，并分布在网格的中心位置，网点的大小不同，形成不同的灰度级。由于网点是规则分布的，在多色套印时会出现莫尔纹，因此需要采用网角技术，使莫尔纹极小化。所以调幅加网中的关键是如何使各色分色片具有准确的加网角度以及相同的加网线数，但即使是这样，也只能尽可能减少莫尔纹对图像的影响，完全避免莫尔纹则是不可能的。

二、调频加网

调频（Frequency Modulation，简称 FM）加网是指用相同大小的网点在空间分布的频率表现图像层次的加网方法。由于调频加网的网点是随机分布的，所以也称为随机加网（Random Screening）。

调频加网在加网的每个网格单元内随机分布着大小固定的微粒点，由微粒点的分布密度即单位面积内微粒点的多少控制灰度，而不是用网点的大小表示图像灰度。因此调频加网与调幅加网的区别在于：调幅加网是保持网点的空间频率（间隔）不变，而用网点的振幅强弱（即网点大小）表现图像深浅；调频加网则是保持微粒网点的振幅（大小）固定不变，而用微粒点的空间频率（间隔）变化表现图像深浅，如图 2-4（a）所示；调幅加网的网点是一种点聚集态的网点，而调频加网的网点是一种点离散态的网点，如图 2-4（b）所示。

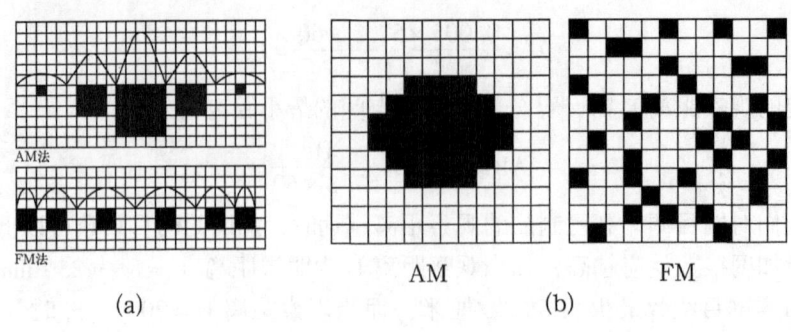

图 2-4 AM 与 FM 的区别

三、混合加网

调频加网中网屏的网格单元内随机分布大小固定的微粒点，由微粒点的多少控制灰度。由于调频网使微粒点在网格单元内随机分布，打乱了原调幅网的周期性，套色时不会产生莫尔纹和玫瑰斑，解决了调幅加网中的最大难题。但调频网要以极小的微粒点来代替常规的调幅网点，对印刷过程必然要提出一些特殊要求，如印版分辨率、版面清洁度、水墨平衡等，特别是网点的面积扩大率正比于微粒点数目，因而调频网与调幅网相比有很大的网点扩大率，此外，当微粒点很小时，转印过程中网点的形状变为不规则，其边长及面积扩大率也相应变得没有规律，因此，调频网在解决调幅网弊端的同时却带来了诸多印刷工艺中难以解决的问题和不确定因素。于是出现了一种结合调幅加网和调频加网两种技术的新的加网方式——调频调幅加网。

调频调幅加网主要有下列加网方法：

1. 规则分布的单元网格中网点由数目随机、大小随机、位置随机的子网点组成，即子网点在一定范围内随机。

2. 在图像不同的阶调处分别采用不同的加网方法。如大日本网屏公司推出的"视必达"加网技术，能够根据画面颜色、层次的变化而适时地选用调幅加网或调频加网，如在网点百分比为1%~10%的高光区域及网点百分比为90%~100%的暗调区域中，采用调频加网法中固定大小的点子，并用这些点子的疏密来表现图像的颜色和层次变化，而在10%~90%的层次范围内，它可以像调幅加网那样，根据图像颜色和层次的不同而调节网点的大小，但所有网点的位置仍然是随机的。

第三节　传统模拟加网技术

一、投影网屏加网

投影网屏是在两块厚度不同，但绝对平滑、平整的玻璃板的表面上，涂布一层耐氢氟酸腐蚀的蜡，然后用刻线机上的金刚石刻刀，在耐腐蚀层上刻出线条，玻璃板不能受到损伤。

用氢氟酸腐蚀出线条后，除掉耐酸层，用黑色颜料使腐蚀出的线条着色，未经腐蚀的部分保持透明，再将两块厚度不同的线条板，用胶黏合起来，使线条相互成90°角，这就制成了投影网屏，如图2-5所示。网屏上遮盖线和透明线之比为1∶1。这种网屏只能通过照射光线的25%，其中75%的光线被吸收，因此，在进行加网照相时，就会出现强制性局部损失。

投影网屏加网出的网目调图像，其网点是有规则地排列的，每单位面积内网点的数量是相等的，而网点的大小随原稿密度变化，原稿上高密度部分，得到网点就大；低密度部分，网点则小，空白部分就多，以此来反映原稿的连续调效果。

图2-5　投影网屏

采用投影网屏加网，虽能使印刷产品反映图像的层次变化，但操作时影响图像质量的因素很多，需要有很熟练的技术员，否则不易得到完美的产品。

二、接触网屏加网

早在1895年，美国E. Deville 就开始从事晕映网屏的研究，但由于当时感光材料性能条件的限制，未能实现。到1940年Kodak公司第一次用工业方法制成了接触网屏，并投入应用。

接触网屏是根据半影理论，把胶片上不清晰的网点，以连续调照片的形式重现出来，然后把这张胶片再作为接触网屏加以应用。接触网屏的制作方法可以用照相法，用微粒连续调乳剂软片对投影网屏曝光，并用5~6个不同形状和大小的光圈分别进行曝光，经显影而成。设计各种异形光圈，在拍摄时，能影响网点的形状，所以可制作网点形状不同的接触网屏。接触网屏在使用时，是与感光材料密接接触曝光的，所以叫接触网屏。

接触加网是利用接触网屏对连续调图像原稿加网。接触网屏由光线通过玻璃网屏在感光材料上成像而成。在这种网屏上均匀分布着中心密度高、边缘密度低、无明显边界而连续变化的虚晕小点，单位长度内的小点的个数与加网线数一致，如图2-6所示，当对连续调原稿进行加网时，原稿上不同浓淡部位反射或透射出不同强弱的光量，经接触网屏的网孔对光线进行分割后，感光片上对应原稿不同亮度部位获得不同强弱的光束，经感光后，即可获得不同大小的网点，即网目调图像。

三、激光电子加网

所谓激光电子加网是指采用激光作曝光光源而用电子技术加网的方法，它是电子扫描分色系统中所采用的主要加网方式。激光电子加网包含两个概念，一是以激光作记录光源；二是采用网点发生器的电子加网方法。

激光电子加网的基本工作原理是将从图像处理系统输出的、代表不同密度等级的数据信息，送入激光电子加网系统的网点发生器，网点发生器由网点模存储器和比较电路组成，图

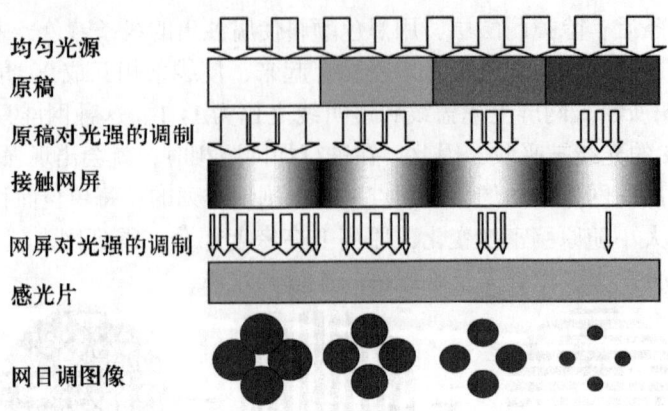

图 2-6　接触加网的网点形成过程

像信号进入比较电路后，与来自网点模存储器的加网密度阈值相比较，根据比较结果，向曝光头发出激光束 ON/OFF 控制信号。

在激光电子加网系统中，存储在网点计算机中的网点信息是以网点模的形式存储的。网点模是激光电子加网的核心技术，它采用超细胞技术原理构成一个能确定网点形状、加网角度及网点百分比的数字加网系统来实现。以 100% 网点为基础，将其分割成多个面积元如 32×32、64×64、256×256 等，并由此建立一个在高度方向上分割成多级的锥体，其底面积形状由所需网点形状决定，此锥体在不同高度方向上具有不同的截面积大小，每一级高度方向上的截面积大小即代表一个网点百分比，并且在数字加网系统中每一级网点模都有一个网点地址。在网点模存储器中，按照设计好的网点形状，存储着和接触网屏相对应的从暗到亮各阶调的密度阈值，网点模存储器是由 N 个存储单元构成的点阵结构，按扫描记录头的主副扫描方向，将一个网点等分为若干个子网点，每个子网点对应网点模型存储器中的一个存储单元。图 2-7 为网点发生器网点生成原理图。图中的网点模由 8×8 点构成，为简单起见，网屏角度取 0°，点形为方形，当点阵数 N=64 时，其加网密度阈值 Q 的取值范围为 $1 \leq Q \leq 64$。

由加网密度阈值构成的图形为加网密度阈值图，或简称为加网阈值图。由图 2-7 可知，在加网阈值图中，自网点中心到网点边缘，密度阈值 Q 由小到大，逐渐增加。当代表像素密度的信号值大于存储的阈值 Q 时，则比较电路输出为"1"，激光束曝光，否则输出信号为"0"，激光束不曝光。一般将加网阈值图纵向横向等分为四部分，其左上、左下、右上、右下四部分分别对应于分析扫描时的四个像素。

在原稿密度均匀的地方，如图 2-7 中的图像信号①，形成对称的网点；而在原稿图像密度不均匀的地方，如图中图像信号②，则会形成不对称形状的网点。采用图 2-7 中的加网阈值图生成的网目调图像只有 65 个灰度级（0~64 共 65 个灰度级）。

激光电子加网的一个网点一般由 13×13 个子网点组成，可实现灰度级别为 170（0~169），在一般情况下，已能满足制版印刷的要求。

从理论上讲，形成网点的子网点数目越大，其网点边缘越光滑，阶调层次也越丰富，但其电子线路、设备结构也随之变得越复杂。

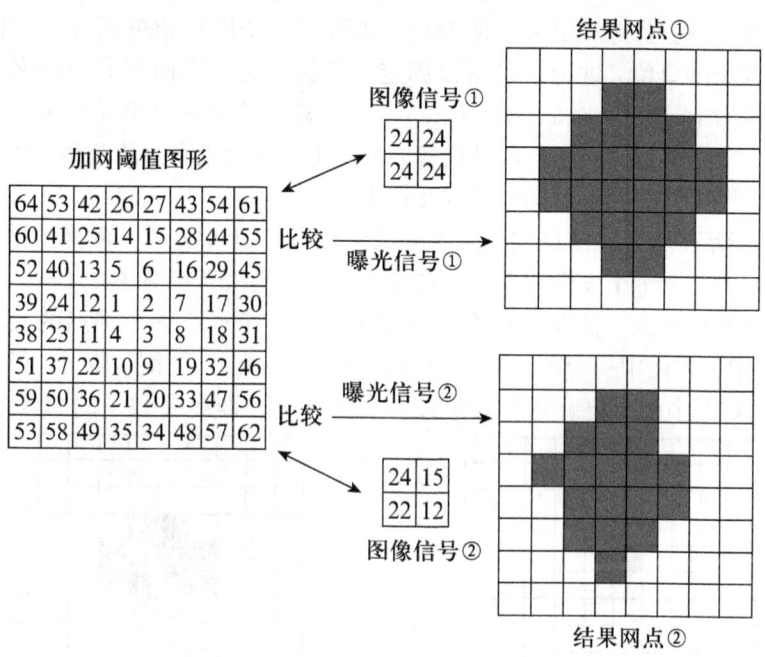

图 2-7 网点发生器网点生成原理

从上述照相接触加网和激光电子加网的网点形成过程可看出：两种加网方式所形成的网点具有不同的性质，前者所形成的网点是一种晕染网点，即每一个网点中各部分的密度是不一样的，一般是从网点中心向边缘密度逐步变小，而后者形成的网点是一种光洁实在的网点，这更有利于图像阶调的印刷再现。

第四节　数字加网技术

模拟加网技术很好地解决了图像阶调再现的问题，但随着数字技术的发展，与数字图像的处理、输出相适应的数字加网技术应运而生。数字加网技术是从传统的模拟加网技术发展而来的，因此它与传统的模拟加网技术有着密切的联系。目前的数字加网技术主要有以网点的大小表现图像阶调的点聚集态网点技术，和以网点的数量多少表现图像层次的点离散态网点技术两种。

一、数字加网基础
1. 数字网点的特点
（1）网目调单元与记录像素

网目调单元又称为记录栅格，它是形成网点的基本单元，通过加网后，在图像的每一个网目调单元中形成一个网点。

为了在二值设备上获得规定大小的网点,需要将一个网目调单元(形成网点的基本单元)划分为更细小的单位,即记录设备以固定的坐标将记录平面划分为许多大小一致的网格,这些网格称为记录栅格(Recorder Grid)。记录栅格的每一个单元可大可小,它由设备的输出分辨力决定。但是,同一台记录设备的分辨力通常仅有有限的几档,因此对同一记录设备而言,记录栅格的每一个单元也只有几档大小。

如图 2-8 所示,将一个网目调单元均分成为 10×10 个小方格,激光照排机的激光束就在该网目调单元的若干个小方格上曝光,这些小方格也称为设备像素(Device Pixel),也就是激光照排机曝光的光点,被曝光小方格的多少就确定了形成一个网点的大小即网点百分比,在图 2-8 中,左图中一个记录栅格中只有一个小方格(像素)曝光,所形成的网点百分比为 1%,而右图中一个记录栅格中有 12 个像素曝光,即形成 12% 的网点。

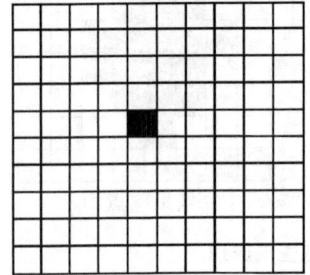
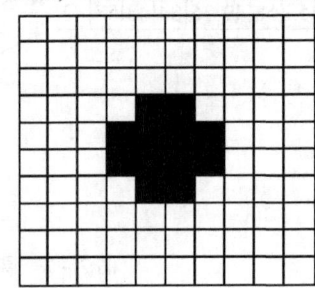

图 2-8　网目调单元

(2) 加网线数与记录分辨力

加网线数是数字图像在输出到胶片上时,在单位长度内形成的网点数,它反映了两个相邻网点的中心距离。目前数字图像加网输出通常采用激光照排机这样的设备,此类设备在记录时逐行、逐个地对图像中的像素进行扫描,从原图像中读出每一像素的灰度值,然后按指定的加网线数转换为一定大小的网点,而激光照排机等输出设备在对图像进行逐点扫描记录时,在单位长度上扫描曝光的光点数称为记录分辨力,用 dpi 表示 (dot per inch)。

很显然,记录分辨力制约着网点记录点阵的精细程度。理论上讲,输出设备记录分辨力的倒数(即扫描曝光点的直径)等于加网图像的最小网点直径,因为加网的最小网点即为一个曝光光点的大小,例如,若激光照排机的记录分辨力为 2400dpi,则一个曝光光点的直径为 1/2400=0.0004167 英寸,即为最小网点的直径。而其网点百分比还与一个网目调单元中所含设备像素数有关,如假设一个网目调单元由 16×16 个设备像素组成,则可表示 256 个灰度级,最小的网点百分比为 1/(16×16)=0.39%。而一个网目调单元的边长为 (1/2400)×16=1/150 英寸,即加网线数为 150 线/英寸。

由以上分析可知,记录分辨力、加网线数及网点百分比等之间的关系为:

$$L = N/n$$
$$F = m/(n \times n)$$
$$S = (n \times n)/(N \times N) \cdot F \qquad 式(2-5)$$

其中：L 为加网线数；
　　　N 为记录分辨力；

n×n 为一个网目调单元中包含的设备像素数；
F 为网点百分比；
m 为一个网目调单元中曝光的设备像素数；
S 为网点的绝对面积。

记录分辨力还会直接影响记录网点的形状，在加网线数一定时，网目调单元中小方格的多少决定了网点轮廓形状接近理想形状的程度。对一个同样尺寸的网目调单元，如果沿纵向和横向划分的设备像素数越多，则形成的网点的轮廓就越接近理想形状，即该网点的轮廓形状越精细。如图 2-9 所示，图中两个网目调单元大小相同，现在要在这两个网目调单元上形成一个方形网点，由于图（a）的网目调单元包含了较多的小方格，因此形成的方形网点轮廓更接近于方形，而图（b）的网目调单元包含较少的小方格，所形成的网点轮廓较为粗糙。因此相同大小的网目调单元，包含的记录像素数不一样时，所形成的同样百分比的网点外形精细度差异很大。网目调单元中包含的记录像素越多，所形成的网点轮廓形状就越接近理想形状的程度，同时能再现的灰度级数量也越多。

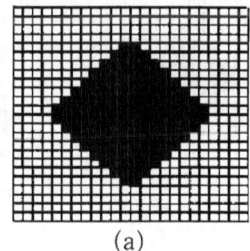 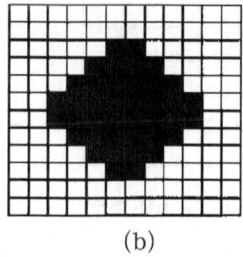

(a)　　　　　　　　　　　　(b)

图 2-9　网点的精细程度

此外，记录分辨力越高，对加网角度的改变就越容易实现。

2. 数字网点的生成方法

我们知道，网目调图像是用网点百分比来表现连续调图像的阶调层次的。在数字加网中，网点百分比即为构成网点的栅格点阵中曝光的点数占总点数的百分比。它与网点形状、加网线数和加网角度无关，而与分色数字图像的灰度级相关，那么在数字加网中，是如何将数字图像的像素灰度值转换为相应大小的网点呢？常采用的方法有如下几种。

（1）阈值法：阈值法亦称投影法，是指给记录平面每个记录点设置一个阈值，当对应点的图像像素小于其阈值时，这个点就曝光，如下式所示：

$$f(i,j)=1,(g(i,j)\leq T); \quad f(i,j)=0,(g(i,j)>T)$$

式（2-6）

其中：$f(i,j)$ 为记录位图像在 (i,j) 点的曝光状态，0 为曝光，1 为不曝光；

$g(i,j)$ 为数字图像在 (i,j) 点像素的灰度值；

T 为阈值。

阈值的大小按照图像的一定的规律安排，类似于接触网屏透明度高低的变化，即原始图像数据通过阈值矩阵映射到记录平面就能得到加网图像。

阈值法完全模拟激光加网，效果很好。但需要巨大的内外存资源来存储事先制作好的阈值矩阵,而且阈值矩阵随着记录装置分辨力、加网线数、加网角度的变化而变化,因此对其存储器资源的要求很高。

(2) 模型法:模型法是指事先制作好各阶调级的网点模型的加网方法。加网时各灰度级只需要相对应的网点模型来替代。由于一幅图像的阶调级数很有限,通常为256级阶调图像,故只需制作256个模型,当记录装置分辨力、加网线数、加网角度不同而导致网点模型变化时,只需重新存储相应256个网点模型。

(3) 生长模型法:生长模型法如图2-10所示,它是指把模型法的256个模型缩减成一个基本模型,当灰度减小一级时,其网点就比上一级灰度多一个相应的光点曝光,只要规定网点内光点的曝光次序,就能依次表达出所有阶调。生长模型法对存储器的要求最小,但由于其网点要按一定规律生长,限制了某些阶调级网点的形状。

(4) 对半取反法:对半取反法是指以50%网点模为基准,对百分比大于50%的网点,则通过与之互补的小网点的点型按位取反(非运算)来获得,如图2-11所示。

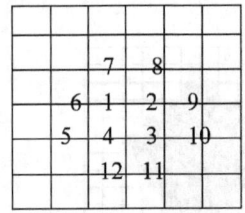

图2-10 生长模型法

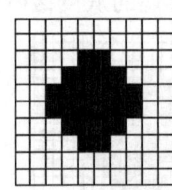 

图2-11 对半取反法

二、点聚集态网点技术

点聚集态网点技术是模拟传统的照相制版方法,以网点大小来表现图像阶调。如果设备分辨力远远高于图像分辨率,那么可以利用由n×n个设备记录像素点组成的栅格图案(即网目调单元)来代替图像中不同灰度值的采样点,从而使每一个网目调单元都可以有(2n+1)个不同的灰度级,而网目调图像的分辨率(加网线数)为设备记录分辨力的1/n,即这时设备的空间分辨力实际已降低为原来的1/n。由此可见,点聚集态网点技术是以降低设备的空间分辨力为代价的。通常点聚集态网点技术又可以分为有理正切加网、无理正切加网和基于有理正切加网的超细胞结构加网。

点聚集态网点技术是通过规则排列的网点的大小表现图像的阶调层次的变化,因此它是一种调幅加网技术。

1. 有理化正切加网基本原理

我们已知道,数字加网的一个网目调单元是由n×n个记录栅格组成的,显然,当网目调单元的四个角点和记录栅格的单元点重合时,每一个网目调单元由相同数量的设备像素组成。在这种情况下,当数字图像的灰度值相同时,在网目调单元中形成的网点形状也是相同的,也就是说,当网目调单元的角点与记录栅格的单元点重合时,同样面积率的网点将具有完全相同的轮廓形状,并包含相同数量的曝光光点数。因此对同一阶调的图像网点即相同百分比的网点,只需描述一个网点如何在一个网目调单元中生成,就能准确地指令其他网目调单元产生同一面积率的网点。当网目调单元的每一个单元点与输出设备记录栅格的单元点重合时，加网角度的正切则为两个整数之比，如图 2-12 所示，即为有理数，这种加网角度的正切为有理数的加网技术称为有理化正切加网（Rational Tangent Screening）。

有理化正切加网是数字化网点技术的基础，其技术核心是：
①每一个网目调单元的角点必须准确地与栅格输出设备的格网（记录网格）单元点重合。
②每一个网目调单元的形状和大小相同，使得同样的网点形状在记录网格上重复复制。
③所获得的网点角度的正切为有理数（两个整数的比值）。

为采用有理化正切法覆盖在记录网格下的网目调网点，其网目调网点子点的各顶点准确地与记录网格重合，即要使网点排列角度的正切值为两个整数之比，而在传统的加网方式中，各色版的加网角度通常排列为 0°、15°、45°、75°，其中 0°和 45°的正切值是有理数，即可用于有理化正切加网中，而 15°和 75°的正切值为无理数，即不适合有理化正切加网，要使之适合有理化正切加网，就必须将其加网角度适当旋转，当为 18.435°（通常取 18.4°）时，网目调单元的各顶点刚好与记录栅格的角点重合，因为 tg18.4° = 1/3，也就是说，可以满足有理化正切加网的要求，所以，在数字式电分机中最常采用 0°、18.4°、45°的加网角度组合。

2. 无理化正切加网基本原理

当加网角度的正切为有理数时，网目调单元的角度可以与记录栅格的角度准确重合，但实际中并非总能做到，如图 2-13 所示，在某一加网角度时，网目调单元只有一个角点（左下角）与记录栅格的角点重合，其他三个角点都不能与记录栅格的角点重合，也就是说这时的加网角度的正切不是两个整数之比，而有可能是一个无理数，这种加网角度的正切为无理数的加网称为无理化正切加网。

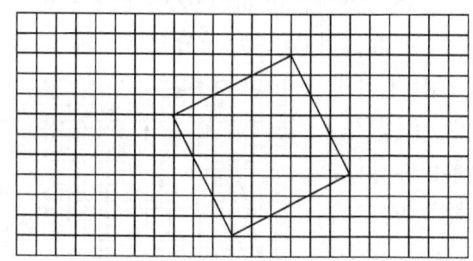

图 2-12 有理化正切加网

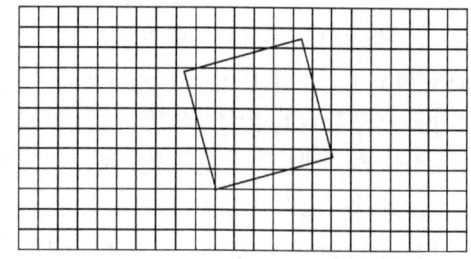

图 2-13 无理化正切加网

无理化正切加网通常采用以下两种方法实现：

（1）逐点修正法

这种方法是根据实际要求的加网线数和加网角度，精确地计算并判断每一网目调单元的栅格点阵及其特点，由此获得网点的大小和形状，再对网目调单元的角度一个接一个地修正。显然，用这种方法可获得高质量的加网图像，但数据处理计算量非常大，对每个网目调单元的逐个修正将花去大量的计算时间，因此对光栅图像处理器以及加网计算机的运算速度要求极高，同时需要庞大的存储空间来临时存放处理的中间结果。

（2）强制对齐法

这种方法是对无理正切加网的加网角度的对边和邻边取整，强制网目调单元的顶点与记录网格的单元点重合，从而形成有理正切网点。这时就必须对所需的加网角度和加网线数进行调整，求出最接近的角度和加网线数。具体调整过程为（见图2-14）：

设所需加网角度为α，α角的对边和邻边分别为dy和dx，加网线数为f，输出分辨率为P，则网目调单元的边长为P/f，并有下列关系式：

$$\begin{cases} dx^2 + dy^2 = \left(\dfrac{P}{f}\right)^2 \\ tg\alpha = \dfrac{dy}{dx} \end{cases} \quad 式（2-7）$$

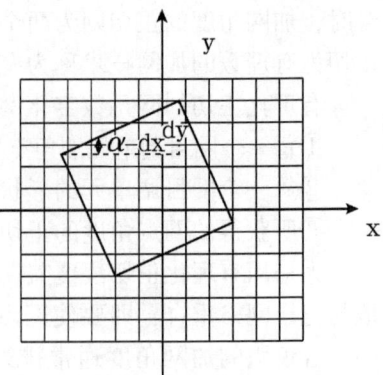

图2-14 强制对齐法

根据上式求出dx和dy的值，然后对他们取整：DX = int(dx)，DY = int(dy)；再把DX、DY的值代入上式，反过来分别求出调整后的角度α′和调整后的加网线数f′，可知：

$$\begin{cases} \alpha' = arctg\dfrac{DY}{DX} \\ f' = \dfrac{P}{\sqrt{DX^2 + DY^2}} \end{cases} \quad 式（2-8）$$

按上述方法，即可根据需要的加网线数和加网角度，计算出调整后的实际加网线数和加网角度。

3. 超细胞结构加网基本原理

在有理化正切加网技术中，如果希望得到15°的网角，近似的一个方法是使用正切值为1/3的加网角度（即18.4°），而更好的是3/11（arctg3/11 = 15.255°），进而是9/34（14.826°的正切值），如果用15/56（14.995°的正切值），则与15°更接近，其误差为千分之五，假若使用41/153（15.001°的正切），其误差便降为千分之一。由此可见，随着分子分母数字的增大，角度的近似可以不断改善，但它总会越过一个边界，即超过了这一边界的进一步精确，便不再有任何意义，达到这一目的所使用的方法就是采用"超细胞"的概念。一些以PostScript语言为基础的数字加网技术设计了一种非常接近常规加网角度的方法，即设置由数个网目调单元组成的超细胞，并将这样的超细胞单元角点与输出设备的像素单元点重合。超细胞是一个由多个网目调单元组成的阵列，比如一个3×3的超细胞是由9个网目调单元组成的，如图2-15所示。

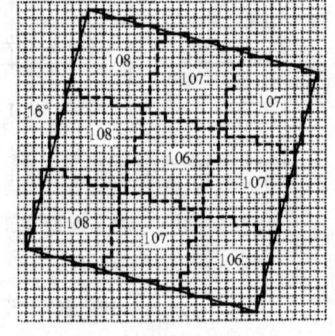

图2-15 超细胞结构单元

由于一个超细胞是超尺寸的网目调单元（超大网目调单元），超细胞网点的生长是从多个中心点开始的。如对一个由9个网目调单元组成的超细胞，它有9个中心点。只要超细胞的四个角点与输出设备的像素单元点重合，则每一个这样的超细胞有相同的形状，并包含相同数量的网目调单元和曝光光点。

超细胞的尺寸与网目调单元相比要大得多，因此在输出设备的记录平面上有许多可以放置超细胞的点，使得超细胞的角点与记录设备的像素单元点重合。因此，用超细胞结构可以以很高的精度逼近传统的加网角度，并使得各色版的加网线数基本相同，从而保证复制精度的提高。

三、点离散态网点技术

在点离散态网点技术中，网点是由直径相同的胞点以随机分布的方式来组成的，而并不聚集成团，虽然它们仍以不同面积百分比来表示灰度，但它的表示方式是以胞点出现的频率来表达的。即以单位面积内网点数量表现图像的阶调层次，因此点离散态网点技术是一种调频加网方式。

点离散态加网技术的实现方法主要有模式抖动加网和误差扩散抖动加网两种。

1. 模式抖动加网的基本原理

模式抖动加网的一般原理如图 2-16 所示。一般来说，如果数字图像的分辨率与二值设备的分辨力相同，那么可以采用抖动技术来实现数字加网。假定有一个 m×n 的伪随机抖动矩阵（也称为伪随机阈值矩阵）D_{ij}，若数字图像中某点的坐标为（x，y），则它在抖动矩阵中的相应位置（i，j）应该为：i = x mod m，j = y mod n（mod 表示取模运算）。如果像素点（x，y）的亮度值 L（x，y）满足 L（x，y）> D_{ij}，那么该点的亮度值就被置为 1（白），否则置为 0（黑），反过来也一样，即白为 0，黑为 1。这是对灰度图的抖动过程，对于彩色图像，同样可用 Bayer 抖动进行处理，过程与抖动一幅灰度图像基本相同。任何彩色图像可分解为 R、G、B 三幅灰度图像，要抖动一幅 RGB 图像，需分别对 RGB 通道进行抖动：分别抖动图像中各像素点的 R、G、B 色值，这样对每一个源像素形成 3 位，每一位表示其相应色彩全开或全关。因此，对彩色图像进行 Bayer 抖动后，得到的是一幅 8 色图像。虽然看起来用 8 色抖动处理 256 色图像有点粗糙，但这种结果对于快速和难以表示的色彩的表达却是很有效的。

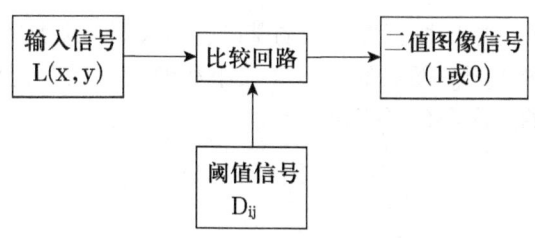

图 2-16　模式抖动加网的基本原理

在通常情况下，经这种抖动算法后所得到的二值图像均会带有抖动矩阵图案的痕迹，从而导致噪声的出现，这是我们在数字加网处理的过程中所不愿意看到的。因此为了防止由抖动处理所产生的人工痕迹，一般都是预先在原始信号或阈值信号中加入抖动信号（即无规则噪声），然后再进行相应的处理。

2. 误差扩散抖动加网基本原理

在模式加网抖动中，当数字图像中像素的亮度值大于或等于伪随机抖动矩阵中的相应阈值时，就直接将其置为 1（白），否则置为 0（黑）。这样必然会存在着一定的灰度值误差。但是如果这个误差被扩散到了周围的像素中，然后再进行抖动处理，那么它对最后的二值图像的影响就没有以前的那样明显了。而且这样也相当于在原始信号中预先加入了抖动信号（即无规则噪声），然后再进行相应的处理时即可避免由抖动处理所产生的人工痕迹，这就是误差扩散抖动加网，其基本原理是：首先对数字图像中像素点的灰度值进行归一化处理，并作为误差扩散抖动处理器的输入信号 I_{xy}，信号 I_{xy} 在进行阈值比较前先被加入误差过滤器中的输出值 E_{xy}，以得到用于进行实际比较的输入信号 T_{xy}；然后再对信号 T_{xy} 进行阈值处理，即可得到最后的二值信号（1 或 0）。其中，由误差过滤器产生的输出值 E_{xy} 实际就是对与当前像素相关的各点处的误差扩散求加权平均的结果，而相关性又是与具体的误差过滤器有关的。最常用的一个误差过滤器就是 1976 年由 Floyd—Steinberg 提出的过滤器，它实际上就是一个误差分配表，如表 2-1 所示，在这个过滤器中，数字的总和是 16。在进行抖动处理时，若 X 处的像素与阈值之间有误差，则该误差的 7/16 分配给 X 右面的像素，误差的 3/16 分配给 X 左下方的像素，误差的 5/16 分配给 X 正下方的像素，误差的 1/16 分配给 X 右下方的像素。误差传递给这些像素后，接下来处理源图像中的下一个像素。

采用误差扩散抖动技术加网，能够使噪声成分降至最低，并产生更高的细节分辨率。

表 2-1　过滤器误差分配

	X	7/16
3/16	5/16	1/16

第五节　网点复制原理

网点是网目调印刷复制中印刷图像构成的基础，是表现连续调图像层次与色彩变化的基本单元，起着传递层次的作用。网点的状态（大小和形状）及其传递特征将影响到最终印刷品能否准确还原原稿的层次和色彩变化。

一、网点的作用

网目调图像从微观上看，颜色和层次变化是不连续的。但网点是极小的点，由于人眼的分辨能力有限，在正常视距下，这样小的点人眼无法分辨。网点是表现色彩浓淡变化的基础，其作用可大体归纳为：

1. 网点起着表现原稿阶调的作用，它使连续调的原稿离散为网点群的组合。
2. 网点是可以接受和转移油墨的单位，从这个意义上说，网点大小起着调节油墨量大小的作用。
3. 网点在印刷效果上起着组色的作用，四色印刷品画面上的每一种色彩都是由青、品红、黄和黑四色网点以不同比例配合而成。

二、网点的基本构成参数

最典型调幅加网的网点包括以下构成要素。

1. 网点形状

网点形状是指网目调图像中50%处网点的外形。常见的网点形状有圆形网点、方形网点和链形网点，不同形状的网点对图像层次的表现效果不一样，如图2-17所示。

圆形网点的图像在高、中调处网点相互独立，当网点增大到约78%时，开始在四个方向与周围网点搭接，如图2-17（a）所示；当网点为链形网点时，链形点呈菱形状或椭圆形状，有长轴和短轴两根轴，网点分别在两个方向先后两次开始搭接，当网点调值在35%～40%时，网点只在长轴方向互相搭接，当百分比上升到60%～65%时，网点在短轴方向也开始搭接。可以通过数字控制链形网点第一次在长轴方向搭接，第二次在短轴方向搭接的网点调值。链形网点沿网点长轴方向点与点互相连接形成长链状，如图2-17（b）所示。而方形网点可以看作链形网点的特例，即长短轴相同，其图像的网点在约50%调值时在四个方向开始搭接，如图2-17（c）所示。

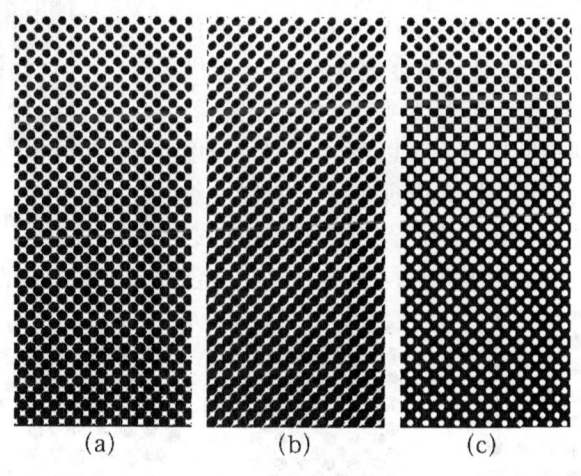

图2-17 网点形状

在加网图像中，网点开始搭接后，随网点调值加深（继续增大），网点开始逐步相互重叠，这时产生网点扩大，图像调值会陡然增加，出现印刷中调值跃升（或调值断裂）的情况。圆形网点和方形网点都是在网点的四个方向同时搭接，所以圆形网点较适合于中间调层次和高调层次丰富的图像再现，方形网点则较适合于中暗调层次丰富的图像层次再现。链形（或椭圆形）网点有两次搭接，会出现两次调值跃升，避开了中间调，减缓调值跃升强度。因此，链形网点特别适合于以中间调为主、细微层次丰富的人物风景画的加网。

2. 加网角度

加网角度是指网点中心点连线的排列方向与图像水平边缘或垂直边缘的夹角。网点排列方向指距网点中心最近的连线方向，如图2-18所示。

图2-18 网点排列方向及网角

彩色图像经分色后得到的各单色图像都是连续调的单色图像，为再现各单色图像的阶调，须对各单色图像加网，即先得到四色网目调图像，在印刷时，再将四色网目调图像套印在一起，获得有层次变化的彩色图像。

在多色调幅加网印刷中，每张分色片上都是由规则排列的黑度相等、相邻两点中心距离相等的网点组成的网目图像，将它们进行叠印时，只要出现很小的角度误差，就会在图像中出现难看的图案，我们一般把这种在图像中对视觉会产生干扰的图案称为"龟纹"。

当两组具有一定间隔的平行线以一定角度差相互重叠时，会出现一种新的图案，如图2-19所示，这就是由两组平行线重叠所产生的龟纹。同样，当两色网点规则排列的网目调图像重叠时，也可能出现龟纹。当两色网目调图像的网点以相同的网目角度完全重叠（见图2-20（a））或完全无重叠（见图2-20（b））时，就没有龟纹出现，但当两色网目调图像以不同的网目角度重叠时（见图2-20（c）），就会出现龟纹，所以龟纹就是两色或多色网目调图像叠印后所产生的对视觉引起干扰的图案，它不仅会影响图像阶调层次的再现，也会影响图像色彩的再现。

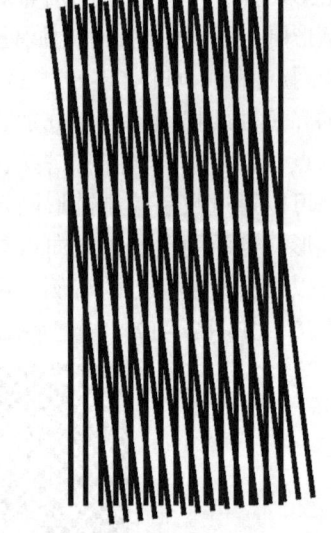

图2-19 两组平行线叠加形成的龟纹

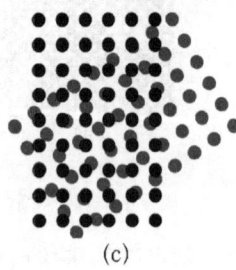

(a)　　　　　(b)　　　　　(c)

图2-20 彩色叠印中的点压点现象

（1）龟纹的周期和方向

如图2-21所示为由两色按规则排列的网点图像按一定网目角度差重叠所产生的龟纹，图2-22所示为三张按规则排列的网点图像按一定网目角度差重叠所产生的龟纹，由此可见，由多色按规则排列的网点图像重叠所产生的龟纹是按一定方向和周期排列的。

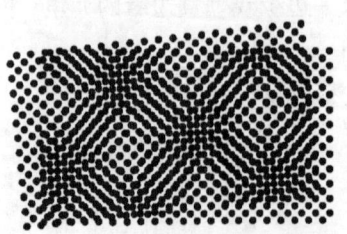

图2-21 两色叠印产生的龟纹

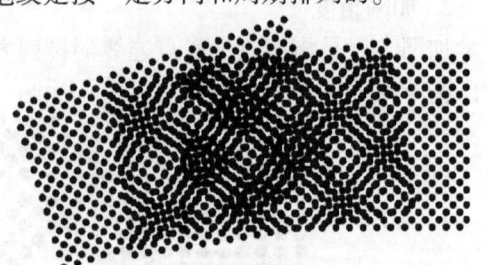

图2-22 三色叠印产生的龟纹

为方便起见，我们以两组平行线重叠所产生的龟纹为例，来分析龟纹的周期和方向。设两组平行线间距分别为 p_1 和 p_2，重叠的相交角为 θ，所产生的龟纹的周期为 P，排列方向与平行线 p_1 的夹角为 α，如图 2-23 所示。

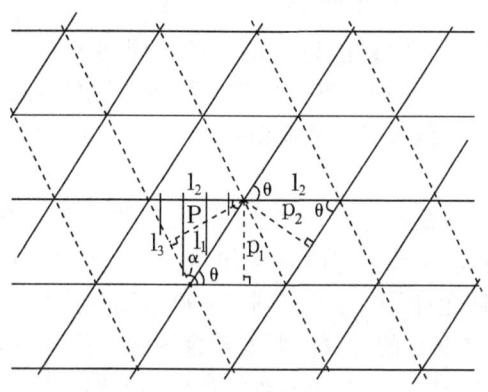

图 2-23　龟纹周期和方向

根据三角函数关系有

$$l_1 = \frac{p_1}{\sin\theta} \qquad l_2 = \frac{p_2}{\sin\theta}$$

$$l_3 = \frac{1}{\sin\theta}\sqrt{p_1^2 + p_2^2 - 2p_1p_2\cos\theta}$$

设阴影三角形的面积为 S，则有

$$S = \frac{1}{2}l_1l_2\sin\theta = \frac{1}{2}\frac{p_1p_2}{\sin\theta}$$

$$= \frac{1}{2}l_3 P = \frac{1}{2}\frac{1}{\sin\theta}\sqrt{p_1^2 + p_2^2 - 2p_1p_2\cos\theta} \cdot P$$

$$P = \frac{p_1p_2}{\sqrt{p_1^2 + p_2^2 - 2p_1p_2\cos\theta}}$$

龟纹的方向为 $\quad \alpha = \theta + \arcsin\dfrac{P\sin\theta}{p_1}$

或者 $\quad \alpha = 90° + \arccos\dfrac{P\sin\theta}{p_2}$

我们用网目线数 n_1、n_2 代替 p_1、p_2，龟纹线数用 N 表示：

$$p_1 = \frac{1}{n_1}, \quad p_2 = \frac{1}{n_2}, \quad P = \frac{1}{N}$$

则有

$$N = \sqrt{n_1^2 + n_2^2 - 2n_1n_2\cos\theta}$$

$$\alpha = \theta + \arcsin\frac{n_1\sin\theta}{N}$$

在彩色复制中，若各单色网目调图像的加网线数都是一样的，即 $n_1 = n_2 = n$，$p_1 = p_2$，

则两色版叠印所产生的龟纹的周期和方向分别为

$$P = \frac{1}{2n\sin\frac{\theta}{2}} \qquad \alpha = 90° + \frac{\theta}{2} \qquad \text{式 (2-9)}$$

由此可知，当两色版网目角度差值为0°时，龟纹周期为无穷大；当两色版网目角度差值为90°时，龟纹周期最小。一般情况下，当两色版网目角度差值在30°~60°之间时，龟纹对视觉的干扰比较小，而且两色版网目角度相差45°时，龟纹对视觉的干扰最小。

(2) 加网角度的选择

综上所述，两色或多色版叠印时，龟纹是不可避免的，但所产生的龟纹对视觉的干扰是不相同的，当两色版网目角度相差一定值时（如30°~60°或45°），所产生的龟纹对视觉的干扰比较小或最小。但在四色印刷中，各色版在90°范围内的网目角度实际最大只能相差22.5°，这样必然会产生比较明显的龟纹，但是若合理地安排各色版的网目角度，则可使所产生的龟纹均匀地分布在图像中，而且不对视觉产生明显的干扰，如图2-24所示。

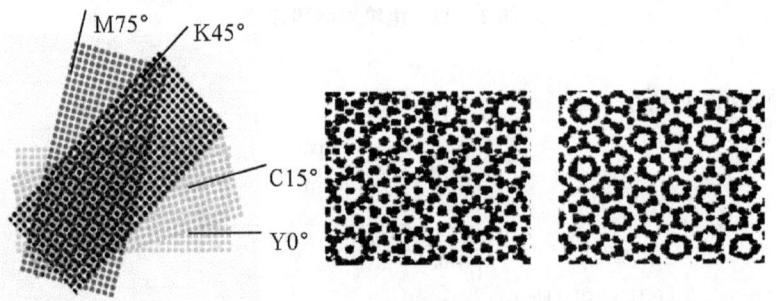

图2-24 彩色套印中能忍受的玫瑰纹

所以，对四色印刷而言，实际分色加网中，黄色版加网角度安排为90°，其他三色版则分别用15°、45°、75°的加网角度，而且通常将图像的主色调版排为45°，这样虽然黄色版与其他两色版只相差15°，但由于黄色是弱色，它即使与其他色版叠印产生明显的龟纹，也不会对视觉产生明显的干扰，而品红、青、黑三色版两两相差30°，叠印也不会产生对视觉明显干扰的龟纹。

单色图像复制时，则采用对视觉干扰最小，能产生平滑、舒适、不刺眼的感觉，视觉效果最好的45°网角，如图2-25所示。

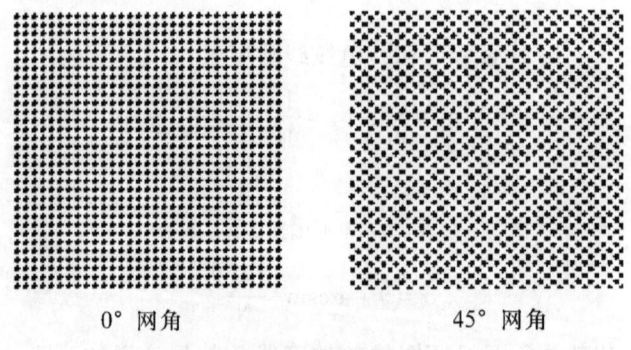

0°网角　　　　　　　　　　45°网角

图2-25 不同网角对视觉的干扰

3. 加网线数

加网线数是指单位长度内的网目线数，或是网目调图像中单位长度内黑白网点的对数，常用单位长度内的网线数表示，其单位为线/厘米或线/英寸，例如 60 线/厘米或 150 线/英寸。

在加网过程中，加网线数表示了网点基本单元精细的程度，用相同加网线数印制出来的图像，相同面积内的网点数量是一定的，只是大小不同。对图像分割的网格单元越小，则网目调图像的连续效果就表现得越真实。但用不同加网线数表现同一幅图像时，则会有不同的效果。显然加网线数越高，网点就越精细，能够表示更多的图像细节，即对图像层次的表现越丰富，反之图像层次就差，如图 2-26 所示。

图 2-26 加网线数对图像质量的影响

加网线数与印刷条件相关，应根据印刷条件、承印材料的特性和视觉空间混合原理进行选择，不是网目越精细越好，如报纸印刷宜采用 30～40 线/厘米的粗网目，大型户外广告用 10 线/厘米左右即可，而在印刷高级挂历、书刊中精美插图、旅游风景画片等精细图片时，就应采用 60～80 线/厘米的精细网目。通常加网线数越高，对纸张表面光滑度要求也越高。

4. 网点百分比

网点百分比是指加网图像中单位面积内网点面积所占的百分比。在印刷图像中，网点百分比直接表示了加网图像层次的深浅，网点百分比越大，图像层次越深，网点百分比为 100% 时图像层次最深，即印刷中的"实地"；而当网点百分比为 0 时，图像最亮，即印刷中的"绝网"。

由于加网图像每一个网点的密度都是相等的，非网点部分的密度也相同，通常将加网图像中单位面积内的平均密度称为阶调密度。

设透射图片在单位面积上（密度计光孔面积）网目面积为 G，非网目面积（透光面积）为 U，则有 U+G=1，则网点百分比 F 为：

$$F = \frac{G}{U+G} \cdot 100\% = G \cdot 100\%$$

单位面积上的透光率为（假设网点部分的透光率为 0，非网点部分透光率为 100%）：

$$T = \frac{U}{U+G} = 1 - G = 1 - \frac{F}{100\%}$$

阶调密度为：

$$D_R = \lg \frac{1}{T} = \lg \frac{1}{1 - \frac{F}{100\%}}$$

网点百分比为：

$$F = (1 - 10^{-D_R}) \cdot 100\% \qquad \text{式}(2-10)$$

式 (2-10) 表示了阶调密度与网点百分比之间的关系。

对网目调印刷品而言，若测得其空白密度 D_0、实地密度 D_V 以及阶调密度 D_R，则采用麦瑞-戴维斯公式可得出网目密度与网点百分比之间的关系，根据测量精度要求，还可以加入纸张系数 n 进行修正，见式（2-11）。

$$F = \frac{1-10^{-D_R/n}}{1-10^{-D_V/n}} \cdot 100\% \qquad 式（2-11）$$

三、网点传递规律

网点在制版和印刷工艺过程中经传递后一般都会产生尺寸改变的现象，它一般会使实际产生的网点面积大于期望的网点面积，因此网点经传递后所产生的变形一般称为网点扩大。网点扩大会影响图像整个画面的层次，特别是暗调部位的层次，易使暗调层次并级。各色版网点扩大后叠合的色彩必然会与原稿有所差别，使色彩无法准确再现。

1. 网点扩大种类

网点扩大包括两种：光学性网点扩大和机械性网点扩大。

光学性网点扩大完全是由光的反射作用引起的，是网点墨膜边缘部分对入射光线的散射效应使网点看起来增大了，其实际影响是人的视觉感受。

我们一般谈到网点扩大是指物理性网点扩大。如图2-27所示，它是指印后网点面积相对阳片上网点面积产生了扩大。由于胶印采用间接印刷原理，使用橡皮布、胶辊等弹性材料，加上机械滚动和纸张对油墨的吸收，油墨的转移压印都需要一定的压力，压力使印版上的油墨扩展，并转移给橡皮布，使油墨也向四周扩展。因此网点在印刷中一般会产生物理性扩大，与此同时，由于橡皮布的弹性变形，使印版和橡皮布、橡皮布

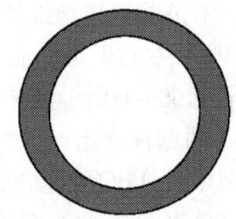

图2-27　网点的机械性扩大

与承印物都会产生相对滑移，滑移的结果造成网点朝某个方向的变形。上述扩展和滑移使承印物上的网点比阳片上有所增大，这种网点扩大称为机械性网点扩大。

网点扩大现象很难避免，但必须加以控制。按机械性网点扩大现象发生的工艺过程可以分成两大类，它们是制版过程产生的网点扩大和印刷过程产生的网点扩大。

（1）制版阶段的网点扩大

制版过程中产生的网点扩大主要存在于胶片输出和晒版两个过程，其中胶片输出时影响网点扩大的主要因素是照排机光学上的非线性效应，这可以通过对照排机的标定解决，俗称为照排机的线性化；晒版过程影响网点扩大的因素要更多一些，只能用控制工艺参数的方法予以补偿。

（2）印刷过程的网点扩大

网点在印刷压力的作用下，油墨将向网点的四周扩展。同时，由于包衬的压缩变形，造成印版与纸张（或印版与橡皮布）、橡皮布与纸张间的相对滑移，这种滑移也将引起网点扩大。显然，因扩展和滑移产生的网点扩大总是无法避免的。

此外，纸张对光线的双重反射性能也能造成网点的扩大。当白光照射到白纸上时大约有80%的白光被反射，当白光照射到覆盖了油墨的网点和白纸的交界处时却只有10%的白光被反射。这样，人眼在观看网点时在真实网点的周围增加了一圈墨迹。尽管网点实际上并没有产生变化，但感受到的信息是网点扩大了。

2. 网点扩大规律

印刷复制过程中的网点变形是由多方面的因素引起的，不同的因素所引起的网点扩大也是不一样的。但网点扩大的一般规律是：

（1）网点扩大是向网点边缘扩展的。

（2）同样的网点扩大比例对高调和暗调的视觉影响不同，高调部位的网点扩大对视觉影响不明显，而视觉会对暗调部位同样的网点扩大更敏感。

（3）不同网线数网点扩大率不同。在同样的印刷复制条件下，随着网目线数的增加，同一阶调的网点扩大率随之增加，如图2－28所示。

（4）不同调值处网点扩大率也不同。因为不同大小的网点在径向的扩大通常是一样的，使亮调、中间调和暗调的网点在径向产生等量的变化，但当网点的周边越长时，环绕着网点增加的面积越多，如图2－29所示，如方形网点最大的网点扩大是在中调大约50%的地方，如图2－30所示为一个典型的方形网点扩大曲线。

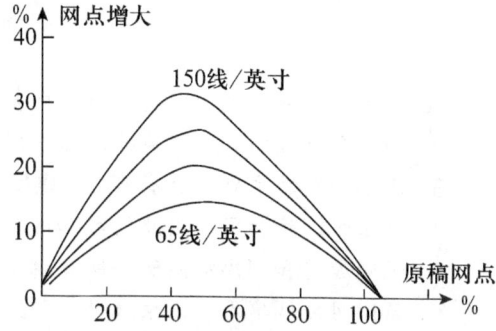

图2－28 不同网线数网点扩大率

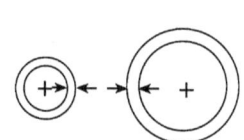

图2－29 网点边缘的扩大

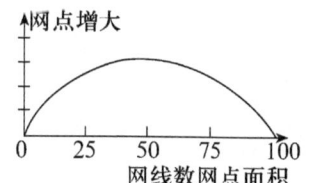

图2－30 不同调值的网点扩大率

（5）不同点形的网点，其网点扩大率曲线不同，如方形、圆形、链形点的扩大率曲线是不一样的，如图2－31所示。

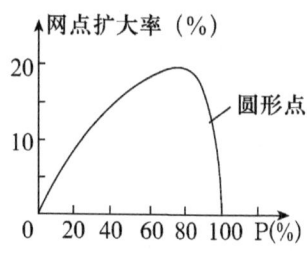
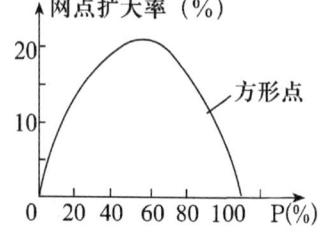
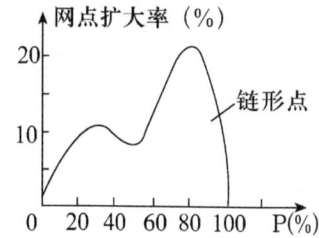

图2－31 不同形状网点的扩大曲线

（6）不同输出设备的网点扩大不一样

计算机外围设备技术的发展带来了输出设备的多样化，也使图像的输出可以有多种选择。不同类型的输出设备有不同的网点扩大规律，即使是同种设备也可能产生不同的网点扩大。例如，黑白激光打印机的网点扩大值要大大高于胶印机，其中间调的网点扩大值通常在35%左右，喷墨打印机的网点扩大则要低一些。

复习思考题二

1. 为什么对连续调图像要进行加网复制？图像复制中网点起何作用？
2. 为什么一般网目调印刷品能给人以连续调的视觉效果？
3. 调幅加网的主要特点有哪些？其加网所得网目调图像有哪些特征？
4. 什么叫调频加网？用此技术加网所获得的网目调图像有何特点？
5. 调频加网和调幅加网所得网目调图像中的网点具有哪些不同特性？
6. 试述网目调单元、记录线数、加网线数、记录分辨率的区别与联系。
7. 点聚集态网点技术和点离散态网点技术各有何特点？
8. 试述调幅加网中各加网参数确定的依据。
9. 网点百分比测量的基本原理是什么？
10. 简述图像复制传递过程中网点的变形规律及原因。

第三章
图像颜色复制原理与技术

彩色原稿的颜色往往都是千变万化的,对原稿颜色的复制再现,从"一版多色"、"多版多色"到现代的彩色套印,颜色复制的技术方法虽然发生了很大的变化,但基本原理没变,那就是先对原稿的颜色进行分解,然后再进行颜色的合成,即使现代在颜色复制再现方面不断出现新的技术、新的工艺,但也都是为准确再现颜色而采用的一些控制方法,颜色复制的基本原理和方法并没有改变,即仍采用颜色分解—颜色传递—颜色合成的工艺过程。

第一节 图像颜色复制过程与方法

彩色图像的印刷在原理上与单色印刷相同,但是在工艺上必须使用多块印刷版。单色印刷只再现图像的阶调差异,亦即只有明亮感觉的差别,通过图像加网就可用一块印版再现图像的阶调。彩色图像不仅有明暗阶调的变化,而且这种明暗阶调还属于不同的色相。根据色彩学知识,所有的彩色都可以通过三个基本色混合产生,这样彩色印刷品就可以通过三个基本色青、品红和黄的分色调图像相互叠印而成。每个基本色都需要一块印刷版,如图3-1所示。通过每块版上不同的给墨量(网点大小或腐蚀深度)形成不同的亮度和色值,经青、品红和黄三色油墨混合可得到所有的颜色。

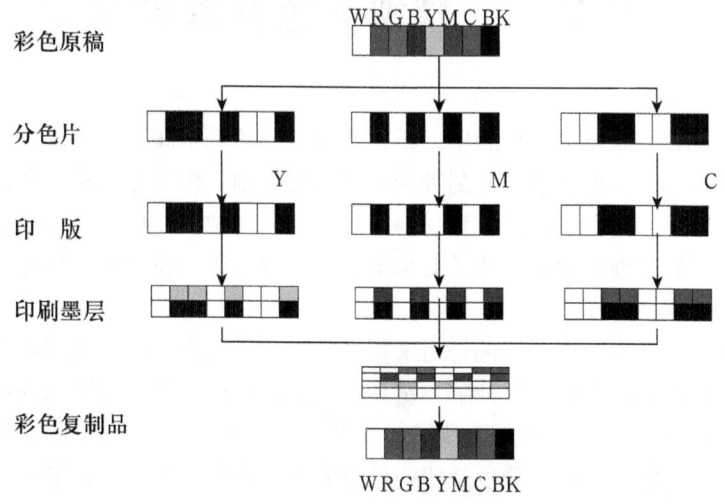

图3-1 彩色图像的复制过程

不同印刷方法的彩色复制过程也有不同。凹印只需三个基本色的印刷油墨就能复制所有颜色，包括不同深浅的灰色和黑色，它是唯一只使用三个基本色油墨的印刷方法。对于凸印和胶印，由于呈色原理不同，必须附加黑色印刷版，因而它们需要使用四块印刷版才能正确复制所有颜色和阶调。

1. 颜色分解

对彩色图像复制，首先要对原稿进行分色，所谓分色，就是要将彩色原稿中的黄、品红、青色（和黑色）各色成分分解，并分别在三张（或四张）分色片上再现。原稿图像各部位的颜色是由三原色按各种不同比例混合而成的，要将他们分离开来，不管是采用照相分色还是扫描分色，都必须利用色彩学的原理，即利用色光加色法和色料减色法原理来分色。分色过程包括分色、调值校正和颜色校正等过程。

2. 颜色传递

原稿图像经分色后，还须经多个过程的图像信息传递，如由分色片晒制印版，或由印版进行印刷油墨的传递等，在胶印中，图像信息的传递是通过网点的转移进行的，这是因为胶印只能在纸张上印出相同厚度的墨层，需用不同大小的网点表示不同的阶调。所以必须对所有四个分色图像加网，而且四个分色图像必须严格使用确定的网目角度，否则印刷图像就出现难看的图案，即"龟纹"。

3. 颜色合成

颜色合成是指在多色套印的过程中，利用多色印版及油墨进行套印，通过网点的叠合而呈现出各种颜色。

所以，彩色印刷的全过程是先颜色分解，后颜色传递，最后进行颜色合成，即首先对彩色原稿分色获得四张分色片，再利用四色分色片晒制四块印刷版，最后通过四色油墨叠印出彩色印刷品。所有分色片的图像都以黑白阶调存在，直到印刷时才能看到真正的颜色。

第二节　模拟分色基本原理

在色彩科学及其复制技术的发展中，根据构成色彩的基本属性来再现空间物体色彩特征是色彩复制的根本目的，也是色彩复制理论与技术的基础。模拟分色是指在色彩学理论和色彩复制需求的指导下，应用一定技术和材料来实现色彩复制工业化生产的技术方法。模拟分色是构建现代色彩复制理论和方法的重要基础，并随着理论、技术和材料的发展，推动色彩复制工艺的不断变革。

在色彩复制与再现中，模拟分色是指采用光学、化学或模拟电子电路来实现空间物体色彩信息或彩色原稿色彩信息的彩色分解，重新合成或复制这些彩色的原色的过程。

在最典型和应用最广泛的印刷色彩复制技术中，分色是指将色彩复制中的彩色分解成青、品红、黄、黑四色的过程。分色是印刷色彩复制流程中的第一步，也是决定印刷品质量的核心所在。模拟分色的实现方法可分为基于呈色光源分色、基于感光材料的感色性分色和基于互补滤色片分色三种。

一、基于呈色光源分色

基于呈色光源分色是指采用能够分别只发射三原色光中的一种，而根本不发射另外两种原色色光的合适光源，分别照射原稿使其形成三种原色光的分色图像，而获得青（C）、品红（M）、黄（Y）、黑（K 或 BK）分色图像的分色方法。如图 3-2 所示，即采用只含红色（R）光谱成分的光源，用红光照明原稿，从而仅仅使原稿红色成分才反射或透射红光，使分色感光片感光，显影后变黑。其他部位没有光反射或透射则不感光，显影后为全透明，由此获得青版的分色片。这种方法在理论上是可行的，但在工业应用中，对器材的要求和依赖程度很高，所以应用范围很小。

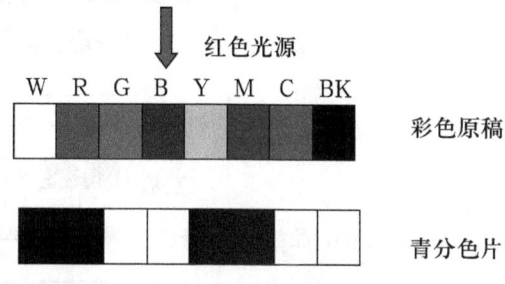

图 3-2 基于呈色光源的分色原理

二、基于感光材料的感色性分色

基于感光材料的感色性分色是指根据感光材料只对一定光谱范围内感光的特性，采用具有不同感色性能的感光材料来分别获得青、品红、黄、黑四色分色片的方法。感光材料可以具有不同的感色性，如色盲片只感受蓝紫光，正色片只感受蓝紫光和绿光。如图 3-3 所示，若采用的感光片只对红色光敏感，则可以得到青分色片。这种分色方法对感光材料的要求很高，因此，这种分色方法只用于彩色线画图的复制，不能用于彩色图像的复制。

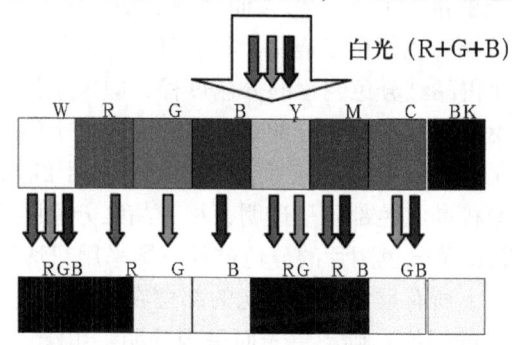

图 3-3 基于感光材料的感色性分色原理

三、基于互补滤色片分色

基于互补滤色片分色是指根据加色法和减色法相互结合的原理，利用红、绿、蓝紫三种滤色片对色光的选择性吸收特性，将原稿反射或透射的混合色光分解为红、绿、蓝紫色三原色色光的分色方法。在分色过程中，因为两互补色混合后呈黑色，即被滤色片吸收的色光正是滤色片本色的补色光，因而使感光胶片的对应部位呈透明状态，最后获得分色阴片。因此，使用红、绿、蓝三种滤色片就能够获得青、品红、黄三原色的分色阴片，具体实现方法如图 3-4 所示：

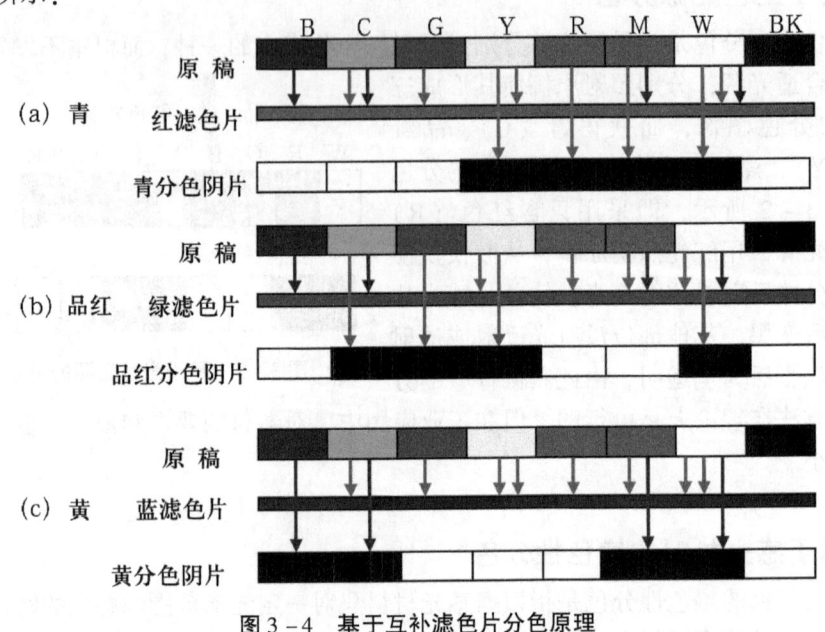

图 3-4　基于互补滤色片分色原理

图 3-4（a）描述了获得青分色阴片的分色过程，即采用只透过红色光，吸收绿、蓝紫两种色光的红滤色片。原稿上所有反射红色光的部位在感光胶片上感光而显现一定密度，其他部位（反射绿光、蓝紫光的部位）则不感光而呈现透明。由于绿光和蓝紫光混合色是青色，所以感光片上相应于原稿青色部位呈透明，称为青分色阴片。

图 3-4（b）描述了获得品红分色阴片的分色过程，即采用只透过绿色光，吸收红光和蓝紫光的绿滤色片。原稿上所有反射绿色光的部位在感光胶片上感光而显现一定密度，其他部位（反射红光、蓝紫光的部位）则不感光而呈现透明。由于红光和蓝紫光混合色是品红色，所以感光片上相应于原稿品红色部位呈透明，称为品红分色阴片。

图 3-4（c）描述了获得黄分色阴片的分色过程，即采用只透过蓝紫色光，吸收绿、红两种色光的红滤色片。原稿上所有反射蓝紫色光的部位在感光胶片上感光而显现一定密度，其他部位（反射绿光、红光的部位）则不感光而呈现透明。由于绿光和红光混合色是黄色，所以感光片上相应于原稿黄色部位呈透明，称为黄分色阴片。

黑分色片是为了弥补材料性能缺陷而专门设置的，实际分色常采用黄滤色片分两次曝光，或者采用红、绿、蓝紫滤色片进行三次曝光而得。

基于互补滤色片分色的技术方法将光源、滤色片和感光材料进行系统化的整合，通过光源与滤色片的性能和特性来弥补感光材料的不足，完全满足了印刷工业色彩复制的要求，从而广泛应用于照相分色制版和电子分色制版中，是模拟分色最经典的分色方法，也是现代数字分色的基础。但它存在滤色片介质老化而引起性能衰退，感光材料成像控制过程复杂，色彩修正必须依靠人工经验等诸多制约和不足，目前逐步被新型传感器件所替代。

第三节　数字分色原理

数字分色是在模拟分色中采用新技术、新方法和新材料对其过程不断优化，和数字技术在色彩复制领域不断应用的共同推动下创新发展起来的，其技术核心是依托全新的图像色彩数字化设备，对色彩属性及其变换关系进行定量化描述，将模拟方式中对色彩传递各个环节的过程控制变换为不同色彩空间中的数字映射与色域变换，应用更精确的设备来提取色彩信息，应用更简单的方法来实现色彩复制以及色彩误差的修正。

一、数字分色的基本原理

在色彩复制与再现中，数字分色是指在从彩色分解到能够重新合成或复制这些彩色的原色的过程中，采用高精度的光谱数据来定量描述色彩信息的特征，建立满足适合不同应用要求的色彩模型，表达这些模型的数学方法以及实现这些色彩模型之间相互转换与误差控制的手段。

1. **数字分色技术的解析**

现代数字分色是在传统模拟分色原理和方法的基础上，采用新器件、新材料的新型分色技术方法，根据传感器件获得的彩色图文的色彩信号，基于色彩理论和方法来获得采用不同色彩属性的色彩描述参数，并建立不同色彩属性之间的转换关系，从而实现色彩的数字化描述、色彩识别及其色彩的校正。如图 3 – 5 所示，与照相分色直接得到 Y、M、C、BK 四色分色片不同，数字分色是在图像扫描时先将原稿图像分解成 R、G、B 三色光图像，并分别进入 R、G、B 三个通道来记录，即以 RGB 色彩模式来表现图像色彩变化，其后既可以根据印刷色彩复制要求，将 RGB 转换为 CMYK 来满足印刷生产要求，也可以保持 RGB 模式来满足各种显示设备的输出要求，还可以转换为其他色彩模式，如 Lab、HSB、XYZ 来满足不同的应用要求。也就是说数字分色实际包括扫描分色和色彩转换两大过程，即首先在图像扫描或数字成像时将图像的颜色信息分解成 R、G、B 三色光图像信息数据，即用 RGB 色彩模式表示图像颜色的变化，经过图像信息处理后，再将图像的 RGB 模式转换成印刷输出所需的 CMYK 模式。因此建立各种色彩模式及其转换关系就成为数字分色的关键所在。

2. **色彩模式**

色彩模式是指对自然界中不同色彩的各种空间色彩表达方法。自然界中的同一种色彩可以采用多种色彩模式来表达。色彩模式是数字分色实现的基础和前提。

目前，主流色彩模式有两类：其一是基于心理物理实验的色彩参考体系（如 Munsell 表色体系），主要应用于色彩定性描述的艺术与设计领域；其二是基于心理物理实验的色彩解析表达体系（如 RGB、CIELab 色彩体系），是对色彩的定量描述，主要应用于色彩再现复制工业及其研究领域。

（1）HSB 模式

HSB 模式是 A. R. Smith 根据人类色彩感知，特别是艺术家对色泽、明暗和色调的直觉

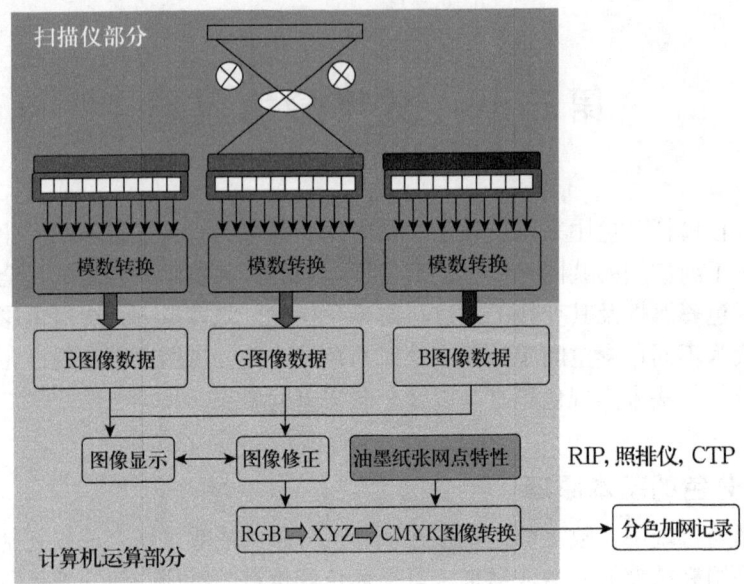

图 3-5 数字分色过程

建立色彩体系,即任何色彩都能够由色相、饱和度和明度(亮度)三个变量来唯一定义。HSB 模式是采用色相、亮度和饱和度来表示不同色彩及其色彩特征的色彩描述方法。其中,色相是指光被物体反射或透射后进入人眼,不同波长的光则感觉为不同的色相;饱和度是指色彩的相对强度或纯度,即表明纯色中所含灰色成分的比例;亮度是指色彩的明暗程度。采用色相(H)、饱和度(S)和亮度(B)构建的 HSB 色彩模式就可以准确定义一个色彩。HSB 色彩模式具有色彩表达直观,易于识别的特点,但在计算机或印刷中应用时,进行定量色彩校正的数学表达十分复杂,必须要转换成其他的色彩模式。

(2) RGB 模式

RGB 模式是指根据色光加色法,利用色光三原色红(R)、绿(G)、蓝(B)来表示不同色彩及其色彩特征的色彩描述方法。在加色法的色彩表达中,自然界的各种色彩都可以由不同比例的红、绿、蓝三种色光混合而得,因此,任何一种色彩都可以用其反射或透射的 R、G、B 三色光成分的多少来表示,用 RGB 模式表示的图像颜色数据与图像的显色设备有关。RGB 模式广泛用于各种显示设备和投影设备中,如计算机显示器、电视机、幻灯投影等。在图像处理系统中,真彩色图像通常采用 RGB 模式来表示。

(3) CMYK 模式

CMYK 模式是指根据色料减色法,利用色料三原色青(C)、品红(M)、黄(Y)来表示不同色彩及其色彩特征的色彩描述方法,其中,黑色是专门弥补材料不足而设。在减色法的色彩表达中,各种色彩都可以由不同比例的青、品红、黄三种色料混合而得,并通过黑来弥补由于材料不足导致的色彩再现问题。因此,任何一种色彩都可以用其反射或透射的 C、M、Y、K 的成分多少来表示,用 CMYK 模式表示的图像颜色也与呈色材料等有关。CMYK 模式广泛应用于印刷与打印领域。

(4) L*a*b*模式

L*a*b*模式是一种与设备无关的色彩空间,也是各个色彩空间进行色彩变化和误差控制的公共空间。L*a*b*模式由国际照明委员会(CIE)制定,采用明度L*和色度a*、b*定义,能够准确描述自然界全部色彩信息,并且与表达色彩的设备无关,L*a*b*色彩模式能够准确描述自然界几乎全部的色彩。

在L*a*b*色彩模型中,L*表示所表达色彩的明度信息,a*、b*表示所表达色彩的色度信息,且a*、b*色度不是单一直观的某种色彩,而是一种根据色光轨迹定义的抽象的基色。a*表示从绿色到品红色对应的色彩信息,b*表示从蓝色到黄色对应的色彩信息。

(5) Gray灰度模式

任何色彩空间都包括彩色和中性色两个组成要素,中性色是一种特殊的彩色,采用灰色来表达空间图像是色彩复制的一个主要领域。

灰度模式是指只采用亮度(灰度)的变化来表达单色图像层次的描述方法。目前,最常用的灰度图像都采用从黑(0)到白(255)共256个灰度等级,其像素分辨率越高,反映原稿的逼真度就越高。

(6) 索引色彩模式

索引色彩模式是指为满足某些特定应用要求,及保持图像视觉质量,通过限制色彩数量,缩小彩色图像文件容量的色彩描述方法。主要应用于多媒体动画和Web页面。

采用索引色彩模式的彩色图像,最多可以包括256种色彩。与含有几个主色通道的真彩色图像不同,索引彩色图像是一种单通道图像。在把其他彩色图像转换为索引彩色图像时,软件为这些图像建立一个颜色查找表(CLUT, Color Lockup Table),其中存储的是图像中色彩的索引。索引彩色图像的每个像素对应颜色查找表中的一种颜色编号。如果原图像某种色彩在查找表上不存在,则软件从颜色查找表中选择与它最接近的色彩或者用当前可用的色彩来模拟替代这种颜色。但只有灰度图像、多色调图像和RGB图像才可以转换为索引彩色图像。在从RGB图像转换到索引图像时,如果RGB图像中的颜色数目大于256种,则多余的颜色被删除,如果RGB图像中的颜色数小于256种,则精确转换。

3. 色彩转换

数字分色是以数字色彩复制系统为基础,以满足色彩复制要求为目标,通过色彩的数字变换或映射来补偿与修正色彩分解与色彩合成中的各种缺陷,数字分色的流程如图3-6所示。

在数字分色流程中,其色彩复制印刷方法的选择和印刷条件的确定与模拟分色相同。流程的关键则是建立不同色彩空间中色彩转换的数学模型和算法。

(1) 与设备相关的色空间之间的转换

数字色彩复制系统通常包括数字色彩采集、显示、输出三类不同色彩特性的设备。由于各色彩采集、处理或输出设备所支持的色彩空间不同,为获得期望的结果,就必须进行色彩空间的转换。

色彩空间的转换必须满足保持高质量色彩输出和具有高效色彩空间转换算法两个要求。在印刷色彩复制中,典型的色彩空间转换是RGB、CMYK和Gray(灰度)之间的相互转换。

①RGB和Gray之间的色彩空间转换

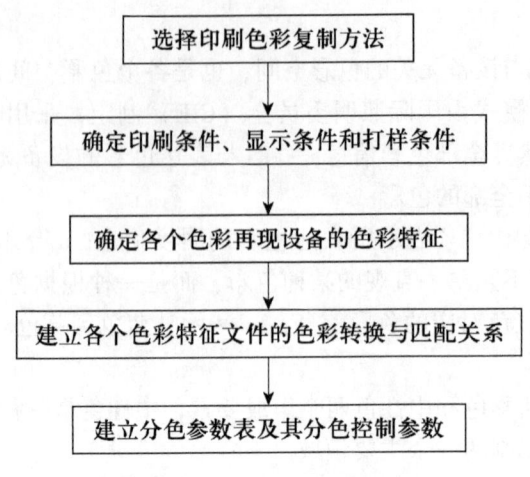

图3-6 数字分色的作业流程

在色彩理论的描述中,灰度图像是彩色图像的特殊情况。式(3-1)描述了理论上彩色与灰色的对应转换关系,即灰色是等量原色混合的结果。

$$gray = \{R + G + B\}/3 \qquad 式(3-1)$$

但在实际应用中,由于人体视觉系统对 RGB 的光谱敏感特性不完全相同,即真正形成灰色所需 R、G、B 三原色的量是不相等的。式(3-2)描述了典型 PostScript 语言定义的 Device RGB 到 Device Gray 的对应转换关系:

$$gray = 0.30R + 0.59G + 0.11B \qquad 式(3-2)$$

②CMYK 和 Gray 之间的转换

从理论上讲,Gray 值对应于 CMYK 中的 K 分量,如式(3-3)所示:

$$gray = \{1.0 - k\}, (c = m = y = 0) \qquad 式(3-3)$$

在实际应用中,Gray 值则是根据 CMYK 自身的光谱能量分布特性及其图像质量要求,采用式(3-4)所示的转换关系:

$$gray = 1.0 - MIN(1.0, 0.3c + 0.59m + 0.11y + k) \qquad 式(3-4)$$

其中:MIN 是一个返回最小值的函数。

③RGB 与 CMYK 之间的转换

从数学表达上来看,从加色法 RGB 到减色法 CMYK 的转换是一个三维空间到四维空间的变换。黑版值(K)是三原色 CMY 值的函数,即黑版是由 CMY 的相关关系来产生,黑版量可由 CMY 来生成。而在印刷色彩复制中,还需要采用底色去除(UCR)、非彩色结构(GCR)以及底色增益(UCA)来满足印刷过程的生产要求,使得实际输出的黑版是计算黑版量以及应用 UCR 或 GCR 或 UCA 所产生黑版补偿量的和。因此,从加色法 RGB 到减色法 CMYK 的转换必须先确定其黑版色值,再进行 RGB 到 CMY 的转换。

式(3-5)描述了根据黑版生成函数和底色去除或非彩色结构或底色增益的函数 UCR(k)共同产生黑版的计算方法:

$$c = 1.0 - R \quad m = 1.0 - G \quad y = 1.0 - B$$

$$k = \text{MIN}(c, m, y)$$

$$\text{BK}(k) = \text{MIN}(c, m, y) - \frac{1}{r_1}[\text{MAX}(c, m, y) - \text{MIN}(c, m, y)]$$

$$\text{UCR}(k) = \text{MIN}(c, m, y) - \frac{1}{r_2}[\text{MAX}(c, m, y) - \text{MIN}(c, m, y)]$$

$$C = \text{MIN}\{1.0, \text{MAX}[0, c - \text{UCR}(k)]\}$$

$$M = \text{MIN}\{1.0, \text{MAX}[0, m - \text{UCR}(k)]\}$$

$$Y = \text{MIN}\{1.0, \text{MAX}[0, y - \text{UCR}(k)]\}$$

$$K = \text{MIN}\{1.0, \text{MAX}[0, \text{BK}(k)]\}$$

式（3-5）

其中：r_1、r_2 为饱和度系数

　　　MAX 为一个返回最大值的函数

　　　MIN 为一个返回最小值的函数

而 CMY 到 RGB 的转换，则如式（3-6）所示：

$$R = 1.0 - \text{MIN}(1.0, c + k)$$
$$G = 1.0 - \text{MIN}(1.0, m + k)$$
$$B = 1.0 - \text{MIN}(1.0, y + k)$$

式（3-6）

在实际从 RGB 转换成 CMYK 时，需要控制 RGB 与 CMYK 色域差别导致的色彩替代、色彩丢失等色彩转换带来的问题和不足。

(2) 与设备无关的色彩空间和与设备相关的色彩空间之间的转换

在印刷色彩复制中，1931CIEXYZ 和 CIEL*a*b* 是常用与设备无关的色彩空间。与设备无关的色彩空间能够精确地控制色彩再现的准确性和重复性。因此，现代数字分色总是以与设备无关的色空间作为中间变换。其相互间转换关系如下：

①RGB 空间与 CIEXYZ 空间的转换

RGB 空间与 CIEXYZ 空间的转换公式，如式（3-7）所示：

$$X = (0.176464r + 0.124249g + 0.071150b)/255^{0.8}$$
$$Y = (0.095990r + 0.264028g + 0.032132b)/255^{0.8}$$
$$Z = (0.009882r + 0.055468g + 0.355752b)/255^{0.8}$$

式（3-7）

其中：X、Y、Z 为色彩三刺激值；

$$r = R^{1.8} \quad b = B^{1.8} \quad g = G^{1.8}$$

②CIEL*a*b* 与 CIEXYZ 的转换

CIEL*a*b* 与 CIEXYZ 的转换关系，如式（3-8）所示：

$$\begin{cases} L^* = 116\left(\frac{Y}{Y_0}\right)\frac{1}{3} - 16 \\ a^* = 500\left[\left(\frac{X}{X_0}\frac{1}{3}\right) - \left(\frac{Y}{Y_0}\right)\frac{1}{3}\right] \\ b^* = 200\left[\left(\frac{Y}{Y_0}\frac{1}{3}\right) - \left(\frac{Z}{Z_0}\right)\frac{1}{3}\right] \end{cases}$$

式（3-8）

其中：X/X_0、Y/Y_0、Z/Z_0 都必须大于 0.01；

L^* 为明度指数；

a^*、b^* 为色度指数；

X、Y、Z 为色彩样品三刺激值；

X_0、Y_0、Z_0 为"标准白"色的三刺激值，可根据选定的标准光源设定。

(3) 色域的压缩与颜色映射

任何呈色设备或颜色空间都有一个最大的颜色再现范围，这个颜色范围称为色域。自然界中所有物体所能表现的颜色的集合，是由可见光谱的颜色组成的一个最大的颜色空间。印刷时用三色或四色油墨所能再现的颜色的集合，即油墨的颜色范围，称为 CMYK 色空间；而用三原色光所能混合出的各种颜色的集合，称为 RGB 色空间；采用 Lab 色彩模式所能表现的颜色的集合，称为 Lab 色空间。不同的颜色模式所能表现的色空间的大小是不一样的，如图 3-7 所示，Lab 色空间最大，它几乎能表现自然界中的所有颜色，而 RGB 色空间与 CMYK 色空间要小一些，并都包含在 Lab 色空间中，也就是说，用 RGB 色空间和 CMYK 色空间所表示的颜色，Lab 色空间都能表示。反过来，用 Lab 色空间所表示的颜色，用 RGB 或 CMYK 色空间不一定能表现。RGB 色空间与 CMYK 色空间虽然大部分能重合，但仍有少部分不能重合，也就是说，有些用 RGB 色空间表示的颜色，用 CMYK 是不能表示的。

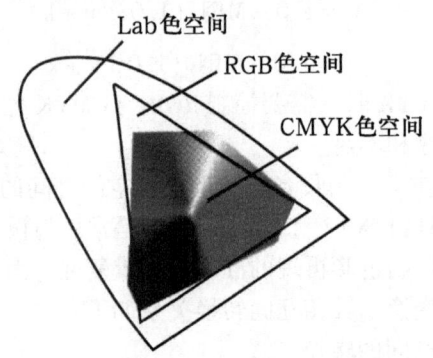

图 3-7 不同颜色模式所能表现的颜色范围

对于彩色图像复制设备而言，即使采用相同的颜色模式表示图像颜色，但由于其表现颜色的结构及机理的不同，以及再现色彩所用的介质不同，它们所能呈现的颜色范围也会不同，亦即表现出不同的色域。所以在图像复制与传递过程中，若目标设备色域完全包含源设备色域，此时在目标设备上完全可以再现源图像的色彩，但是若目标设备的色域小于源设备的色域，或者是二者之间色域部分重叠，则必然会损失图像的颜色，这时为使图像颜色再现不失真，需要将源设备中不在目标设备色域范围内的颜色压缩映射到目标设备色域内，使颜色失真尽可能地小，为此需要采用不同的色域压缩与映射技术。所谓色域压缩是指将大范围的颜色范围压缩到小范围的颜色范围内，色域映射是指不同色空间之间的颜色对应关系。

①色域压缩过程及其压缩原则

不同设备采用的色彩空间不同，其对颜色的表述方式也不同。为了实现不同设备之间的色域压缩映射，首先需要选择一个均匀的、与设备无关的标准色彩空间，将设备色彩空间转换到该标准的色彩空间中,然后在标准色彩空间中实现由源设备色域向目标设备的色域压缩映射。

在进行色域压缩映射时,要求将源设备色域中的颜色全部映射到目标设备色域中,同时使映射尽量保持原始彩色图像的视觉效果。为此各种色域压缩映射算法的设计一般都遵循以下原则:a. 保持色调不变;b. 明度对比度保持最大;c. 饱和度的改变尽可能地小。

②色域压缩映射基本方法

不同的颜色复制系统或色彩管理系统,采用的色域压缩映射方法是不同的,从色域压缩的效果来看,主要有以下四类方法。

保持视觉效果的压缩法。这种方法是将源设备色域中的全部颜色,线性或非线性地压缩进目标设备色域内,使图像中的所有颜色都发生变化,即使在目标色域内的颜色也被压缩,但是压缩前后图像颜色的整体对比情况在视觉上基本保持不变。

饱和度压缩法。即保持图像颜色压缩前后饱和度不变,但色相发生变化。

相对色度方法。即将源色域中不在目标色域中的颜色用目标色域的边界色或与它尽可能接近的目标色域中的颜色代替,而位于目标色域内的颜色保持不变。采用这种方法复制的图像中的大部分颜色都不发生改变,但是可能引起源图像中两种不同的颜色经过映射后,呈现出相同的颜色,或使图像中某些过度比较自然的部分,变得没有层次或层次过度生硬。

绝对色度法。与相对色度法的压缩方法相同,不同之处在于要进行点的映射。

二、数字分色的数学模型

在色彩复制中,数字分色是源于减色法理论及数据处理技术,分为以照相分色为基础的分色机制和以构造模型为基础实现色彩空间转换的分色机制两类。

1. 基于照相分色的数字分色数学模型

我们知道,照相分色是以减色法理论为基础,利用 R、G、B 滤色片对不同光波的选择性吸收等硬件直接将彩色图像分解为 C、M、Y 三原色。其分色的数学模型可以抽象概括为式(3-9):

$$C + M + Y = K$$
$$C + R = K$$
$$M + G = K \quad \text{式}(3-9)$$
$$Y + B = K$$

在分色中,由于采用的光源、滤色片及其他材料不理想,实际分色模型则如式(3-10)所示:

$$\begin{bmatrix} c' \\ m' \\ y' \end{bmatrix} = \begin{bmatrix} A_{11} & A_{12} & A_{13} \\ A_{21} & A_{22} & A_{23} \\ A_{31} & A_{32} & A_{33} \end{bmatrix} \begin{bmatrix} C \\ M \\ Y \end{bmatrix} \quad \text{式}(3-10)$$

其中:c'、m'、y' 为输出值;

  C、M、Y 为输入值;

  A_{ij}($i=1, 2, 3;j=1, 2, 3$)为分色系数。

这种基于照相分色的数字分色数学模型是通过光学器件将彩色图像直接分解为分色信号，通过确定分色系数来获得正确的分色信息，具有算法简单、处理速度快的特点。但对硬件要求极高，并只能应用于确定的色彩空间，难于进行色彩空间的变换和多色彩空间图像再现的需要。因此，仅仅在彩色印刷和彩色打印的色彩复制中应用。

2. 基于构造模型的数字分色数学模型

随着计算机的迅速发展和数字图像处理技术的广泛应用，基于照相分色理论的分色数学模型已不能满足对 RGB、CMYK、HLS、$L^*a^*b^*$ 等多色彩空间和不同设备色彩输出与管理的需要。因而只有建立适于各种输入、输出设备的通过色彩空间转换的构造模型的数字分色数学模型，才能满足现代彩色复制的需求。

构造模型数字分色的数学模型是以 Grassman 色光混合定律为基础，导出的彩色数字图像输出显色的数学模型，即纽介堡方程（Neugebaur Equations）。纽介堡方程是指采用三色复制彩色时，各种色彩的三刺激值 XYZ 可以通过承印介质的白色和三原色之间显色的八种组合关系表达的数学模型，如式（3-11）所示：

$$\begin{bmatrix} X \\ Y \\ Z \end{bmatrix} = \sum_{I=1}^{N} f_n \begin{bmatrix} X_n \\ Y_n \\ Z_n \end{bmatrix}$$

$$X(c, m, y) = f_1 X_1 + f_2 X_2 + \cdots + f_8 X_8$$
$$Y(c, m, y) = f_1 Y_1 + f_2 Y_2 + \cdots + f_8 Y_8$$
$$Z(c, m, y) = f_1 Z_1 + f_2 Z_2 + \cdots + f_8 Z_8$$

n = 1 (W)	$f_1 = (1-c)(1-m)(1-y)$
n = 2 (C)	$f_2 = c(1-m)(1-y)$
n = 3 (M)	$f_3 = m(1-c)(1-y)$
n = 4 (Y)	$f_4 = y(1-c)(1-m)$
n = 5 (C+M)	$f_5 = cm(1-y)$
n = 6 (M+Y)	$f_6 = my(1-c)$
n = 7 (C+Y)	$f_7 = cy(1-m)$
n = 8 (C+M+Y)	$f_8 = cmy$

式（3-11）

其中：X、Y、Z 为三原色叠印时的三刺激值；

X_n、Y_n、Z_n 为色彩 n 的三刺激值；

f_n 是用百分数表示色彩 n 的网点面积率；

c、m、y 为 C、M、Y 分色版上的网点面积率。

这种基于构造模型的分色模型的特点是只需获取少量样品色彩的数据，就能建立一种独立于设备的分色机制，并通过色彩空间的变换来实现彩色数字图像的准确再现。

第四节　数字分色技术

如上所述，分色过程实际是对一个已知的颜色，要求出再现它所需要的 CMYK 每一色版的墨量大小即网点面积率。由于 RGB 模式和 CMYK 模式都是与设备色彩相关的色彩模式，同一 RGB 数据在不同的印刷条件下转换成 CMYK 数据时，其结果是不一样的。因此在进行色彩转换时，必须要考虑印刷条件对颜色再现的影响，主要的影响因素有印刷过程的灰平衡、黑版墨量、底色去除、非彩色结构等。

一、黑　版

1. 使用黑版的原因

从彩色复制原理讲，用黄、品红、青三原色油墨按不同的网点面积组合套印，不仅可以生成千变万化的彩色，也能生成不同明度的非彩色，即消色，从而复制出色调符合要求的产品来。但是，由于实际三原色油墨都存在主密度偏小，副密度偏大的呈色误差，导致所再现的灰色特别是暗调灰色饱和度不够，所以需要用黑色来补偿。特别是在平版印刷中，由于各色油墨层不能过厚，在绝大多数情况下都要使用黑版。

（1）为保证水墨平衡，三原色油墨量不宜过大

平版复制彩色图像的深浅是靠网点面积率的大小表现的。平版印刷的图文部分和空白部分几乎在同一个平面上，它们是靠有不同的分子结构和不同张力的油和水的相互排斥作用，使图文部分亲油斥水，空白部分亲水斥油，来完成印刷的。因此，必须保持油和水的相对平衡，所以印刷过程中墨量、水量都不宜过大，以达到既能使油墨吸附在亲油的图文部位，而不向外增溢或尽量少增溢，又能顺利传递的目的。

（2）为保证油墨网点的正常传递和转移，三原色油墨量不宜过大

平版印刷属于间接印刷，即印版不直接与承印物接触，而是先将印版上带墨层的图文转移到具有适当弹性的橡皮布上，再通过适当的压力将墨层转印到承印物上。这种转印是在快速运动中进行的，因此，既要对给墨量、给水量进行控制，又要对印刷压力和速度进行调节，以确保亲油的网点面积在允许范围内顺利传递。但是若网点墨量过大，必然会影响其正确传递，而造成网点过大或糊版。

（3）为保证图像暗调层次的清晰再现，三原色油墨量不宜过大

一般来说，平版彩色印刷品用的网线数较细。在网点面积相同时，网线越细，网点边缘长度的总和越长，印刷时网点就越容易增大，阶调越容易并级，因此，要严格控制给墨量和印刷压力。

（4）为保证油墨正常干燥，不影响油墨的转移，三原色油墨量不宜过大

平版印刷机正向高速、多色化发展，目前多为四色以上。单色机印刷虽然处于干压干状态，但是墨层印厚了也会影响干燥速度，背面容易蹭脏。油墨中多放干燥油，容易产生"玻璃化"，使第二色印不上去。如用双色以上的印刷机印刷，则大部分处于湿压湿状态，

印在承印物上的油墨必须尽快凝固，使之既不反扣前一颜色，又不蹭脏。一般讲，平印油墨的干燥都要经过渗透、凝固和氧化结膜过程。油墨渗透、凝固慢，容易发生蹭脏；但多加干燥剂促进氧化结膜，油墨又容易在墨辊上结膜；因此，油墨的干燥速度必须适当，也就是说，油墨层不能过厚，否则将影响油墨的转移。

因此，平版印刷的墨层不能印得太厚，而要控制在一定范围内。正是由于平版印刷的墨层薄，三原色墨量叠加后，在图像暗调部位再现的密度总是不够高，从而使图像的密度反差偏小，或者说亮度范围偏小，因此，为增强图像暗调灰色的饱和度，拉开图像的反差，特别是暗调层次，需要用黑版补偿。

2. 黑版信号的获取

黑分色片可采用互补分色的方法获得，但用这种分色方法制作黑分色片的效果不理想，主要是对颜色分解要求高，原稿上所有彩色部位应像白色部位一样，即在分色阴片上全黑，在阳片上全透明。只有中性灰和黑色才应从图像中过滤，对感光片进行不同程度的曝光。因为实际中没有这样的滤色片，只能采用近似方法，如采用黄滤色片或三基本分色滤色片（主要用于反射稿），所以，这样获得的黑分色片都应进行人工或照相校正，尽管如此，黑分色片也达不到满意效果。

在电子制版（电子分色机或桌面出版系统）中，黑版信号是通过计算获得的，它是根据已分色的图像中各像素点的 Y、M、C 三色信号按下列方法计算出黑版信号（BK）的大小：

$$BK_i = S_i - 1/k\ (L_i - S_i) \qquad 式（3-12）$$

其中：BK_i 为第 i 个像素点的黑版量；

S_i 为第 i 个像素点最小的单色墨量值；

L_i 为第 i 个像素点最大的单色墨量值；

k 为比例系数。

由此可看出，并非图像中所有灰色区域都有黑版信号，而只有当 $S_i > 1/k\ (L_i - S_i)$ 时，才有黑版信号，否则 BK = 0，这就是说，要在图像的一定阶调处的灰色才有黑版信号，而且 k 值越大，开始有黑版信号的调值处灰色饱和度越低，k 值越小，开始有黑版信号的调值处灰色饱和度越高，也就是说，若需要使用长调黑版，k 值应取大一些；反之，k 值越小，所得黑版阶调越短。

黑版阶调的长短受原稿特性、客户要求、印刷适性和印刷色序等因素的影响，使用时要根据情况酌情处理，不能生搬硬套。如复制颜色鲜艳、密度反差偏小的水彩画，应以三原色版为主，用短调黑版主要为了加强图像的轮廓；复制阶调丰富，颜色鲜艳、密度反差适中的原稿，应同时重用三原色版和黑版，黑版以中调为好；复制以消色为主的画面时，应使用长调黑版。对相同的原稿，若出版单位要求复制画面色彩古朴浑厚，则应采用阶调相对长一些的黑版，若为了强调艺术风格要求颜色效果明快、鲜艳些，此时应采用阶调相对短些的黑版。印刷适性对黑版阶调的使用也有影响，一般讲，纸张白度高，油墨的色偏、带灰小时，黑版阶调可相对长些；反之，黑版阶调则相对短些，这对画面的颜色变化更有利。印刷色序对黑版阶调也有影响，单色机一般是后印黑，此时黑版阶调宁可相对短些，多色机大都先印黑，此时黑版用得深崭些是可以的。

3. 黑版的作用

从使用黑版的理由看，黑版是用于补偿平版印刷中三原色油墨再现的局限性，使彩色印刷顺利进行的。但黑版在彩色印刷中的作用不仅限于此，它还对图像再现起到很多其他方面的重要作用。

（1）黑版能加强图像的密度反差或亮度范围

以目前常规条件印刷来说，黄、品红、青三原色油墨叠加后的最大有效密度往往都低于视觉分辨能力所能达到的密度范围，而选用适当的黑版增加印刷的有效密度，从而增大图像的总密度范围，加强图像的立体感和空间感，提高产品质量。

（2）黑版能稳定颜色

黑版可以稳定中调到暗调的颜色（黑版的阶调越长，稳定的范围越大）。从理论上讲，用相应网点比例的黄、品红、青油墨可以叠印出需要的颜色来。但是，由于印刷条件的不稳定，如纸张、油墨性能的差异，机器精度的可变性，容易出现颜色的偏差。一般讲，亮调到中调的颜色偏差可通过网点面积调整，然而对于中到暗调，特别是70%～100%网点面积部位，这种方法就受到限制。因此，大多数印刷品的中至暗调，颜色不稳定。由于实际中，大部分原稿的暗调偏冷色调的，因此，采用适当阶调的黑版叠加，可以起到稳定中至暗调颜色的作用，并且克服了暗调偏暖的问题，使复制品达到满意的效果。

（3）黑版能加强图像中至暗调的层次

彩色复制的一般规律是保持亮调或略有强调；尽可能保持中调或略有压缩；压缩暗调层次。但是由于视觉对暗调的分辨力较强，所以，如果复制品的中至暗调层次不好，会使人感到图像暗调层次过平。另外，只用彩色版印刷，图像中至暗调的轮廓和线条虚混、阶调拉不开，增加黑版可以较好地解决这个问题，在三原色基础上加黑色，可使图像暗调层次拉开，而且还增强了暗调处的颜色饱和度。

（4）使用适当的黑版，可以降低成本

三原色叠印产生黑，因此在制版时，从图像的三个原色中可去掉一部分，以黑色代替是可行的。这样做，既能满足图像色调的要求，又有利于提高印刷速度，而且节省彩色油墨，降低成本。因为黄、品红、青等彩色油墨比黑墨贵得多，所以在不影响产品质量的前提下，应尽可能使用黑版。

（5）用黑版能更好地表现文字的视觉效果

现代彩色图像复制的内容几乎都是图文并茂的。若采用三色叠印文字，则会产生不良的效果，这是因为叠印的文字容易出现套印不准、虚混等问题，而且多消耗彩色油墨，成本也会提高。

（6）用黑版能更好地再现以消色调为主的图像

从理论上讲，对黑灰色调较多的图像，如以黑墨为主的国画等，也能用三原色叠印制作，但是，实际操作起来在工艺技术上要难得多，并容易产生泛黄、冒紫或偏黄等现象，而用黑版表现则更方便，有时再配以灰版效果更好。

二、底色去除

从理论上讲，在三原色基础上再加上黑色，应能再现出理想的图像阶调效果，但是由于受到实际印刷条件的限制，印刷中各色版的墨量并不能按理论条件来设定。为了得到理想的图像复制效果，并能适应实际印刷条件的需要，通常在正常分色的基础上，再对各色版的墨量作一些人为的调整，如采用底色去除工艺、非彩色结构工艺就能很好地解决油墨转移等问题，底色增益又能使图像颜色再现得更饱和。

1. 底色去除的原因及意义

在四色印刷中，黑色的作用是增强画面的轮廓和暗调层次，但它并没有代替三基色中等量合成的那一部分灰色，也就是说，在四色印刷中，图像在暗调部位的色量一般是很大的，而根据油墨转移的性能，一般在先印色干燥后，再印后一色，比较有利于后印油墨向先印油墨上转移，所以，当四色墨量都很大时，在单色或双色胶印且印刷速度不太快的情况下，油墨还可以正常转移。但是在四色高速胶印机上，湿压湿的印刷条件下，就有些不适应了。在暗调区域，四个墨色叠印，总网点面积覆盖率可高达 360% 以上，特别是后印的第三、四色，是在前一色的印墨还来不及固着的情况下，紧接着又印上去的，当后一印的橡皮布与印张压印时，印张上前一印的油墨，很可能会从印张表面逆转印到后印的橡皮布上，在后一个墨中出现严重的干扰墨色，结果使画面颜色出现污染，这就是逆转印。此外，印张上印上大量的油墨后，又马上堆积在一起，必然会造成先印印张上的油墨被蹭到后印印张的背面，使印张背面受到污染，这就是背面蹭脏。为避免这些故障的产生，就必须减少印刷的总墨量，而既要减少总墨量，又能使图像阶调达到理想的再现效果，只能根据色料减色法原理，采用减少三原色版的墨量，而增加黑色墨量的方法，这就是底色去除工艺。

底色去除是指将构成图像暗调区域的灰色成分的三原色墨量按一定比例适当减少，而用黑色油墨代替的工艺，简称 UCR（Under Color Removal）。

根据色料减色法原理，三原色油墨混合所再现的不同深浅的灰色，是可以直接用黑色油墨再现的，因此采用底色去除工艺，在理论上是可行的。通过实验验证，其叠印效果与不作底色去除也是相同的，如图 3-8 所示，当对图像某一阶调处按常规工艺所需四色墨量分别为 Y80%、M85%、C70%、BK30%，其总墨量为 265%；若按底色去除工艺，将 Y、M、C 三色墨量分别减少 30%，即图像灰色成分减少 30%，因而增加 30% 的黑色墨量，即四色墨量分别为 Y50%、M55%、C40%、BK60%，其总墨量为 205%，这时虽然总墨量减少了，但印刷效果是相同的。

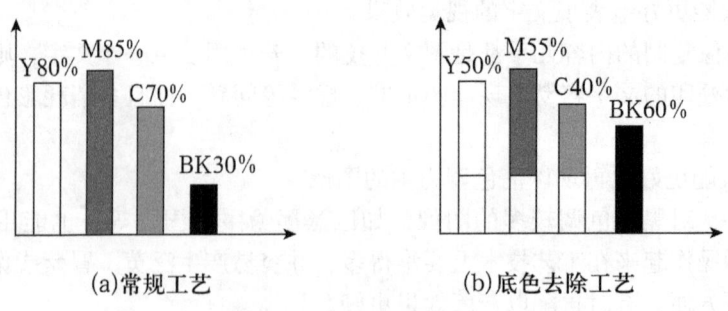

图 3-8 底色去除工艺

2. 底色去除量的确定

（1）底色去除量的计算

在图像的不同阶调处，底色去除量是不一样的，那么如何获得图像各阶调处的底色去除量呢？在现代印前处理工艺中，底色去除量的确定采用了与黑版计算类似的方法，即

$$UCR_i = S_i - 1/k \ (L_i - S_i) \qquad 式（3-13）$$

其中：UCR_i 为第 i 个像素点的底色去除量；

S_i 为第 i 个像素点最小的单色墨量值；

L_i 为第 i 个像素点最大的单色墨量值；

k 为比例系数。

只是这里的 k 值比黑版计算中的 k 值小，即底色去除更注重图像的灰度。

计算出底色去除量后，再将其按一定比例（考虑到灰平衡）与图像相应像素点的 Y、M、C 三色信号和黑版信号作反向和正向叠加，即达到底色去除的目的。

（2）底色去除的起始点与量的控制

理论上讲，从图像的不同阶调处开始作底色去除及采用不同的底色去除量，对阶调的再现效果是一样的，如图 3-9 所示，但对颜色有一定的影响，因为一幅图像中，若黑色成分过多，而三原色成分又过少，即主要以黑色油墨再现图像的灰色阶调，必然会使图像在视觉上产生灰闷的感觉，所以实际中应适当控制底色去除的起始点和量，其控制的基本原则是：若印刷条件好，并有利于油墨的转移，则底色去除的起始点应向图像暗调偏移，即底色去除的范围应小一些，底色去除量也应少一些，反之，若印刷条件较差，底色去除的起始点应向图像高调偏移，即底色去除的范围应大一些，底色去除量应多一些；若原稿色彩鲜艳，灰色调少，底色去除的范围应小一些，去除量也应少一些，若原稿色彩灰暗，则底色去除范围可大一些，去除量也可多一些。例如，对一幅以小孩面部肖像为主的画面的复制，其底色去除就不应过多，而应主要以三原色再现画面效果，但若是以农村老人的肖像为主的画面，则底色去除可多一些。

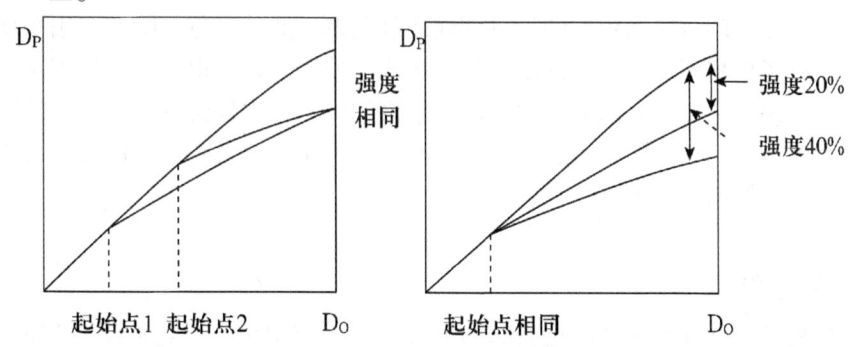

图 3-9 底色去除的量与起始点

3. 底色去除的作用

采用底色去除工艺，不仅有利于高速印刷过程中油墨的转移，还可以起到其他有利于印刷正常进行的作用。

（1）增强油墨转移性能

采用底色去除工艺后，图像三原色叠印的墨量特别是在暗调部分各色墨量大大减少，这就更有利于油墨的快速干燥，从而能适应高速多色印刷过程中油墨转移的要求。

（2）有利于阶调的还原

如果不用底色去除，在画面暗调部位，单位面积内网点总覆盖率是降不下来的。靠三个色或四个色的叠印来产生底色，结果暗调区域几乎成了实地，尽管画面反差增加了，而暗调的层次却出不来，细微处的轮廓模糊不清。采用底色去除，这些问题就很容易解决。由于加强了暗调区域黑版的阶调，暗调区域的层次主要由黑版来表现，使原稿暗调区域的层次得到很好表现。

（3）改善印刷适性

实际印刷中，当网点总覆盖率超过300%时，油墨的传递状况就会变差，网点扩大、逆转印等故障更容易发生；当总覆盖率低于200%时，又会因为受纸张表面微观不平及毛细孔的影响，使墨层表现出光线散射现象，而降低颜色密度和颜色鲜艳性。一般来说，四色印刷网点总覆盖率控制在200%～300%之间就比较好。底色去除就可以做到这一点，因而使印刷具有更好的适性。

（4）更适应数字打样的生产需要

现在的数字打样多采用经济实用的喷墨打印方式，我们知道喷墨成像对纸墨的要求更高，因此打样纸的表面涂层就显得格外重要。它要保证纸张能吸收一定的墨量，但又要保持一定的墨滴扩散量，实际上每种打样纸都有一个吸收墨量的饱和限制，当超过这个墨量限制时，墨滴扩散将无法很好控制，造成墨量多的图像暗调部位层次并级，严重影响图像精度。对此，一些数字打样管理软件就应用了底色去除原理，成功地解决了用喷墨方式模拟高线数调幅网点的问题。

（5）克服一些印刷故障

底色去除的优点还在于减少了印在纸张上的油墨总量，从而使多色印刷的油墨叠印更牢固，可避免因油墨叠印过厚而引起的纸张背面蹭脏问题。此外底色去除的应用增加了中性灰的稳定性，节省了价格不菲的彩色油墨及打印墨水，使网点扩大得到很好的控制。

底色去除的缺点主要是：图像中含灰成分较多的深原色部位会受底色去除的影响而造成饱和度不足。因此，当遇到图像中有重要的深原色时，作底色去除后，还需要对图像作局部修正，使之达到足够的饱和度。

三、非彩色结构工艺

根据色料减色法原理和上述底色去除的意义，对图像中由三原色油墨再现的中性灰色，应能全部由黑色油墨再现，即只用三原色油墨再现图像中的纯色或间色，而所有灰色成分全部由黑色再现。

1. 非彩色结构工艺的概念

在底色去除工艺中，若将底色去除的范围和量最大化，即将构成图像灰色成分的三原色墨量全部去除，而全部用黑色再现，这就是非彩色结构工艺，所以非彩色结构工艺是指将图像中的中性灰色全部由黑色油墨再现的工艺，简称ICR（Integrated Color Removal）或灰成分替代 GCR（Grey Component Replacement）。如图 3-10 所示，将构成图像灰色的 70% 的 Y、M、C 的量全部去除，即去除 70% 的灰色，然后再增加 70% 的黑色，其叠印效果是相同的。

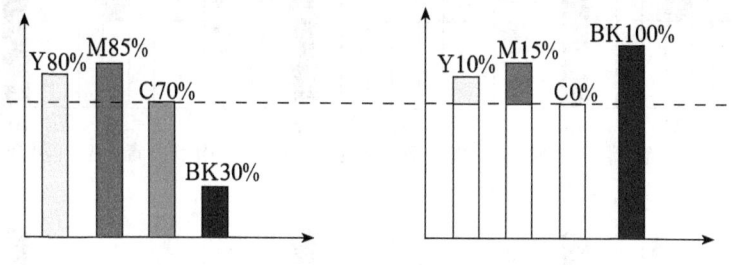

图 3-10　非彩色结构工艺

2. 非彩色结构工艺的理论基础

所有复合色均含有一定量的第三原色。在理想情况下，复合色中的非彩色成分值总是与较弱的第三原色含量相等。这种由于第三原色的加入，促成的非彩色成分效应，用单纯的黑色可以再现。例如，棕色不必给红色加 50% 的青，只需要将黄和品红各减去 50%，同时加入 50% 的黑色，便会有同样的效果。这就是所谓的灰成分替代，它是指在彩色图像复制中，凡是用三原色油墨叠印或混合而构成的复色区的非彩色值，可采用与三原色中最弱色相等的黑色油墨来替代，并获得相同的视觉效果。灰成分替代的另一理论基础是黑墨具有更大的作用范围。常规印刷中图像的阶调与色彩主要由三原色油墨来再现，而黑墨只是起补偿暗调部分密度不足和稳定灰平衡的作用，但黑色油墨实际能再现的视觉可分辨梯级均大于其他各色油墨所能再现的梯级。因此，尽可能引入更多的黑墨，以利于扩大色彩再现的空间和层次。在用黑色油墨来代替彩色图像中由三原色叠印所产生的中性灰色时，应保证替代后的视觉效果与原来的一致性。也就是说，在视觉效果上只要三原色构成的灰色（非彩色）与黑色所再现的密度相等，两者即可以替换。

3. 非彩色结构图像的特点

很显然，采用非彩色结构工艺所复制的彩色图像与采用常规四色工艺或底色去除工艺所复制的彩色图像在色彩构成方面具有不同的特点。采用非彩色结构工艺印刷的图像在任何色彩部位，最多仅有两个原色与黑色并存，我们把这种采用非彩色结构工艺印刷的图像称为非彩色结构图像，可见，在非彩色结构图像中任何部位都不可能同时包含三个彩色三原色，且最多只由三色（两个原色加黑色）叠印而成。

因此，在非彩色结构图像中，其颜色构成的规律是：

①纯色。即只含三原色中的一种色彩成分的颜色，在非彩色结构图像中，只由一种三原色油墨再现。

②间色。即同时含有且仅含有色料三原色中的两种色彩成分的颜色，在非彩色结构图像中，就由三原色油墨中的两种油墨按一定比例混合再现。

③复合色。即含有灰色成分的颜色，在非彩色结构图像中，它的颜色的构成规律如图 3-11 所示：要么由黑色加一个三原色构成，要么由黑色加两个三原色构成；若是中性灰色，则只由黑色油墨再现（见图 3-12）。

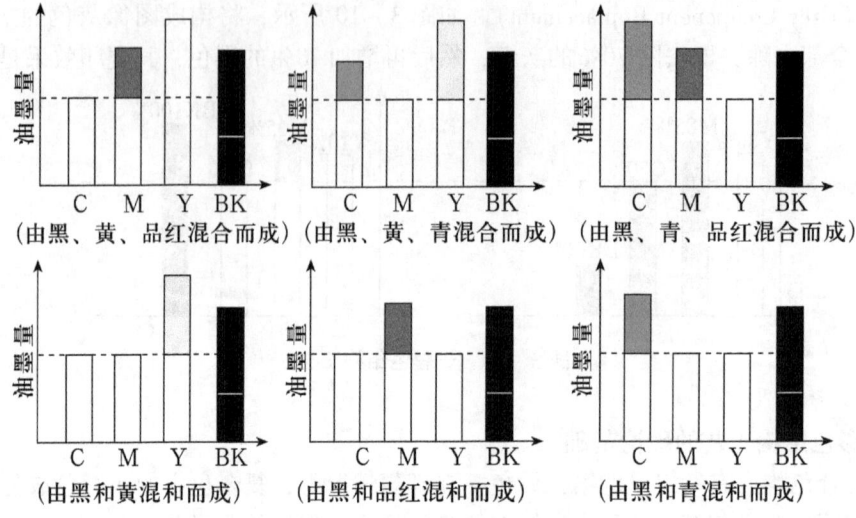

图 3-11 非彩色结构图像的颜色构成

4. 底色增益

非彩色结构工艺是将整幅印刷图像中所有的非彩色成分都由黑色油墨印刷而成，而图像中各种色相的彩色成分仍然靠彩色油墨来完成。因此，在印刷图像上的任何部位，最多仅有两个原色与黑墨并存。但是由于黑色油墨黑度不够，在图像的暗调部分密度会偏低，黑墨不能单独胜任图像暗部阶调再现的要求，这时就必须在非彩色成分的图像暗部，加入彩色油墨来补充。这种通过加入 Y、M、C 墨量来使非彩色成分密度增加的工艺方法，称为底色增益（Under Color Addition），简称 UCA 工艺。

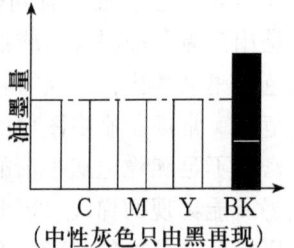

图 3-12 非彩色结构图像的中性灰色构成

底色增益通常采用底色去除的功能来适当增加图像暗调灰色处各彩色版的油墨量，即使图像颜色成分发生变化，以得到合适的中性灰成分。

底色增益是沿着空间的灰色轴线进行，即对中性灰作用最大，而且仅限于中性灰成分。与底色去除一样，底色增益由底色增益起点和底色增益强度共同控制。它既能用于调整图像暗调区域灰平衡，还能适应暗调区域色彩的特殊要求，从而起到了增加中性灰区域黑色阶调的作用。

底色增益能够消除图像中深暗处由于原稿中三原色之一的密度不足而引起的色偏，它能使三种颜色达到平衡，其效果相反于底色去除，即增加暗调部位的彩色油墨量，克服原稿中暗调色偏对图像复制的影响。底色增益由底色去除演化而来，仅对中性灰区域起作用，对彩色无效。

四、灰平衡

1. 灰平衡的意义

从理论上讲，对于理想三原色油墨，只要等量印刷，便可获得中性灰色。然而，实际油墨都含有副密度，且主密度偏小，所以等量的三原色油墨量叠印得不到中性灰色。例如，用单色密度各为1.0的黄、品红和青三色油墨叠印，得到的并非是中性灰色。但是，如果调整黄、品红和青油墨的量，则可以得到三色密度均为1.0的中性灰色。我们把印刷中能得到中性灰色的三原色油墨量（密度或网点百分比）的正确组合称为中性灰色平衡（Gray Balance）或色彩平衡（Color Balance）。

用三原色油墨叠印一条灰色梯尺，测得叠印梯尺上的青、品红、黄三色密度，相对于原梯尺密度绘制曲线，如图3-13所示。当三色叠印达到中性灰时，三条曲线应该重合（因为中性灰处三密度值应相等）。在图3-13中，图像高调部位黄色密度（D_b）较其他两色密度偏大，中间调品红色密度（D_g）较其他两色稍偏小，而暗调部位是黄色密度偏小，因此此图表示亮调部位偏黄色，暗调部分偏蓝色或黄色不足，未达到中性灰

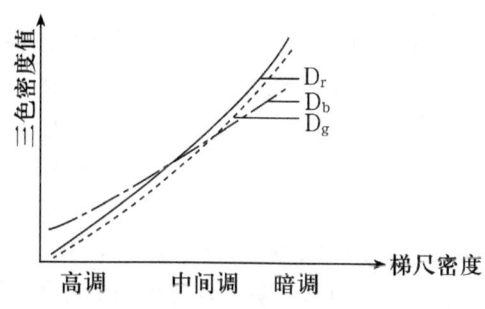

图 3-13 中性灰的三色密度曲线

平衡，只有中间调部分接近中性灰，但仍稍偏绿色或品红色不足。当然，彩色印刷中并不需要三色密度值完全相等才能表示中性灰色。这样图中的曲线表示，中间调部位已经近似中性灰，主要是高、暗调部位偏离中性灰较远，即若使图像在高、中、低调都达到中性灰平衡，则必须在高调部位减少黄色的墨量，或增加品红和青色墨量，暗调部位增加黄色墨量或减少品红和青色墨量。是增加偏少的墨量还是减少偏多的墨量，则应根据实际需要的灰色密度确定。

2. 灰平衡方程及灰平衡曲线

在彩色复制中，常常需要知道达到中性灰时青、品红、黄各单色密度的大小或各单色的网点百分比。例如，我们在确定原稿的白场和黑场时，就应了解这两个中性灰点的各单色密度或各单色网点百分比。现在我们假设已知三原色混合达到了中性灰平衡，求此时的各单色密度的大小。

假设，各单色油墨构成中性灰密度的量相对于各单色油墨的实地墨量分别为黄：品红：青 = $\varphi_{Ye}:\varphi_{Me}:\varphi_{Ce}$。由于各单色油墨均含有副密度，当测三色油墨叠印后的三色密度值时，其三色密度值应是三色油墨分别对R、G、B三色光的综合反映，即

$$D_B = D_{YB} \cdot \varphi_{Ye} + D_{MB} \cdot \varphi_{Me} + D_{CB} \cdot \varphi_{Ce}$$
$$D_G = D_{YG} \cdot \varphi_{Ye} + D_{MG} \cdot \varphi_{Me} + D_{CG} \cdot \varphi_{Ce}$$
$$D_R = D_{YR} \cdot \varphi_{Ye} + D_{MR} \cdot \varphi_{Me} + D_{CR} \cdot \varphi_{Ce}$$

式中 D_{CB}，D_{MB}，…称为三色油墨主副密度，D_B、D_G、D_R 为测得的叠印色的三色密度值，因此在叠印成中性灰时，测得的三色密度值应与中性灰密度相等，所以三个方程的等式右边相等，即

$$\begin{bmatrix} D_{YB} & D_{MB} & D_{CB} \\ D_{YG} & D_{MG} & D_{CG} \\ D_{YR} & D_{MR} & D_{CR} \end{bmatrix} \begin{bmatrix} \varphi_{Ye} \\ \varphi_{Me} \\ \varphi_{Ce} \end{bmatrix} = \begin{bmatrix} D_{end} \\ D_{end} \\ D_{end} \end{bmatrix} \qquad 式（3-14）$$

式中 D_{end} 为中性灰密度。这就是灰平衡方程。在灰平衡方程中，只有构成中性灰密度的三色油墨量未知，其余为已知数，因此对灰平衡方程采用求逆矩阵方法可计算出叠印中性灰密度为 D_{end} 时所需三原色油墨的量。

$$\begin{bmatrix} \Phi_{Ce} \\ \Phi_{Me} \\ \Phi_{Ye} \end{bmatrix}_6 = \begin{bmatrix} D_{CB} & D_{MB} & D_{YB} \\ D_{CG} & D_{MG} & D_{YG} \\ D_{CR} & D_{MR} & D_{YR} \end{bmatrix}_6^{-1} \begin{bmatrix} D_{end} \\ D_{end} \\ D_{end} \end{bmatrix}_6$$

求得 Φ_{Ye}、Φ_{Me}、Φ_{Ce} 后，将其与油墨主密度相乘，便可得到构成中性灰密度所需的青、品红、黄各单色密度。

$$(D_{Ce})_i = (\Phi_{Ce})_i (D_{CR})$$
$$(D_{Me})_i = (\Phi_{Me})_i (D_{MG})$$
$$(D_{Ye})_i = (\Phi_{Ye})_i (D_{YB}) \qquad 式（3-15）$$

这里要注意 D_{CR}、D_{MG}、D_{YB} 和 D_{Ce}、D_{Me}、D_{Ye} 之间的区别。尽管它们都是单色油墨的主密度，但只有按后者叠印才能得到中性灰。当按后者的密度值叠印后，再用 R、G、B 滤色片分别测量这个中性灰的密度值时，所得的中性灰密度（或三色密度值）要比各单色油墨的主密度大，所以三色密度值都将大于叠印前的三个主密度值，这是因为三色油墨叠印后的副密度会对其他两色的主密度产生影响，我们把叠印达到灰平衡时所得的中性灰密度称为等效中性灰密度。

在彩色图像印刷中，更多的是以网点百分比的相互关系表示中性灰平衡。以上我们已将中性灰平衡用等效中性密度表示。因此，可通过 Marry Davies 公式计算出达到中性灰密度时的青、品红、黄油墨所需的网点百分比。但最好按尤尔-尼尔逊（Yule-Nelson）公式换算，该公式考虑了纸张、网目线数等因素对密度的影响。尤尔-尼尔逊公式为：

$$F = \frac{1 - 10^{-D_R/n}}{1 - 10^{-D_V/n}} \cdot 100\% \qquad 式（3-16）$$

其中 F 为网点百分比；D_R 为网目密度；D_V 为实地密度；n 为修正系数，它与纸张、网目线数等有关。

通过上述灰平衡方程即可解算出要叠印出不同深浅的中性灰色所需三原色的油墨量（单色密度值或网点百分比），当然，解灰平衡方程也是有条件的，这就是必须事先测出在一定印刷工艺条件下的三原色油墨的主副密度值。

所获得的这些三原色的油墨量数据可用来在实际中对灰平衡进行控制，也可以利用这些数据绘制成曲线，如图 3-14 所示，这就是灰平衡曲线。在印前处理中可以直接利用灰平衡曲线控制三原色版的阶调层次再现。图 3-14 说明为达到灰平衡，图像在高、中、

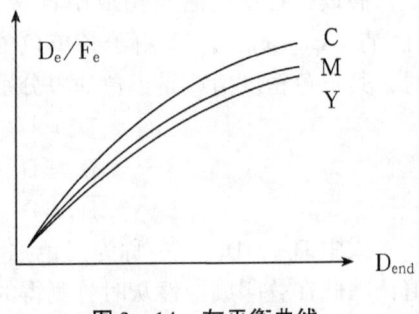

图 3-14 灰平衡曲线

低调部分，青色墨量都应比黄、品红色墨量高一些，而黄、品红色墨量应基本接近，这就是说有了灰平衡曲线，就可知道在图像全阶调范围内达到灰平衡时各色版的油墨用量状况及每一个阶调点所需三色墨量的具体值。

3. 灰平衡的控制

要想达到灰平衡，在印刷过程中必须通过灰平衡数据来控制各色版的墨量，但是由于印刷过程中造成灰平衡失调的因素很多，所以在确定灰平衡数据时，一定要在确定的工艺条件下测定三原色油墨的主副密度值，或者进行试印测得灰平衡数据。此外，在实施灰平衡的过程中，还应注意以下几点。

（1）稳定印刷适性条件。这是最基础的问题，从打样或印刷方面讲，首先希望印刷适性条件良好并且稳定。如果纸张、油墨、印版、橡皮布、车间环境等条件经常发生较大变化，印刷灰色平衡的实施就难以保证。

（2）确定打样或印刷的色序。色序不同、各版在灰色平衡曲线上的网点面积就不同，色序不固定，分色、晒版就失去了根据。

（3）确定图像各阶调的网点百分比。实地密度值是控制暗调的重要指标，亮调最小网点部位是控制亮调的重要指标，网点增大值则是控制中间调的重要指标。

（4）确定相对反差值，这也是控制中间调至暗调的重要指标。

（5）稳定车间的环境条件，如温、湿度和观样台光源等，这是不可缺的条件。

第五节　印刷颜色合成原理

颜色合成就是利用 Y、M、C、K 四色油墨混合出各种不同的颜色，即分别在四色印版上适量地涂覆相应颜色的油墨，先后叠印到同一承印物上，得到彩色复制图像，而各色版又是通过网点来表现颜色及阶调的，由于网点的角度、大小不同，色彩的呈现又分为网点的叠合和网点的并列两种情况。

一、网点的叠合呈色

网点的叠合是指经印刷套印后，各色网点相互重叠的情形，因油墨是透明的，当白光透过油墨时，其补色光被吸收了，本色光被白纸反射后经油墨透射出来，从而再现出相应的颜色。网点叠合多发生在图像暗调部分，由于网点比较大，三色或二色网点互相叠在一起，这时由于网点较大，且它吸收了较多的补色光，使印刷品反射光的能量下降，造成明度及饱和度均下降，形成画面上的暗调部分。如图 3-15 所示，M 与 Y 叠合后呈红色，M + Y + C 叠合呈黑色等，这就是利用了色料减色法混合的原理。油墨吸收色光的多少，与油墨的色料浓度、透明度、墨层厚度、叠印的先后等有关。

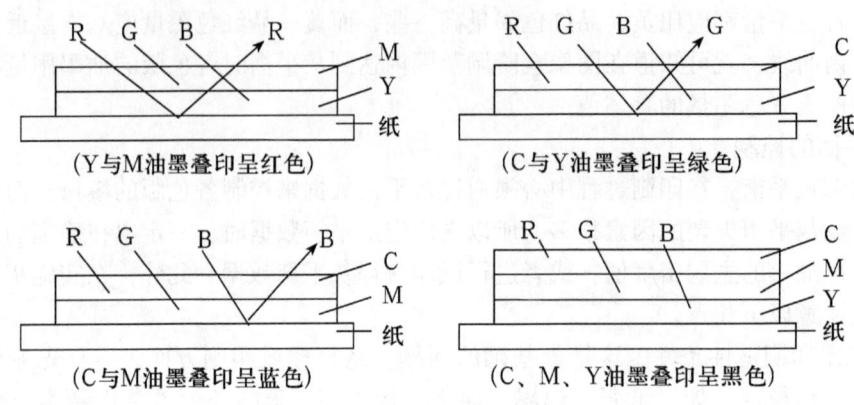

图 3-15 网点的叠合呈色

二、网点的并列呈色

网点的并列是指经多色套印后，印刷到承印物上得到各色网点相互不重叠的情形，网点并列呈色主要发生在图像的亮调部分，由于网点比较小，当三色叠印后，网点之间彼此独立，并列排列。这样白光分别照到每一个独立的网点上，经网点吸收补色光后，使印刷品反射本色光，然后进行加色混合，形成相应的颜色。由于网点小，故颜色的明度高，形成亮调部分。如图 3-16 所示，M+C=白光+蓝色光，Y+M+C 呈灰色等。

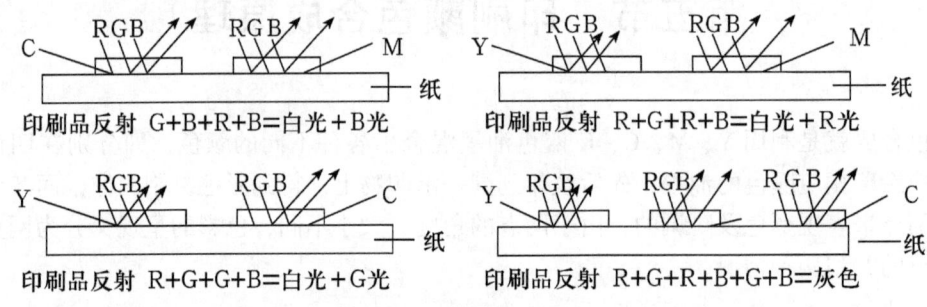

图 3-16 网点的并列呈色

应当指出，不论是网点叠合还是网点并列，其呈色过程在本质上是一致的。油墨对入射光的选择性吸收是减色法过程，而由油墨和纸面反射出的色光，进入人眼产生色感觉，则是加色法过程。可见，在印品上通过网点并列和叠合可以再现出原稿的颜色、轮廓、层次，实现原稿的复制。三原色网点叠合时，只要三原色油墨的墨量准确，其合成的色调就接近于黑色。但三原色网点并列时，不能形成白色，而只能生成浓淡不同的灰色调，这是因为在白纸上，三原色网点都不同程度地按比例吸收了三种原色光的结果。

三、彩色油墨的混合呈色

彩色油墨的混合是利用减色法呈色原理，用不同比例的三原色油墨，调配出混合颜色。

这种方法一般用于专色印刷中。

复习思考题三

1. 试述彩色复制的基本方法与过程。
2. 简述模拟分色的基本流程及关键技术。
3. 试述互补分色的基本原理。
4. 试述数字图像分色的基本思想。
5. 彩色复制中为什么要用黑版？如何确定黑版的量？
6. 控制底色去除量的基本原则是什么？
7. 什么是非彩色结构工艺？非彩色结构图像有哪些特点？
8. 彩色复制中为什么要考虑灰平衡？如何控制灰平衡？
9. 简述印前分色参数的作用及设定方法。
10. 印刷颜色合成的基本方法有哪些？简述各自的原理。

第四章
印前图文处理原理与技术

印前图文处理的主要目标是尽可能地使印刷复制忠实地再现原稿的风格，并力求还原原稿的色彩和层次变化，往往以彩色图像为主要操作对象，且处理结果也以彩色图像居多，因此本章主要介绍印刷图像的处理原理及技术。

印前图像处理具有以下主要特征：

1. 色彩再现特征

印刷复制中尽可能完整地保留原稿的颜色和层次变化特征对准确的图文复制是至关重要的。彩色印刷图像复制需经历扫描、处理、排版、拼大版、输出记录、晒版和印刷等工艺过程，期间涉及传输、存储和变换等一系列操作，因此，印前图像处理应力求忠实地保持原稿的颜色和层次变化特征。为达到这一目的，除了对图像直接进行颜色调整外，还要进行色彩管理。

2. 处理特征

在通常情况下，扫描时的分色操作及其获得的结果不是最终目标，除非扫描结果直接用于制版和印刷。因此，完成扫描（分色）后往往要利用图像处理软件作进一步的加工，期间不仅包含艺术创作的成分，更多的处理操作是与复制工艺相关联，比如调整彩色图像的颜色和阶调，根据复制工艺特点压缩或扩展图像阶调，提高图像的对比度，降低或增加图像的色彩饱和度等。

3. 分色特征

印刷复制采用的是先颜色分解，再颜色合成的方式来再现颜色的，数码相机从客观景物取得图像的R、G、B三色分量实际上完成了分色过程，图像数字化时原稿颜色分解为R、G、B三色或直接扫描为CMYK图像同样完成分色过程，而处理结束后将彩色图像从其他颜色空间转换到CMYK颜色空间也是分色，这对以印刷为最终目标的图像处理是必须的，也是印前数字工作流程的关键环节，而分色效果的好坏直接取决于图像处理过程中对各分色参数的设置。

图像的印刷复制是一个复杂的过程，人们对图像复制再现效果的期望也各不一样，因此在图像复制过程中为达到较理想的再现效果，必须对图像进行处理和校正，并控制各复制工艺过程。对图像的处理校正一般都在印前处理过程中进行，主要包括对图像在阶调层次、色彩、清晰度等方面的复制再现特性的处理。

第一节　图像信息处理基本原理

图像信息处理是指用一定的技术手段采集图像信息，并对其进行某些分析与变换，从而获取所需信息的过程。印刷图像处理的主要目的是图像质量的改善（简称像质改善），即对图像的灰度进行某些变换，增强其中的有用信息，抑制无用信息，并以适当方式输出，使图像的视觉质量改善，便于人眼观察理解和进一步处理。

彩色图像都具有色彩、层次及清晰度三大要素。图像印前处理系统对彩色图像的处理就是根据复制工艺的要求，对其三个要素综合进行一系列变换。如图 4-1 所示，首先将信息源（原稿）的图像信息（密度 f(D)）经图像信息输入系统采集，并经处理和变换以一定形式输入图像信息处理系统，再对此输入的信息根据最终目的进行各种处理，最后将处理好的信息（$g(I_i)$）以某种形式（$f'(D)$）由图像信息输出系统输出，供图像处理用户使用，这样就完成了图像处理的全部工作。

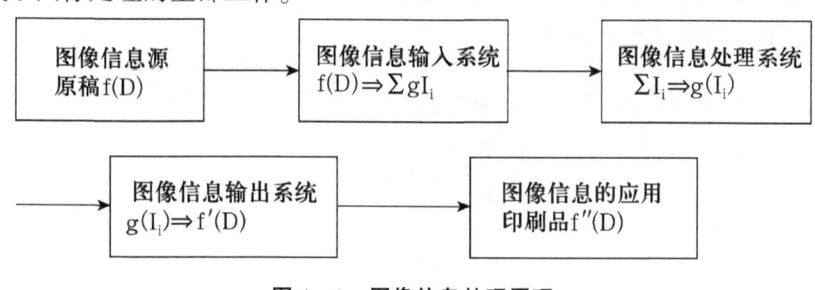

图 4-1　图像信息处理原理

一、图像模拟处理方式及原理

图像模拟处理方式，即采用模拟电路来完成对图像的处理，但这种模拟处理方式又不同于传统的光学处理、摄影处理和视频信号处理等模拟方式。其区别在于传统模拟处理方式是对连续量进行的，而印前处理系统中的模拟处理方式是对离散量进行的。

1. 模拟处理的基本原理

彩色复制是以原稿为基础，以复制出大批量印刷品为目的，由印前、印刷和印后加工三部分构成。印前图像处理是利用现代技术对传统工艺的模拟和改造，其原理和方法源于照相制版工艺，是用电子方法或数字方法对照相制版工艺过程的模拟。

照相制版是应用光学和化学原理，利用制版照相机来制作印刷版的工艺，它是采用照相方法进行图像颜色、层次及清晰度校正的技术，其基本思想是通过原稿及其分色片来制作各种类型的蒙片（如校色蒙片，虚光蒙片等）使需校正的区域的密度 $D' = D_o + D_m$（D_o 指原稿密度，D_m 指蒙版密度，D' 指校正后分色片密度），即将二者蒙合叠加，通过照相拷贝来获取满足要求的密度 D'，由此来完成正确的彩色图像复制。

采用模拟处理方式的印前处理系统就是用电子方法模拟照相制版过程，即将图像信息转

换为模拟电信号 V_0，并由 V_0 及复制工艺条件与要求产生校正信号 $\triangle V$，然后 V_0 与 $\triangle V$ 以某种形式相叠加，就能实现对原稿图像的修正，获得高品质的图像再现，不难看出此方法中，校正信号是关键，它必须同时满足彩色复制理论、复制工艺和人们艺术期望等特殊要求。

2. 模拟处理方式的数理基础

长期以来印刷行业根据自身发展的需要提出了"数据化、规范化、标准化"的目标，其目的就是通过印刷过程的解析及数据积累，采用适宜的数学方法，寻找出其本质和规律性，建立相应的数学模式来指导生产实践。

从前述可知印前处理系统是利用现代电子技术对传统照相制版工艺的模拟，其物理模型如图 4-2 所示。在所建立的物理模型的基础上，经过进一步的研究和抽象，进而可建立其相应的数学模式，亦就能够利用现有各种先进的电子技术和计算机技术来完成模型中的各种任务，即完成对图像信息的各种处理，获取满足复制需要且符合印刷条件的分色片。其数学模式可表示为：

$$f'(x, y, D) = f(x, y, D) + F(D) \qquad 式（4-1）$$

其中：$f'(x, y, D)$ 为校正后的图像信号；

$f(x, y, D)$ 为校正前的图像信号；

$F(D)$ 为图像校正信号。

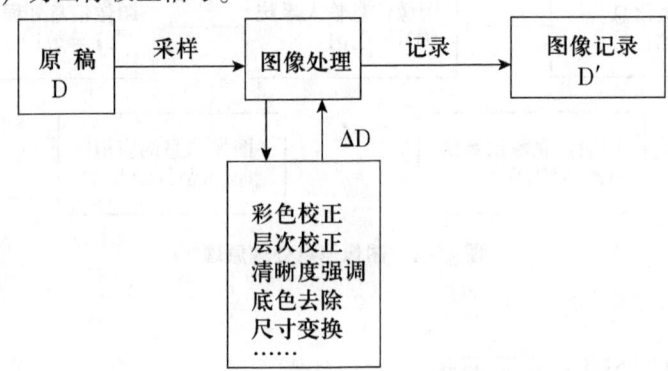

图 4-2　图像模拟处理的物理模型

从上式的数学模式可知，任何印刷复制的图像总是由其平面位置和相应密度信息构成的像素组成，对其实施的各种处理就是对其平面位置和密度信息的变换。

二、图文数字处理方式及原理

随着计算机技术的飞跃发展，计算机图像处理理论和手段不断完善。彩色印前处理系统在吸收各种先进技术的基础上，将图像的模拟处理方式逐步变换为图像的数字处理方式，创造出能完全满足彩色图像复制与人们艺术期望的全数字印前处理系统。数字图像处理方式，即采用计算机对图像离散量化后的数字编码进行各种变换，而且这些变换是由编制的程序和软件来完成的。

在数字图像处理中，不论其目的如何，都是按照图 4-3 所示对输入图像 $P(I, J)$ 进行若干变换处理，从而求出输出图像 $P'(I, J)$ 的各个像素 $P'(I, J)$ 的值，且 $P'(I, J)$

的值满足给定的条件,这就是图像处理的基本形式。

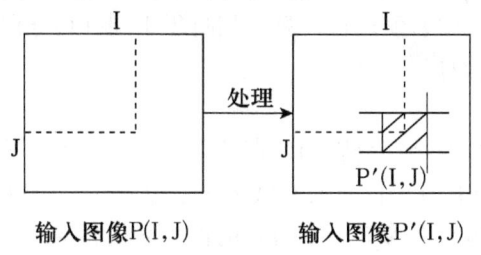

图4-3 图像处理运算的一般形式

从图像处理运算方式来看,求得输出图像 P′(I,J) 的值,通常有下列算法。

1. 局部处理和大局部处理

局部处理亦称邻域处理,是指为计算输出图像 g(I,J) 的值,仅采用位于(I,J)像素附近极小范围中的像素值来进行运算的一种算法。若采用位于(I,J)像素大范围内的像素值(或全部图像像素值)来计算则称为大局部处理。

(1)点处理

点处理是邻域处理的一种极限方式,如图4-4所示,即对输入像素 P(I,J) 进行 f 处理,则得到输出图像 P′(I,J) 的值,即:

$$P'(I,J) = f[P(I,J)] \qquad 式(4-2)$$

点处理既可以满足使输入值按照一定规则置换成目标值的操作,又可以便利地人为去除孤立噪声。

(2)邻域处理

邻域处理是指对输入图像 P(I,J) 的邻域 N(P(I,J)) 内的像素进行 f 处理,获取满足某种要求的输出像素 P′(I,J) 值的操作,如图4-5所示,即:

$$P'(I,J) = f[N(I,J)] \qquad 式(4-3)$$

采用邻域处理时,邻域的大小、形状,可根据输出图像的要求来选择与变化。通常采用以(I,J)为中心,大小为 k×L 像素的一个矩形窗口。邻域愈大,计算量愈大。实际处理中多采用 3×3 像素或 5×5 像素的邻域为处理的基本单位。

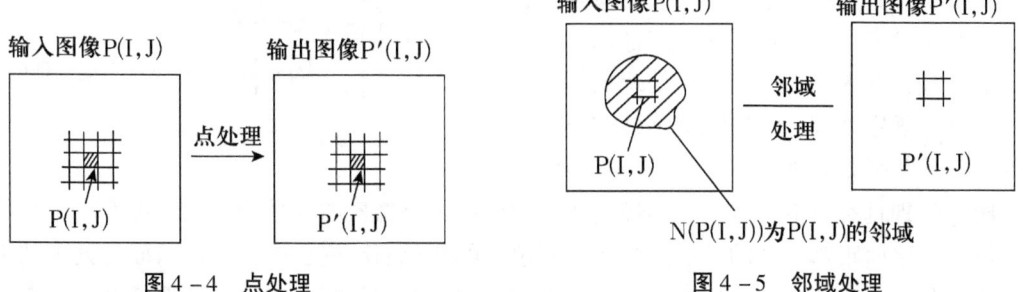

图4-4 点处理　　　　　图4-5 邻域处理

(3)并行处理

并行处理(Parallel Operation)是指对图像内的各像素同时进行相同运算的处理,它是一种类似人的视觉处理的运算方式，具有如下特征：输出图像P′(I, J)的值，只用输入图像的第(I, J)像素的邻域像素值进行计算；相对于不同(I, J)的输出图像P′(I, J)的值，可以互相独立地进行计算。

(4) 串行处理

串行处理是指像素的操作顺序会影响处理结果的一种处理形式，其具有如下特点：采用输入图像P(I, J)和第(I, J)像素的邻域像素值以及在求出输出图像P′(I, J)之前的处理结果值来共同计算出输出图像P′(I, J)的值；采用相应的处理算法，按一定顺序依次进行计算。常采用对画面从上至下（或从左至右）进行栅格扫描的方法。因而，它不能同时并行计算相对于不同(I, J)的输出像素值P′(I, J)，且输出图像P′(I, J)的值取决于扫描方式。

为了获取计算输出图像第(I, J)的值，则要有邻域像素，邻域像素既要涉及输入图像中P(I, J)邻域里包括P(I, J)在内的未扫描部分的像素，又要涉及输出图像中P′(I, J)邻域里除掉P′(I, J)且已形成处理结果的那部分像素。

2. 迭代处理

迭代处理是指重复运用一种运算来获取设定条件的输出图像的处理方式。如图4-6所示，首先对输入图像P进行运算，再对其结果KP_1进行运算，…，将这一运算重复n次直至满足设定条件或者直至指定的迭代次数，亦可同时满足迭代次数和设定条件。

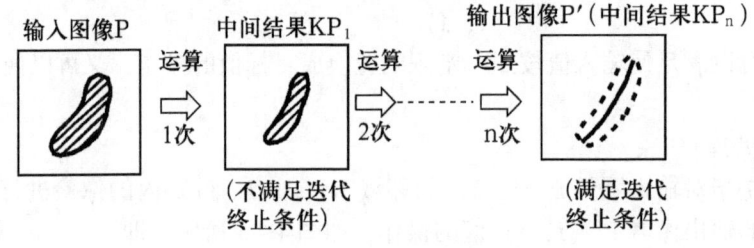

图4-6 迭代处理

3. 跟踪处理

跟踪处理亦称顺序跟踪处理，如图4-7所示，首先选择满足适当条件的像素作为起始点像素；然后检查输入图像和已得到的结果，并求出下一步应该处理的像素，并进行规定处理；再决定继续处理下面像素，还是终止处理。

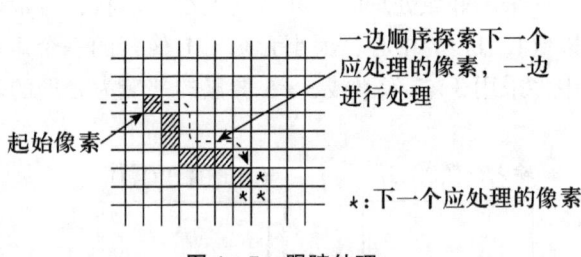

图4-7 跟踪处理

跟踪处理具有以下特点：对某像素的处理取决于该像素前的处理结果，即取决于起始像素的位置，因而跟踪处理的结果随起始像素位置的变化而改变；能够根据前面的处理结果来限定处理范围，从而避免无效的处理，且由于处理范围的限制，能提高处理精度，能有效地应用于边界、等值线等的线跟踪处理中。

4. 位置不变和位置可变处理

位置不变处理亦称位移不变处理，是指获取输出图像P′(I, J)的值的计算方法与图像内的位置无关的固定处理,如彩色校正、层次校正算法等。

位置可变处理亦称位移可变处理,是指随着位置的不同计算方法也不相同的图像处理,如图像的变形算法等。

第二节　图像的数字化

印前处理面向的是数字化的图像信息。现代印刷原稿主要有模拟原稿和数字原稿。对于数字原稿,可直接将其传输到 DTP 系统进行处理,而对模拟原稿,首先必须对模拟图像进行数字化,即对模拟图像进行空间和幅值的离散化处理。空间的离散化就是把一幅图像分割成一个个小区域(像元或像素),幅值的离散化是指将各小区域灰度用整数来表示,两种离散化的结果即数字图像。

一、模拟图像的数字化过程

印刷图像数字化最常用的方法是在图像二维平面上按一定间隔有顺序地沿水平方向或垂直方向直线扫描,从而获得图像灰度值阵列,再对其求出每一特定间隔的值,就能得到离散信号。因此模拟图像数字化包括采样、量化两个过程。

1. **采样**

将空间上连续变化的图像变换成离散点的操作称为采样或抽样。

在二维空间域中对图像进行抽样时,一般采用均匀抽样方法,即将二维图像均匀分割成若干相同大小的图像单元(抽样点),即像素,在每个抽样点 (i, j) 处获得其图像灰度的具体数值 f (i, j),这个值称为图像灰度抽样值。在整幅图像中所有抽样点的全部抽样值共同构成一离散函数 g (i, j)(其中,i=1, 2, 3, …, M;j=1, 2, 3, …, N)。

离散灰度函数 g (i, j) 总共有 (M×N) 个数值,其中每个 g (i, j) 值表示图像在抽样点 (i, j) 位置的灰度值,常数 M 和 N 通常尽可能取为 2 的整数次幂。

当进行实际采样时,采样间隔和采样孔径的大小将直接决定数字图像对原模拟图像反映的真实程度。因为采样的实质就是要用多少点来描述一张图像,采样的结果就是通常所说的图像分辨率。比如,一幅 640×480 的图像,就表示这幅图像是由 307200 个像素点所组成。采样时,在图像纵向和横向(行和列)方向上的像素总数 M 和 N 将决定数字图像的质量。而数字图像的像素数取决于空间采样频率,它反映了采样点之间的间隔大小。空间采样频率越高,得到的图像样本就越细腻逼真,图像的质量越高,但要求的存储量也越大。当然,M 和 N 取值越大越好,但为了减少表示数字图像的数据量,只要 M、N 满足采样定理即可,即可以从得到的数字图像 f (i, j) 不失真地恢复原图像 f (x, y)。也就是说当采样频率不低于印刷对数字图像所要求的分辨率的两倍时,即可达到印刷复制的要求。

在实际的采样过程中,采样点间隔的选取是一个极其关键的问题。由于图像包含着各种不同程度的细微密度变化,采样点的间隔则需根据所希望忠实反映图像的程度而定。

2. 量化

经采样后图像被分割成空间上离散的像素，但其灰度是连续的，还不能作为印前处理的图像信息，必须将像素灰度转换成离散的整数值，这一过程就是量化。量化是指要使用多大范围的数值来表示图像采样之后的每一个点，也就是将连续变化的灰度值分成若干个灰度段，每一灰度段用一个整数表示，进而转换为二进制代码，即得数字图像。一幅数字图像中不同灰度值的个数称为灰度级，若一幅数字图像的量化灰度级数为 256 级，灰度取值范围可用 0～255 的整数表示，即用 8 位二进制数就能表示灰度图像像素的灰度值，因此常称 8bit 量化。量化的结果是图像能够容纳的颜色总数，它反映了采样的质量。例如，如果以 4 位存储一个点，就表示图像只能有 16 种颜色。若采用 16 位存储一个点，则有 $2^{16}=65536$ 种颜色。所以，量化位数越大，表示图像可以拥有更多的颜色，自然可以产生更为细致的图像效果。但是，也会占用更大的存储空间。从视觉效果来看，采用大于或等于 6bit 量化的灰度图像，就可得到令人满意的视觉效果，这是因为人眼一般最多可分辨 100 个灰度级。

二、图像扫描仪

对模拟原稿的数字化主要以扫描方式完成。图像扫描由扫描仪完成，扫描仪是指能将二维或三维的模拟图像信息转变为数字信息的装置，其主要功能是将模拟彩色图片输入到计算机中。扫描仪在扫描图像时，首先通过扫描采样获得模拟图像的每一个像素点的光信号（即对图像进行空间的离散化），然后对每一个像素点的光信号依次进行分色、光电转换、模数变换（A/D 转换）等处理，最后获得图像的数字信号，所以一般扫描仪都由照明系统、同步信号发生系统、扫描系统、光电变换系统、A/D 变换系统构成，如图 4-8 所示。

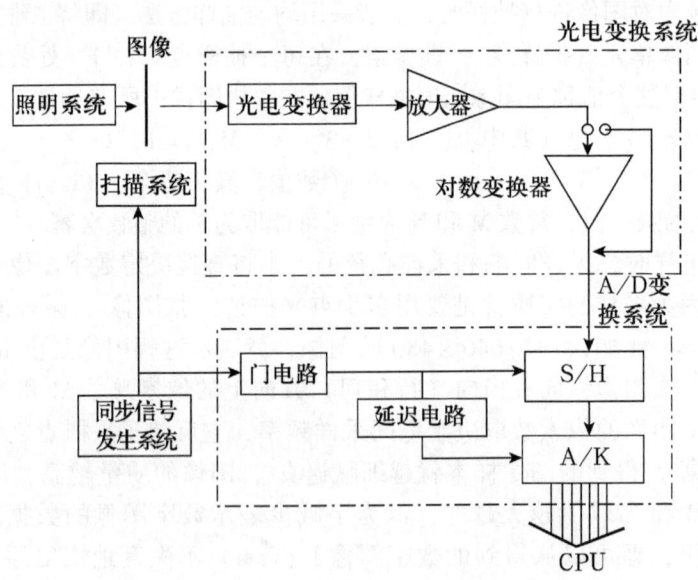

图 4-8 扫描仪的基本构成

1. 滚筒式扫描仪工作原理

滚筒式扫描仪一般采用光电倍增管（PMT）作为光电转换器件，它与传统电子分色机的扫描输入原理基本相同，通过对原稿进行栅格方式的分解扫描，如图4-9所示，使原稿变换成一种串行方式的可检测光信号，再经过分光、分色及光电转换系统变换成一种模拟电信号或数字信号，如图4-10所示。滚筒式扫描仪在工作时，是把原稿贴放在一个干净的有机玻璃滚筒上，让滚筒以一定的速率转动。扫描头中有一个照明光源，发射出的光线通过细小的锥形光圈照射在原图上，一个像素一个像素地进行采光。如果原稿采用的是反射介质，则扫描光源从滚筒的外面照射原稿，原稿反射回来的光线通过分光分色系统将其分解成RGB三色光，再由接收系统接收并生成模拟信号。如果原稿是透射型介质（如胶片、幻灯片等），那么扫描光源是从滚筒的内部照射原稿，接收系统接收的是透射光。生成的模拟信号再经模数转换器转换成数字信号传送给计算机，即完成扫描过程。

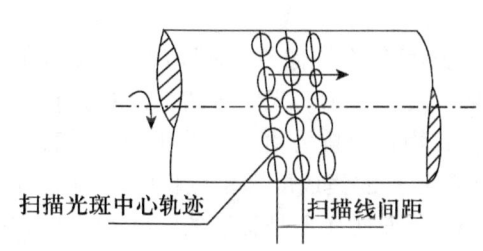

图4-9 滚筒式图像扫描方式

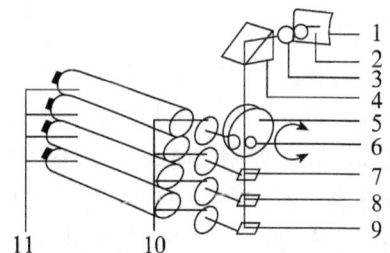

图4-10 滚筒式扫描仪工作原理

1-原稿；2-扫描点；3-分析物镜；
4-转向棱镜；5-光孔轮；6-光孔析光片；
7，8，9-分光镜；10-滤色片；11-光电倍增管

2. 平板式扫描仪工作原理

平板式扫描仪主要扫描反射稿件，它的扫描区域为一块透明的平板玻璃（多为A_4或A_5幅面），将原图放在这块干净的平板玻璃上，原图不动，扫描系统通过一个传动机构作水平移动，发射出的光线照在原图上，经反射或透射后，由接收系统接收并生成模拟信号，再通过模数转换器转换成数字信号，直接传送到计算机中，由计算机进行相应的处理后完成扫描过程。部分平板扫描仪配有透扫适配器，可在较小的区域内进行透射扫描。

平板式扫描仪的工作方式与滚筒式扫描仪一样：先用光源照射原稿，原稿反射或透射的光线经过平面镜和棱镜系统导入光敏元件。在绝大部分扫描仪中，阅读都是通过光电元件进行的，其形式是光电二极管或电荷耦合器件CCD，CCD器件记录原稿的光亮信息并将它们转换为电压值，CCD器件在这里不仅作为光电转换元件，也用作电荷传输器件，它们将模拟电信号进行一系列的传输，再通过模数转换器将电压转换为数字信号而输送给计算机，如图4-11所示。

3. 扫描仪的技术参数

（1）分辨力

高质量的图像输入在很大程度上取决于扫描仪的分辨力。扫描仪分辨力是指在扫描过程中扫描仪对图像细节的分辨能力，又分物理分辨力、扫描分辨力和灰度分辨力。

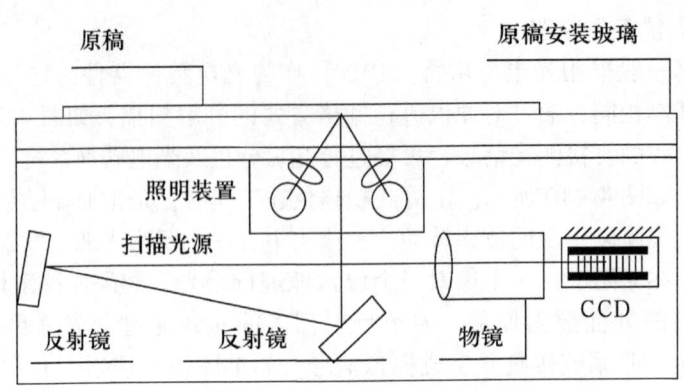

图4–11 平板式扫描仪工作原理

①物理分辨力

物理分辨力又称光学分辨力，它是指扫描仪的光学系统在图像单位面积内可以采样的实际信息量，以 dpi（每英寸点数）或 ppi（每英寸像素数）表示。光学分辨力随扫描仪的类型不同而不同。使用线阵 CCD 扫描方式的扫描仪，其物理分辨力由水平分辨力和垂直分辨力组合而成，即：水平方向取决于光敏单元（CCD 单元）的集成度即单位长度内 CCD 元件的个数，垂直方向由扫描步进电机步长确定。采用 CCD 阵列（不是移动的线阵 CCD）扫描方式的扫描仪，它在任何方向可以捕获的像素总数是固定的。滚筒扫描仪物理分辨力由旋转速度、光源的亮度、步进电机的功能、镜头孔径的尺寸等的组合来确定。它由沿滚筒轴向的主扫描方向分辨力和沿滚筒横向的副扫描方向分辨力两部分组成。

②扫描分辨力

物理分辨力仅由扫描仪的硬件决定。但是有些扫描仪与扫描软件配合可以把较低的物理分辨力换算成较高的分辨率。这样，在扫描软件中实际给出了多个很高的分辨率，它是采用软件的内插功能，在相邻像素间增加了一些像素，从而提高了图像输出分辨率，我们把这些软件中可供用户选择的多个分辨率称为扫描分辨力。扫描分辨力越高，所能采集的图像信息量越大，扫描输出的图像中包含的细节也越多。扫描分辨力的大小关系到用此扫描仪扫描时形成的图像最大能够放大的倍数和印刷时的最大加网线数。扫描分辨力、图像放大倍率和印刷加网线数三者的关系为：

扫描分辨力 = 放大倍率 × 加网线数 × 质量因子（1.5～2）

可以看出，当印刷加网线数一定时，扫描仪的扫描分辨力就限制了图像的放大倍率。当图像最大放大倍率受扫描分辨力限制时，就只能降低放大倍率或印刷加网线数，三者互相制约。

③灰度分辨力

灰度分辨力是扫描仪分辨灰色级的能力。扫描时不仅要存储扫描点的位置，而且要存储扫描点的亮度。图像上每一个像素都具有任何可能的亮度等级，扫描仪能分辨多少个亮度等级取决于扫描仪进行模数转换和二进制存储时所使用的比特数（bit）。如 4bit 的手持式扫描仪的模数转换器对每一像素以 4bit 存储，0000 表示白，1111 表示黑，一共可表示 16 个灰度级；6bit 扫描仪用 000000 表示白，111111 表示黑，能产生 $2^6 = 64$ 个灰度级。为了表示出

256个灰色级，对每个像素需用1个字节，即8bit进行存储。比特数与灰色级的关系为：
$$N = 2^{bit}$$
式中，N 为灰度级数，bit 为比特数。

（2）最大密度范围

最大密度范围又称最大密度动态范围，它是指扫描仪所能识别出原稿层次变化的密度范围。最大密度范围小，将使原稿暗调部分的细节层次丢失，尽管这个区域的图像仍然有深浅的变化，但感光器件却不能分辨，输出的信号相同，所以扫描图像上该区域就变成无层次变化的相同色调。只有密度范围大的扫描仪才能把这些暗调部分的细节反映出来。因此暗调是检验扫描仪性能的关键。

通常反射原稿密度范围小于2.0，透射原稿的最大密度可达到3.5，因此扫描透射原稿对扫描仪的要求要高得多。

（3）颜色位深度

颜色位深度是扫描仪对每一种颜色所能识别的层次数。早期的扫描仪仅有1位，只能记录2个灰度等级，即黑与白。目前常用扫描仪的颜色位数有8位、10位、12位和16位等，理论上24位扫描仪能区分256级灰度和1677万种颜色；30位扫描仪能区分1024级灰度和10亿种颜色；而36位扫描仪能区分4096级灰度和687亿种颜色；48位扫描仪能区分65536级灰度和281兆种颜色。因此，扫描仪的颜色位数越高，捕获的色彩越丰富，扫描的图像层次越多，动态范围也越大。

（4）缩放倍率

缩放倍率是扫描仪对原稿缩小或放大的倍率。缩放是扫描软件中产生较大或较小的图像的处理程序，当经过扫描软件缩放的扫描图像送入图像编辑程序后就无须重新改变图像的大小了。在扫描软件中，缩放倍率与光学分辨力成反比，图像的缩放倍率越大，光学分辨力越低。当使用最大的分辨力时，缩放倍率只能小于1。

（5）扫描仪的速度

扫描仪的速度与系统配置、扫描分辨力设置、扫描尺寸、放大倍率等有密切关系。一般情况下，扫描黑白、灰度图像，扫描速度为2～100毫秒/线；扫描彩色图像，扫描速度为5～200毫秒/线。扫描仪的工作方式是通过扫描仪的光源，利用一种色彩分离方法和CCD（电荷耦合器件）或PMT（光电倍增管）来采集被扫描对象的光信息，并将该光信息传输到一个计算机图像文件中去。扫描仪速度快当然好，但不能影响图像质量。因此，不是扫描仪的扫描速度越快越好，扫描速度非常高的扫描仪在扫描过程中可能会丢失一些图像信息。有些扫描仪在低分辨力时扫描速度快，但在高分辨力时扫描速度不一定快。因此必须在保证质量的前提下，提高扫描仪的速度。

三、图像扫描过程

对模拟图像的数字化主要以扫描方式完成。扫描是印前图像处理的第一步工作。如果扫描质量不合格，在后面的图像处理过程中，技术再高也没有办法做得很完美。图像扫描工艺流程及扫描参数设置方法如下。

1. 扫描仪工作基准设置

扫描仪是图像分色输入的主要设备，在对色彩管理、数字化处理过程中，扫描仪是能否逼真地再现图像色彩层次的关键。因此，对扫描仪进行特征化管理最为重要。现在，一些高档专业扫描仪都开发了具有自己特色的色彩管理系统，使扫描分色技术更加规范，色彩还原更加准确。

扫描仪对原稿色彩的再现都采用 RGB 色光加色法，并且在扫描或成像过程中都要通过分光分色和光电转换来记录色彩信息。扫描仪能否逼真地再现图像中的色彩层次是制版能否成功的关键所在。大多数扫描仪在出厂时已校正好，但由于制造条件的差别，光源色温的变化，新旧程度等都会影响扫描仪的性能。因此，对扫描仪进行校正与特征处理是非常必要的。扫描仪需校正的变量主要包括亮度、对比度、伽马值（Gamma）、白平衡。经校正后，应使扫描仪多次扫描同一幅原稿都能获得相同的图像数据，或者数码相机多次拍摄同一景物能获得相同的图像数据。其中重点是白平衡的校正，即使扫描图像中性灰区域获得 RGB 三通道信号一致，保证输入系统色彩正确。现在许多扫描仪有自校功能或自带校正软件，可以直接进行白平衡处理，也可以通过扫描灰梯尺在彩色显示器上观察灰梯尺上每一级的 RGB 数值并调整到接近或一致的效果。由于扫描仪的灵敏度和光源色温随着时间推移等因素的变化会有所降低。因此，定期进行设备的特征化检测与设定，重新建立新的特征文件，是保证扫描色彩正确性的关键。

对扫描仪校正与特征化的方法是：在测试状态下，首先扫描输入符合 ISO IT8 规范的透射（IT8.7/1）或反射（IT8.7/2）色标，随着色标附有一张含有色块色彩测量值文件的软盘，文件以文本格式存储，称为"IT8 数据参考文件"。然后，使用相应的软件分析扫描仪的彩色复制过程所使用的相关色彩空间，软件将扫描得到的图像与色标的原始数据进行分析比较后，分析出其彩色空间与标准彩色空间的对应关系。最后将此信息储存于电子文件中，生成"扫描仪色彩特征文件"。

由于扫描仪扫描光源、滤色片、CCD 及扫描头光学系统光谱特性的差异和不理想，扫描头采集原稿光信息后获得的各个分色通道的数字信号往往不能正确代表扫描区域的色彩特征，亦即当扫描区域为中性灰时，各个分色通道信号不相等。从而造成对原稿色彩的识别错误，或者对无密度阶跃区域产生虚蒙信号。因此，在工艺性调整之前必须将扫描头对准纯白色，将各个分色通道调节至相等，这项工作称之为白平衡，用来消除机器误差对复制质量的影响。

扫描仪每当重新开机、初始化、更换分析滚筒、改变分析光孔、更换分析镜头、变动焦距或改变扫描原稿类型后都必须重新进行白平衡。

对于扫描仪来说，白平衡中通常用清晰滚筒或反色白标代表白平衡最小密度和没有光给光电倍增管的黑标代表最大密度。白平衡必须使各个分色通道对最小密度和最大密度均能保持相等。若白平衡执行两次后不能完成，则需对扫描系统中下列要素进行调校：

①清洁分析镜头和光学系统；
②检查校正扫描光点聚焦镜头是否合适；
③检查分析光点是否位于光孔中，并调整到光孔中心；
④选择合适的分析光孔；

⑤调整灯室使输出光强值最大；
⑥选择正确滤色片；
⑦检查白平衡点是否位于透明滚筒干净位置或位于反射白标上；
⑧检查分析镜头焦距是否清晰。

若上述调整后仍不能实现白平衡，且又是最小密度（白）不能平衡则可能是由于光强不够造成，因此必须清洁灯室光路，调换灰滤色片或更换灯管。若白平衡时白和黑两点都不能平衡，则多由电气故障造成，适当调高电压值后仍不能平衡，则应请专业维修人员调整。

2. 审稿

扫描第一步是要对原稿进行分析，看看原稿的主题是什么，哪些地方是应该特别注意的。重点要分析的是原稿的层次和色彩。一般色彩分析就是要看哪些色彩可能在扫描中会超出扫描仪识别范围，从而扫描仪会处理不好，而哪些颜色可能超出印刷油墨色域范围，应该重点注意。层次分析就是要注意阶调是否完整。分析各阶调目的就是在复制时把各阶调尽可能再现出来，理想的阶调范围是亮调的细节不能丢失，暗调层次又不被压缩。

对非正常原稿，要分析其缺陷在哪里，并为扫描参数的设定提供依据，如若画面整体偏暗，扫描时应提高亮度，使画面更清楚些。而当画面偏色明显时，扫描时应予以纠正。如果图像不清晰，扫描时要作清晰度强调处理。

3. 预扫描

预扫描就是以较低分辨力对图像快速扫描，其目的是便于对一些扫描参数的设定，如确定扫描区域范围，通过预扫描图像分析原稿的基本层次、颜色特征，以便对层次和颜色进行基本设置和适当的调节。

4. 扫描颜色模式确定

我们知道，在图像数字化过程中，对图像颜色的表示可采用多种色彩模式，具体选用哪种模式，在正式扫描之前应确定。扫描色彩模式菜单命令项中一般有 Millions of Colors, Billions of Colors, 256 Shades of Gray, line art（线条稿），Halftone（网目调）等色彩模式可供选择。一般应根据原稿的类型和扫描最终要求选择相应的色彩模式：原稿为彩色，最终要求扫描也为彩色时，一般选择 Millions of Colors，其色彩模式为 RGB。原稿为彩色或黑白，有明暗层次，最终要求扫描为灰度图（连续调黑白图），选择 256 Shades of Gray 类型。原稿为彩色、黑白有明暗层次或黑白线条原稿，最终要求扫描为黑白线条，可选择 line art 类型，扫描后图像为黑白二值图。有一些高档扫描仪的扫描色彩模式还有 CMYK 色彩模式，如果原稿为彩色，最终要求扫描为彩色，并且扫描图像的用途是直接输出用于印刷，就可以选择 CMYK 色彩模式。

5. 扫描分辨力的确定

很显然，扫描时选用的分辨力高低，将直接影响到扫描图像的质量。理论上讲，图像最终要印刷，一般应保证扫描图像分辨率达 300dpi 以上。有一些扫描仪是通过印刷的加网线数、质量因子、放大倍数来确定扫描分辨力的。如加网线数为 200lpi、质量因子为 2.0、放大 8 倍，则实际扫描光学分辨力为 $200 \times 2.0 \times 8 = 3200$dpi。

6. 图像大小的确定

即确定扫描后图像的大小，可以用尺寸来表达，也可以用倍数来表达。对光学分辨力较低的扫描仪,放大倍率不宜过大,否则图像细节损失大,清晰度不高,而滚筒式扫描仪分辨力一般较高,其放大的图像质量较好。

7. **Brightness Contrast 的调节**

即对原稿的亮度及反差的调节。如原稿正常,可以不作改动。否则可作相应变化,若原稿图像整体偏亮,可以降低 Brightness;太暗则增加 Brightness;原稿图像反差小,则可提高 Contrast,以拉开扫描图像的反差。

8. **扫描颜色校正**

一些高档的扫描仪在扫描过程中具有颜色校正的功能,因此,在扫描之前可利用扫描软件校正原稿图像颜色。其校正方式随不同的扫描仪及扫描软件而不同,有的可通过移动颜色环上的滑块实现,当滑块位于中间时,没有做颜色校正。如果滑块朝某一方向移动,图像颜色就会向某个方向偏移,这样就可用来纠正原稿色彩偏色。调节时,如原稿偏某色,应把滑块朝它的补色方向移动,即朝与以中心圆心对称的补色方向移动。

9. **Descreen 选择**

Descreen 是扫描印刷原稿的去网选项。印刷品原稿如直接扫描,不进行去网的话,由于光学干涉,扫描后会产生很粗的网纹,使图像不细腻,故应在扫描时进行去网处理。如原稿为印刷品,则可选择相应印品类型的去网方式,以便得到满意的去网效果。Descreen 选项中有 None,Newspaper (65lpi)、Magazine (133lpi)、Art Magazine (175lpi) 四种选择。扫描时,应根据所扫描原稿在印刷时的加网线数选择相应的去网选项,如原稿为照片,则选 None,无去网处理;如果原稿加网线数较低如报纸,则选 Newspaper (65lpi);如果原稿加网线居中如杂志类,则选 Magazine (133lpi),如原稿为精细印刷品,则选 Art Magazine (175lpi)。

10. **扫描及图像存储**

当确定了扫描的各项选项参数后,即可进行正式的扫描,最后经存储后即获得所需的数字图像。

第三节 灰度变换与图像增强

在获取、传输和复制图像过程中,由于多种因素的影响,会导致图像质量多少有所下降,因此要采用一定的技术方法改善图像质量。在现代图像印前处理中,对图像的校正与调整,实际是通过图像的灰度变换来实现的。印刷复制中,图像增强处理的目的为:(1)采用一系列技术改善图像的视觉效果,提高图像的清晰度;(2)将图像转换成一种更适合于复制的形式,抑制一些无用的信息,以提高图像复制的质量。

一、灰度直方图

在一幅图像中,具有不同灰度值的图像面积(对连续图像而言)或像素数目(对数字图像而言)一般是不同的。若图像偏亮,则图像中灰度值大的图像面积或像素数目必然就小，反之则多。

灰度直方图是用来表示图像灰度分布状态的一个统计表，如可用横坐标表示灰度值，纵坐标表示出现各个灰度值的图像面积的大小或像素数目。灰度直方图实际反映了不同灰度值 D 的面积或像素数目在整幅图像中所占的比例，从而进一步反映出图像中所含的信息量。很显然，灰度直方图与图像中各像素的位置及图像形状无关，它只是一个统计表。

1. 连续调图像的灰度直方图

对连续调图像 f (x, y) 而言，因其灰度值是连续变化的，所以求某一灰度值 D 的图像面积之和 P (D)，只能以极限的方式求取，即

$$P(D) = \lim [A(D+\Delta D) - A(D)]/\Delta D \qquad 式(4-4)$$

且

$$\int_{Dmin}^{Dmax} P(D) \, dD = 1$$

设式中图像的总面积为 1，A (D) 为图像中灰度值小于 D 的图像面积之和。由此作出 D – P (D) 曲线，即为连续调图像的灰度直方图，如图 4 – 12 所示。

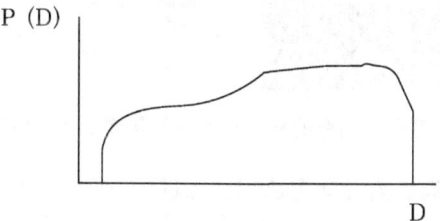

图 4 – 12　连续调图像灰度直方图

2. 数字图像的灰度直方图

由于数字图像的灰度值呈离散分布，因此可直接计算出某一灰度值 D_i 的像素的概率，如对 M × N 个像素的数字图像，像素灰度值为 D_0，D_1，…，D_{k-1}，出现灰度值为 D_i 的像素的概率 P (D_i) 为

$$P(D_i) = \frac{\sum D_i}{M \times N} \qquad (i = 0, 1, 2, \cdots, k-1) \qquad 式(4-5)$$

且

$$\sum_{i=0}^{k-1} P(D_i) = 1$$

由此即可绘出 D_i – P (D_i) 曲线，显然，由于 D_i 是离散的，数字图像的灰度直方图曲线是不连续的，如图 4 – 13 所示。

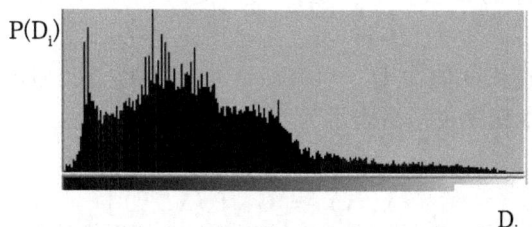

图 4 – 13　数字图像灰度直方图

灰度直方图直接反映了一幅图像的明暗组成状况，如图 4-14 所示。

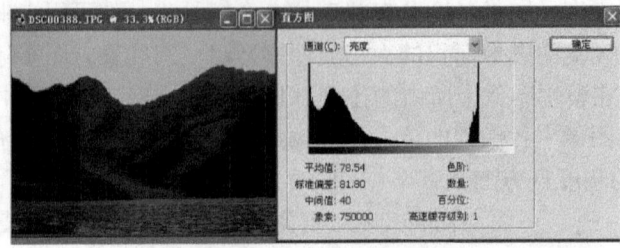

(a) 图像偏暗时的灰度直方图像素灰度主要集中在左边

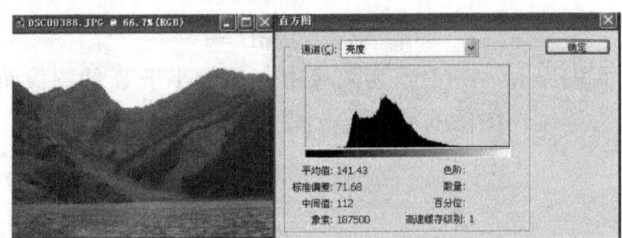

(b) 中等亮度图像的灰度直方图像灰度主要集中在中间

(c) 偏亮图像的灰度直方图像素灰度主要集中在右边

图 4-14　灰度直方图对图像亮度的反映

二、灰度变换

灰度变换是指根据某一目标要求，按一定的变换关系逐点改变原图像中各像素的灰度值，而得到一幅新的图像的方法。事实上，灰度变换就是由原图到新图的灰度级的逐点映射。

设原图中某一像素的灰度值为 $D = f(x, y)$，变换后在新图中对应像素的灰度值为 $D' = g(x, y)$，则其灰度变换关系可表示为

$$D' = G(D)$$

或

$$g(x, y) = G[f(x, y)] \qquad 式（4-6）$$

其中函数 $D' = G(D)$ 可以是一个线性函数，也可以是一个非线性函数，即灰度变换分为线性变换和非线性变换。

1. 线性灰度变换

成像过程中的许多因素（如曝光不足或显影不足等）都可能会引起所得图像的实际密度范围 $[D_{min}, D_{max}]$ 比人们所希望得到的密度范围 $[D'_{min}, D'_{max}]$ 要小，即 $D'_{min} < D_{min} < D_{max} < D'_{max}$，因此，使得图像对比度不强，细节分辨率下降，这时若将图像的灰度线性扩展，则可改善图像的质量，所以可采用如下线性变换得到密度范围为 $[D'_{min}, D'_{max}]$ 的图像：

$$g(x, y) = \frac{D'_{max} - D'_{min}}{D_{max} - D_{min}}[f(x, y) - D_{min}] + D_{min} \quad 式（4-7）$$

变换曲线如图 4-15（a）所示。

实际运用中，通常对图像的高、中、低调的灰度分别采用不同程度的线性扩展，甚至对部分阶调处的灰度级还需进行线性压缩，如图 4-15（b）所示，这就要采用分段线性变换的方法，其变换关系可表示为

$$g(x, y) = \begin{cases} \dfrac{D'_2 - D'_1}{D_2 - D_1}[f(x, y) - D_1] + D_1 & f(x, y) \in [D_1, D_2) \\ \dfrac{D'_3 - D'_2}{D_3 - D_2}[f(x, y) - D_2] + D_2 & f(x, y) \in [D_2, D_3) \\ \dfrac{D'_4 - D'_3}{D_4 - D_3}[f(x, y) - D_3] + D_3 & f(x, y) \in [D_3, D_4) \end{cases} \quad 式（4-8）$$

当 $D'_1 = D'_2$，$D'_3 = D'_4$ 时，是实际中常用的一个灰度变换的特例，如图 4-15（c），变换关系为：

$$g(x, y) = \begin{cases} D'_1 & f(x, y) \in [D_1, D_2) \\ \dfrac{D'_2 - D'_1}{D_3 - D_2}[f(x, y) - D_2] + D'_1 & f(x, y) \in [D_2, D_3) \\ D'_2 & f(x, y) \in [D_3, D_4) \end{cases}$$

$$式（4-9）$$

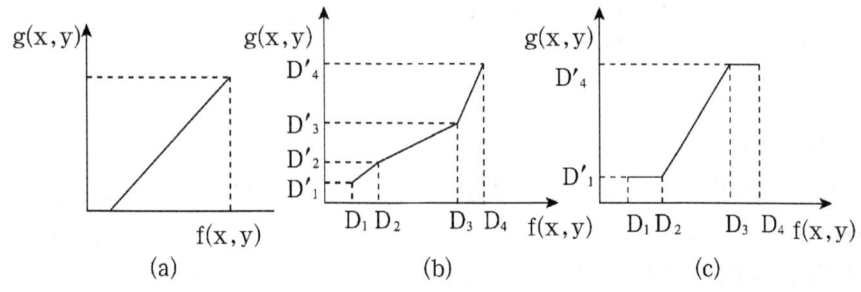

图 4-15 线性灰度变换曲线

从上述变换可看出，数字图像经灰度变换后，图像的像素数目不变，灰度级数也不变，只是灰度级差改变了，即图像反差改变了。

2. 非线性灰度变换

非线性灰度变换是指采用非线性函数来实现图像的灰度变换。如采用对数函数、指数函

数等对图像实现灰度变换之后，可得到具有不同特性的结果图像。

（1）对数变换

对数变换一般采用下列关系式：

$$g(x,y) = a + \frac{\ln[f(x,y)+1]}{b\ln c} \qquad 式（4-10）$$

通过改变常数 a、b、c 的值可调整变换曲线的位置和形状，通过对数变换后，对图像的低灰度区有较大的扩展，而对高灰度区则会产生一定程度的灰度压缩。

（2）指数变换

指数变换一般采用下述变换关系式：

$$g(x,y) = b^{c[f(x,y)-a]} - 1 \qquad 式（4-11）$$

同样，通过改变常数 a、b、c 的值，可调整变换曲线的形状和位置。指数变换的特点是对图像的高灰度区会产生较大的扩展。

因此，在实际中，可根据不同的变换目标选用不同的非线性变换函数。

3. 灰度级压缩

为获得画面精细、反差适中、层次分明、细节丰富的图像效果，在获取图像信息时，一般都以尽可能多的灰度级数来记录图像像素，但是，由于受到人眼视觉对灰度分辨阈限和输出设备对灰度分辨力的限制，输出图像的灰度级数并非越多越好，因此，在输出时，要采用一定的方法来适当降低图像像素的灰度级数，即灰度级压缩。当然灰度级压缩必然会损失图像信息，但这种损失应尽量不让人眼觉察到。

目前，对图像灰度级压缩大多采用均匀合并的方法，即对一幅 I×J 个像素的灰度图像而言，采用下式进行灰度级压缩

$$G(i,j) = INT[g(i,j)/g_{max}(n-1)+0.5] \qquad i \in [0,I], J \in [0,J]$$

$$式（4-12）$$

式中：$g(i,j)$ 为压缩前图像像素的灰度值；

$G(i,j)$ 为压缩后图像像素的灰度值；

g_{max} 为 $g(i,j)$ 中的最大灰度值；

n 为压缩的灰度级数。

三、图像平滑

任何一幅原始图像，在获取和传输等过程中，会受到各种噪声的干扰，使图像退化或模糊，特征淹没，质量下降。为了抑制噪声，改善图像质量所进行的处理称为图像平滑或去噪。在数字图像处理中，可以在空间域或频率域中进行图像平滑处理。

1. 邻域平均法

我们知道大部分的噪声都可以看成是随机信号，它们对图像的影响可以看成是孤立的。对于某一像素而言，如果它与周围像素点相比有明显的不同，就可以认为该点被噪声感染了。基于这样的分析，我们可以用邻域平均的方法，来判断每一点是否含有噪声，并用适当的方法消除所发现的噪声。

设当前待处理像素为 $f(m,n)$，给出一个处理模板，大小为 3×3，如图 4-16 所示。

处理后的图像设为 g (m, n)，则处理过程可描述为式 (4 – 13)。

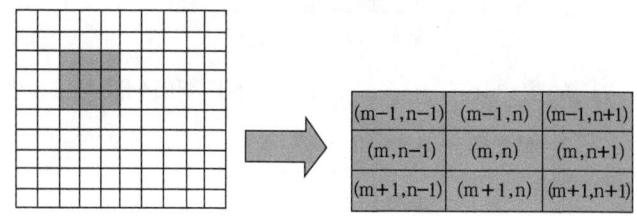

图 4 – 16　模板示意

$$g(m, n) \begin{cases} \frac{1}{9}\sum_{i \in Z}\sum_{j \in Z} f(m+i, n+j) & \text{当} \left| f(m, n) - \frac{1}{9}\sum_{i \in Z}\sum_{j \in Z} f(m+i, n+j) \right| > \varepsilon \\ f(m, n) & \text{其他} \end{cases}$$

式 (4 – 13)

式中，$Z = \{-1, 0, 1\}$，ε 称为阈限，它可以根据对误差容许的程度，选为图像灰度均方差 σf 的若干倍，或者通过实验得到。

这种邻域平均的方法也可以用另一种形式来表示，把平均处理看成是图像通过一个低通空间滤波器后的结果，设该滤波器的冲激响应为 H (r, s)，于是滤波器输出的结果 g (m, n) 可以表示成卷积的形式，即

$$\hat{f}(m, n) = \sum_{r=-k}^{k} \sum_{s=-l}^{l} f(m-r, n-s) H(r, s)$$

式 (4 – 14)

式中，m, n = 0, 1, 2, …, N – 1。k, l 决定了所选邻域的大小，一般来说，k = l = 1 即 3×3 大小的邻域就可以了，也可以根据实际需要选取 5×5 或 7×7 的邻域。H (r, s) 为加权函数，又被称为掩膜 (mask) 或模板。常用的模板还有很多，如下所示：

$$H_1 = \frac{1}{10}\begin{bmatrix} 1 & 1 & 1 \\ 1 & 2 & 1 \\ 1 & 1 & 1 \end{bmatrix}, H_2 = \frac{1}{16}\begin{bmatrix} 1 & 2 & 1 \\ 2 & 4 & 2 \\ 1 & 2 & 1 \end{bmatrix}, H_3 = \frac{1}{8}\begin{bmatrix} 1 & 1 & 1 \\ 1 & 0 & 1 \\ 1 & 1 & 1 \end{bmatrix}, H_4 = \frac{1}{2}\begin{bmatrix} 1 & \frac{1}{4} & 1 \\ \frac{1}{4} & 1 & \frac{1}{4} \\ 0 & \frac{1}{4} & 0 \end{bmatrix}$$

式 (4 – 15)

2. 中值滤波

在邻域平均法中，为了抑制噪声，选用了低通滤波器，但是通常图像中的边缘信息里含有大量的高频信息，所以在去噪的同时也使边界变得模糊了。那么可否找到一种新的方法，在滤除噪声的同时，还能保留住边缘的信息呢？中值滤波便属于这一类的增强方法，它是非线性的处理方法，在去噪的同时可以兼顾到边界信息的保留。

中值滤波首先选一个含有奇数点的窗口 w，将这个窗口在图像上扫描，把该窗口中所含的像素点按灰度级的升（或降）序排列，取位于中间的灰度值，来代替该点的灰度值。即

$$g(m, n) = \text{Median} \{f(m-k, n-l), (k, l \in w)\}$$

例如，选择滤波用的窗口 w 如图 4 – 17 所示，是一个一维窗口，待处理像素的灰度取这个模板中灰度的中值。

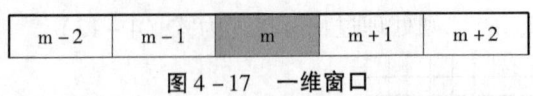

图 4-17 一维窗口

除上述窗口外，常用的窗口还有方形、十字形、圆形和环形等，如图 4-18 所示。

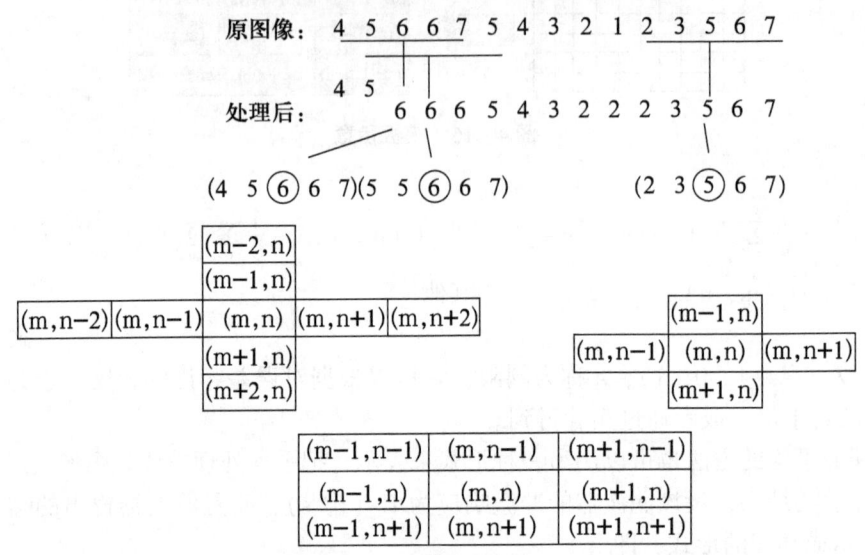

图 4-18 中值滤波的常用窗口

中值滤波是一种非线性运算，它对于消除孤立点和线段的干扰十分有用，特别是对于二进噪声（噪声的值只有两个）尤为有效，对于消除高斯噪声的影响效果不佳。它的最大特点是在消除噪声的同时，还能保护边界信息。对于一些细节较多的复杂图像，还可以多次使用不同的中值滤波，然后通过适当的方式综合所得的结果作为输出，这样可以获得更好的平滑和保护边缘的效果。

3. 边界保持类滤波

（1）K 近邻均值滤波器

该算法的思想是：在 m×m 的窗口中，属于同一集合类的像素，它们的灰度值将高度相关。基于此思想，被处理的像素（对应于窗口中心的像素）可以用窗口内与中心像素灰度最接近的 K 个近邻像素的平均灰度来代替。

处理步骤如下：

①做一个 m×m 的作用模板。
②在其中选择 K 个与待处理像素的灰度差为最小的像素。
③用这 K 个像素的灰度均值替换掉原来的值。

图 4-19 是模板为 3×3，K=3 的 K 近邻均值滤波器的例子，其中求出的均值为 2.67，经过取整处理后得到像素的值为 3。

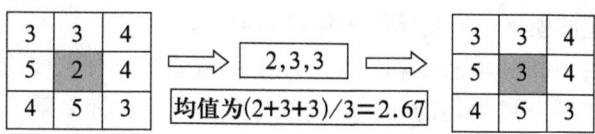

图 4-19 K 近邻均值滤波器

(2) K 近邻中值滤波器

在 K 近邻均值滤波器中,不选 K 个邻近像素的平均灰度来代替,而选 K 个邻近像素的中值灰度来代替,则这个滤波器就变成了 K 近邻中值滤波器。其处理步骤如下:

①做一个 m×m 的作用模板。
②在其中选择 K 个与待处理像素的灰度差为最小的像素。
③用这 K 个像素的灰度中值替换掉原来的值。

图 4-20 是模板为 3×3,K=3 的 K 近邻中值滤波器的例子。

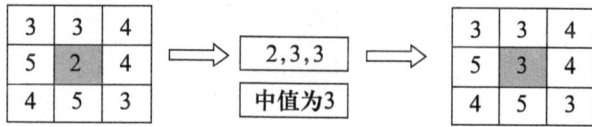

图 4-20 K 近邻中值滤波器

(3) 最小均方差滤波器

该方法对图像中待处理的像素 (m, n) 选它的 5×5 邻域,在此邻域中采用图 4-21 所示的模板(其中有 4 个五边形和 4 个六边形,1 个 3×3 正方形,共 9 个邻域),计算各个模板的均值和方差,按方差排序,最小方差所对应的模板的灰度均值就是像素 (m, n) 的输出值。

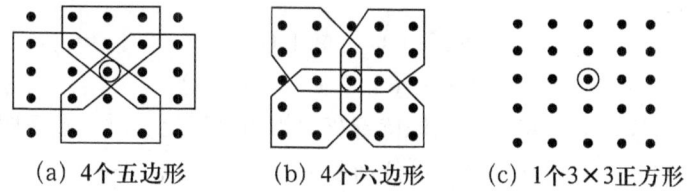

(a) 4个五边形   (b) 4个六边形   (c) 1个3×3正方形

图 4-21 最小均方差滤波器模板

其计算步骤如下:
① 按图 4-21 做出 9 个模板,计算出各自的方差。
②选出方差最小的模板。
③用该模板的灰度均值代替原像素的灰度值。
其均值和方差公式如下:

$$\bar{f} = \frac{1}{N}\sum_{i\in\Omega} f_i$$
$$\sigma^2 = \frac{1}{N}\sum_{i\in\Omega}(f-\bar{f})^2 \qquad 式(4-16)$$

式中，n 是指对应的模板，N 是模板中像素的数量。

该方法以方差作为各个邻域灰度均匀性的测度。若邻域含有尖锐的边缘，它的灰度方差必定很大，而不含边缘或灰度均匀的邻域，它的方差就很小，那么最小方差所对应的邻域就是灰度最均匀邻域。因此通过这样的平滑既可以消除噪声，又能够不破坏邻域边界的细节。

四、图像锐化

在图像增强中除了去噪，对比度扩展外，有时候还需要加强图像中物的边缘和轮廓。而边缘和轮廓常常位于图像灰度突变的地方，因而可以直观地想到用灰度的差分对边缘和轮廓进行提取。

1. 梯度锐化法

二元连续函数 $f(x, y)$ 在坐标点 (x, y) 处的梯度定义为：

$$\nabla f = \begin{bmatrix} G_x \\ G_y \end{bmatrix} = \begin{bmatrix} \dfrac{\partial f}{\partial x} \\ \dfrac{\partial f}{\partial y} \end{bmatrix} \quad \text{式 (4-17)}$$

这个梯度向量的幅度由下式给出：

$$\nabla f = \mathrm{mag}(\nabla f) = [G_x^2 + G_y^2]^{\frac{1}{2}} = \left[\left(\frac{\partial f}{\partial x}\right) + \left(\frac{\partial f}{\partial y}\right)^2\right]^{\frac{1}{2}}$$

尽管梯度向量的分量本身是线性算子，但梯度幅度由于用到了平方和开方运算而呈现非线性性质。另外，式（4-17）中的偏导数并非是各向同性的，但梯度幅度却是各向同性的。我们一般就把梯度幅度称为梯度。

为了降低图像的运算量，在实际操作中，常用绝对值或最大值运算代替平方与平方根运算近似求梯度的幅度。

$$\nabla f \approx |G_x| + |G_y|$$
$$\nabla f \approx \max(|G_x|, |G_y|) \quad \text{式 (4-18)}$$

这些公式计算起来较为简单，并且保持着灰度的相对变化。对于数字图像处理，微分将用差分代替，沿 x 和 y 方向的一阶差分可分别表示为

$$G_x = f(i+1, j) - f(i, j) \quad \text{式 (4-19)}$$

和

$$G_y = f(i, j+1) - f(i, j) \quad \text{式 (4-20)}$$

如图 4-22 所示为沿 x 和 y 方向的一阶差分的示意图。

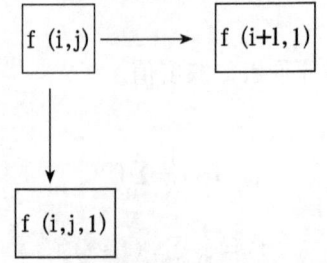

图 4-22 沿 x 和 y 方向的一阶差分

数字图像的差分运算可取

$$\nabla f(i,j) \approx |G_x| + |G_y| = |f(i+1,j) - f(i,j)|$$
$$+ |f(i,j+1) - f(i,j)| \quad \text{式}(4-21)$$

或者

$$\nabla f(i,j) \approx \max(|G_x|, |G_y|) = \max(|f(i+1,j) - f(i,j)|,$$
$$|f(i,j+1) - f(i,j)|) \quad \text{式}(4-22)$$

除此之外，梯度也可以采用交叉的差分来表示，这种交叉梯度称为罗伯茨（Roberts）梯度，如图4-23所示，其表达式如下：

$$\nabla f(i,j) \approx |f(i+1,j+1) - f(i,j)| + |f(i,j+1) - f(i+1,j)|$$
$$\text{式}(4-23)$$

或者

$$\nabla f(i,j) \approx \max(|f(i+1,j+1) - f(i,j)|, |f(i,j+1) - f(i+1,j)|)$$
$$\text{式}(4-24)$$

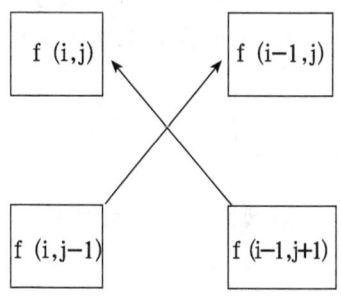

图4-23　罗伯茨差分

不管上述哪种表示法，所有梯度值都和相邻像素之间的灰度差分成比例。这说明我们可以利用它来增强图像中景物的边界。因为这些边界点的灰度变化比较大，因而有较大的梯度值。而灰度变化比较平缓的区域，相应的梯度值也较小。

在实际应用中常常采用小型模板，然后利用卷积运算来近似梯度，G_x和G_y各自使用一个模板。对模板有一些基本要求：模板中心的系数为正，其余相邻系数为负，且所有的系数之和为零。人们已经提出了许多个大小相同、系数不同的模板，最简单的是上述的Roberts算子，其G_x和G_y模板如下式所示：

$$G_x = \begin{bmatrix} 1 & 0 \\ 0 & -1 \end{bmatrix}, \quad G_y = \begin{bmatrix} 0 & 1 \\ -1 & 0 \end{bmatrix} \quad \text{式}(4-25)$$

采用梯度进行图像增强的方法有很多。

第一种方法是使其输出图像$g(i,j)$的各点等于该点处的梯度。即

$$g(i,j) = \nabla f(i,j) \quad \text{式}(4-26)$$

这种方法的缺点是输出的图像仅显示灰度变化比较陡的边缘轮廓，而在灰度变化比较小的区域，$g(i,j)$很小，显示的则是一片黑色。

第二种方法是对梯度值超过某阈值T的像素选用梯度值，而小于该阈值T时选用原图像的像素点值，即

$$g(i,j) = \begin{cases} \nabla f(i,j) & \nabla f(i,j) \geq T \\ f(i,j) & 其他 \end{cases} \qquad 式(4-27)$$

适当的选取 T，可以有效地增强边界而不影响比较平滑的背景。

第三种方法是对梯度值超过某阈值 T 的像素选用固定灰度 LG 代替，而小于该阈值 T 时仍选用原图像的像素点值，即

$$g(i,j) = \begin{cases} L_C & \nabla f(i,j) \geq T \\ f(i,j) & 其他 \end{cases} \qquad 式(4-28)$$

这种方法可以使边界清晰，同时又不损害灰度变化比较平缓区域的图像特性。

第四种方法是将梯度值超过某阈值 T 的像素选用梯度值，而小于该阈值 T 时选用固定的灰度 L_B，即

$$g(i,j) = \begin{cases} \nabla f(i,j) & \nabla f(i,j) \geq T \\ L_B & 其他 \end{cases} \qquad 式(4-29)$$

这种方法将背景用一个固定的灰度级 L_B 来表示，便于研究边缘灰度的变化。

第五种方法是将梯度值超过某阈值 T 的像素选用固定灰度 L_C，而小于该阈值 T 时选用固定的灰度 L_B，即

$$g(i,j) = \begin{cases} L_C & \nabla f(i,j) \geq T \\ L_B & 其他 \end{cases} \qquad 式(4-30)$$

这种方法生成的是二值图，根据阈值将图像分成边缘和背景，便于研究边缘所在的位置。

2. 拉普拉斯算子（Laplacian）

除上述一阶微分外，还可以选用二阶微分算子，如拉普拉斯算子。一个连续的二元函数 f(x, y)，其拉普拉斯运算定义为

$$\nabla^2 f = \frac{\partial^2 f}{\partial x^2} + \frac{\partial^2 f}{\partial y^2} \qquad 式(4-31)$$

对于数字图像，拉普拉斯算子可以简化为

$$g(i,j) = 4f(i,j) - f(i+1,j) - f(i-1,j) - f(i,j+1) - f(i,j-1) \qquad 式(4-32)$$

也可以表示为卷积的形式，即

$$g(i,j) = \sum_{r=-k}^{k} \sum_{s=-l}^{l} f(i-r, j-s) H(r,s) \qquad 式(4-33)$$

式中，i, j = 0, 1, 2, …, N-1; k=1, l=1, H(r, s) 取下式

$$H_1 = \begin{bmatrix} 0 & -1 & 0 \\ -1 & 4 & -1 \\ 0 & -1 & 0 \end{bmatrix} \qquad 式(4-34)$$

在图像处理过程中，函数的拉普拉斯算子也是借助模板来实现的。常用的模板有

$$G_x = \begin{bmatrix} 0 & -1 & 0 \\ -1 & 4 & -1 \\ 0 & -1 & 0 \end{bmatrix}, \quad G_y = \begin{bmatrix} 0 & -1 & 0 \\ -1 & 5 & -1 \\ 0 & -1 & 0 \end{bmatrix} \qquad 式(4-35)$$

3. 高通滤波

在式（4-34）中，只要适当地选择滤波因子 H（r, s）（模板），就可以组成不同性质的高通滤波器，从而使图像达到期望中的增强效果。常用的高通模板有

$$H_2 = \begin{bmatrix} -1 & -1 & 1 \\ -1 & 8 & -1 \\ -1 & -1 & -1 \end{bmatrix}, H_3 = \begin{bmatrix} 1 & -2 & 1 \\ -2 & 4 & -2 \\ 1 & -2 & 1 \end{bmatrix}, H_4 = \begin{bmatrix} 0 & -1 & 0 \\ -1 & 5 & -1 \\ 0 & -1 & 0 \end{bmatrix} \quad \text{式（4-36）}$$

4. 其他锐化算子

（1）Sobel 算子

$$S_5 = (d_x^2 + d_y^2)^{\frac{1}{2}}$$
$$d_x = [f(i-1, j-1) + 2f(i-1, j) + f(i-1, j+1)] -$$
$$[f(i+1, j-1) + 2f(i+1, j) + f(i+1, j+1)] \quad \text{式（4-37）}$$
$$d_y = [f(i-1, j+1) + 2f(i, j+1) + f(i+1, j+1)] -$$
$$[f(i-1, j-1) + 2f(i, j-1) + f(i+1, j-1)]$$

用模板来表示如下：

$$d_x = \begin{bmatrix} 1 & 0 & -1 \\ 2 & 0 & -2 \\ 1 & 0 & -1 \end{bmatrix}, d_y = \begin{bmatrix} -1 & -2 & -1 \\ 0 & 0 & 0 \\ 1 & 2 & 1 \end{bmatrix} \quad \text{式（4-38）}$$

（2）Prewitt 算子

$$S_p = (d_x^2 + d_y^2)^{\frac{1}{2}} \quad \text{式（4-39）}$$

用模板表示 d_x, d_y 如下：

$$d_x = \begin{bmatrix} 1 & 0 & -1 \\ 1 & 0 & -1 \\ 1 & 0 & -1 \end{bmatrix}, d_y = \begin{bmatrix} -1 & -1 & -1 \\ 0 & 0 & 0 \\ 1 & 1 & 1 \end{bmatrix} \quad \text{式（4-40）}$$

（3）Isotropic 算子

$$S_I = (d_x^2 + d_y^2)^{\frac{1}{2}} \quad \text{式（4-41）}$$

用模板表示 d_x, d_y 如下：

$$d_x = \begin{bmatrix} 1 & 0 & -1 \\ \sqrt{2} & 0 & -\sqrt{2} \\ 1 & 0 & -1 \end{bmatrix}, d_y = \begin{bmatrix} -1 & -\sqrt{2} & -1 \\ 0 & 0 & 0 \\ 1 & \sqrt{2} & 1 \end{bmatrix} \quad \text{式（4-42）}$$

第四节　图像层次校正与控制

由于从原稿到印刷品要经历一系列工艺过程，其中会受到种种条件的限制和影响，同时还必须满足视觉对原稿层次的再现要求，因此必须进行层次校正。对图像的层次校正，实际是通过改变图像的灰度值实现的，要想获得理想的层次再现效果，就必须对影响图像层次再

现的因素作统一考虑，并通过层次再现曲线来作为控制的依据。

一、层次再现曲线

在对连续调图像的复制中，由于印刷复制条件的影响和限制或印刷复制的实际需要，复制品往往不能绝对再现原稿的图像层次，复制品对原稿层次的再现效果一般通过层次复制曲线来反映。

所谓层次复制曲线是指复制品对原稿的层次复制效果曲线，一般以横坐标表示原稿的阶调层次（密度大小），以纵坐标表示复制品的阶调层次（用密度或网点百分比表示），如图4-24所示，图中曲线A、B、C都表明复制品密度都随原稿密度的增加而线性增加，但曲线B说明复制品与原稿各阶调处密度都相等，即复制品对原稿进行了真实的再现，而曲线A说明复制品密度比原稿密度增加快，即复制品将原稿阶调拉开了，曲线C则说明复制品将原稿层次压缩了。图中曲线D则说明复制品对原稿不同的阶调部位层次再现效果不同：拉开了高调层次，压缩了暗调层次，而对中间调层次基本还原了。

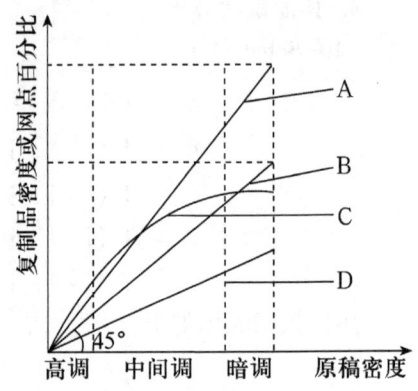

图4-24 层次复制曲线（一）

阶调层次复制曲线除了可以表示印刷复制品对原稿的层次再现效果外，还可用来表示图像复制的各中间环节的层次传递效果，如图4-25所示。

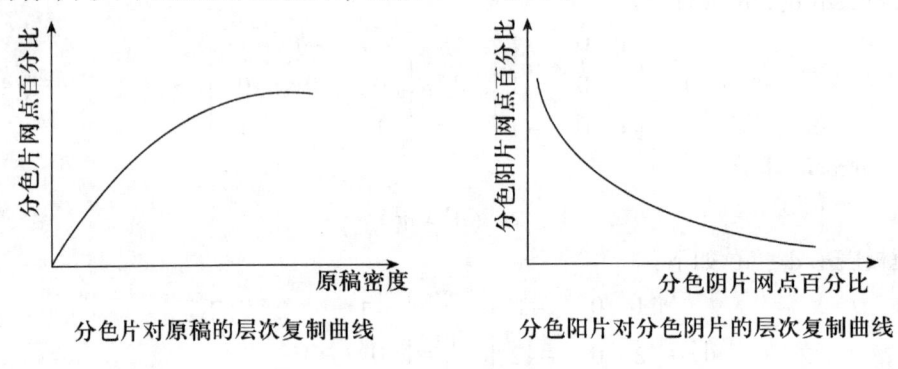

分色片对原稿的层次复制曲线　　　分色阳片对分色阴片的层次复制曲线

图4-25 层次再现曲线（二）

二、图像层次再现与调节规律

理论上讲，图像层次经复制后应得到线性的再现，但是，由于在彩色复制中会有很多因素影响层次的再现，当然有些因素是可以通过人为调节直接避免的，但有些因素的影响则是无法直接避免的。

1. 原稿密度范围的压缩

彩色复制中采用的原稿种类繁多，密度范围相差甚异，但其密度范围通常都大于印刷复制品的密度范围,如图 4-26 所示,因此,复制过程中必须对原稿的层次进行压缩以适合于印刷工艺的要求,但层次的压缩又必然会损失图像的部分层次。

2. 印刷工艺过程对层次再现的非线性影响

彩色复制中层次再现的非线性化几乎渗透于每一工序中,其主要体现为:

(1) 印前输出。印前输出时使用的感光片的特性曲线的非线性,曝光记录条件和显影条件的非线性变化和加网中的非线性变换特性等都会使输出分色片不能准确地线性再现原稿的阶调层次,如感光片对图像阶调层次的反映总是会压缩高调和暗调,而中间调则一般可得到较好的再现,如图 4-27 所示。

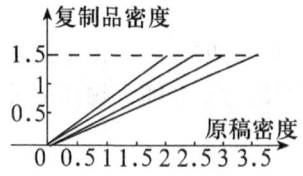

图 4-26 原稿密度范围的压缩

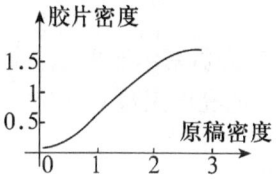

图 4-27 感光片特性曲线

(2) 晒版。晒版的版材类型与质量、曝光条件、显影条件等也都会对层次产生非线性的影响。

(3) 印刷。印刷压力、油墨特性、纸张特性、网点扩大等会对图像层次产生非线性影响,对灰平衡的控制也是一个非线性过程,如图 4-28 所示。

3. 人们对层次再现的主观要求

(1) 视觉响应的要求。人眼对图像阶调层次分辨的非线性,造成了网点百分比变化值同人眼视觉灵敏度之间的非线性变化。为适应人眼的这一视觉特性,对层次的校正

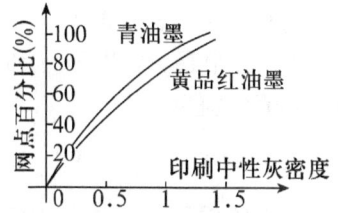

图 4-28 灰平衡的非线性控制

必须采用非线性的再现方法,否则难以满足视觉层次的理想再现。

(2) 艺术加工的需要。由于彩色复制原稿的特点和主题不同,复制处理时,为了弥补工艺本身的不足,保持和强调原稿的主体和艺术再现性,必然要强调图像的主体层次,而损失图像次要部分的层次,甚至还可能需要对图像层次作特殊的加工处理,以满足艺术再现的需要。

4. 孟塞尔明度压缩原理

在印刷复制中,由于印刷条件的限制,印刷品上所能达到的最大密度是有限的,而原稿密度范围则一般都超出了印刷所能再现的最大密度范围,即复制品的最大密度常常低于原稿最大密度。因此,需要在复制过程中对原稿密度范围进行压缩,使原稿上的整个阶调范围都能在复制品中表现出来。原稿密度范围压缩应根据视觉特性和图像特征进行。最有名的压缩方法为孟塞尔明度压缩方法。

从色度学中知道,孟塞尔颜色系统的建立完全基于视觉心理。在该系统中,明度 V 在 $0 \sim 10$ 范围内任一级的变化 ΔV 与视觉心理上的相应变化量基本相同。如果原稿的明度值范围需要压缩,经压缩后的印刷图像的明度值 V_p 应该与原稿的明度值 V_o 成线性关系,如图

4-29所示。其压缩方程为

$$V_p = V_{pmin} + \frac{V_{pmax} - V_{pmin}}{V_{omax} - V_{omin}} (V_o - V_{omin}) \quad 式（4-43）$$

但是图像的明度值与亮度值和密度值之间并非呈线性关系，而且我们在对图像进行处理时，通常是以图像的亮度（或密度）变化为依据的，因此应找出印刷品与原稿图像的明度呈线性关系时，两者的密度之间的关系。根据美国国家标准局的研究结果

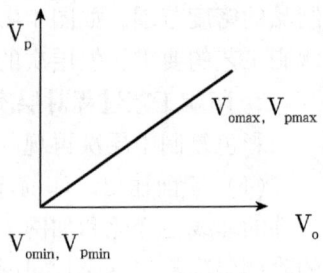

图4-29 明度值压缩

$$V = \sqrt{y}$$

式中：V 为孟塞尔明度值，y 为亮度因数即物体反射光的强弱。第十级孟塞尔明度值 $V = 10$，对应的亮度因数 $y_0 = 100$（为理想值）。对于亮度因数为 y 的任意物体的反射率为

$$R = \frac{y}{y_0} \times R_0$$

式中 $R_0 = 1$，$Y_0 = 100$，因此密度 D 为

$$D = \lg \frac{1}{R} = \lg \frac{100}{y}$$

所以 $y = 10^{-D+2}$

则有 $V = \sqrt{y} = 10^{-\frac{1}{2}D+1}$

因此原稿最大密度 D_{omax} 和印刷品上最大密度 D_{pmax} 以及它们的任意密度 D_o 和 D_p 所对应的明度值分别为

$$V_{omin} = 10^{\frac{D_{omax}}{2}+1} \qquad V_{pmin} = 10^{\frac{D_{pmax}}{2}+1}$$

$$V_o = 10^{\frac{D_o}{2}+1} \qquad V_p = 10^{\frac{D_p}{2}+1}$$

再根据式（4-43）得

$$D_p = 2\left\{1 - \lg\left[10^{\frac{D_{pmax}}{2}+1} + \frac{10 - 10^{\frac{D_{pmax}}{2}+1}}{10 - 10^{\frac{D_{omax}}{2}+1}} \left(10^{\frac{D_o}{2}+1} - 10^{\frac{D_{omax}}{2}+1}\right)\right]\right\} \quad 式（4-44）$$

根据式（4-44）即可将原稿密度范围按等明度视觉压缩在印刷品密度范围内，如图4-30所示。由此可知，我们在调整图像的阶调层次时，通常是较多地压缩图像的暗调，而中间调和高调压缩较少，有时甚至还需拉开高调层次。

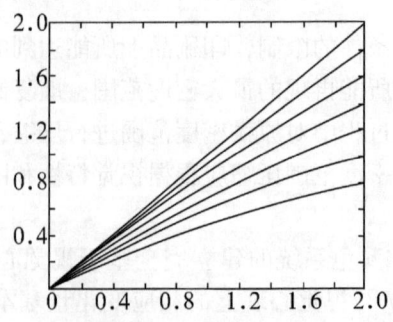

图4-30 孟塞尔压缩曲线

三、印前图像处理层次曲线设计

为达到上述的图像层次复制效果，在印前处理时，必须在综合考虑复制要求及图像层次在复制传递过程中的变化规律的基础上，对图像层次进行适当的调整后输出。印前处理应将图像层次调整到什么效果，通常通过逆推的方式获得印前处理的层次曲线，再以此为依据来调节图像层次。具体方法是从印刷复制的后工序开始往前工序推，如图4-31所示为用四象限表示图像层次复制传递过程：印前处理──→分色片输出──→晒版──→印刷。其中第一象限表示印前处理输出的层次曲线；第二象限为晒版的层次曲线；第三象限为印刷层次再现曲线；第四象限为图像最终复制层次曲线。晒版的层次曲线和印刷层次再现曲线直接取决于印刷复制工艺和条件，可以直接从实际中测试获得，图像最终复制层次曲线取决于我们的复制要求，因此我们可以利用这三条曲线推出印前处理输出的层次曲线。

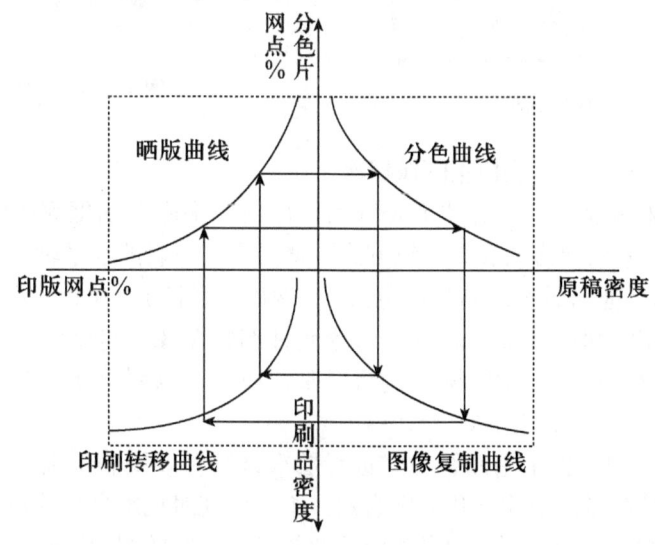

图4-31　印前处理输出的层次曲线推导示意图

四、图像层次校正方法

在图像处理软件中，常用的层次校正方法有以下三种：

1. 按"色阶"（Levels）法校正图像层次

按"色阶"法校正图像层次，主要是利用"色阶"命令对话框完成的。"色阶"命令是PhotoShop中一个重要的图像校正命令，可以设置图像高光、暗调和中间调的范围，在校正图像层次方面的作用非常大。如图4-32所示，"色阶"对话框以一个直方图图形的方式显示和调整图像的阶调，非常直观，直方图下方有三个三角滑块，分别用以改变高光、中间调和暗调的数值。色阶的调整方式分"输入色阶"和"输出色阶"两种，"输入色阶"可以提高画面的对比度，"输出色阶"则刚好相反，会降低图像的对比度。

图像常见的缺点是画面中缺乏最亮和最暗的像素，阶调范围不够宽。按照"输入"方式将两端的滑块移到"色阶"直方图第一组像素上，可以设置图像中的高光和暗调值的阶调值，扩大图像的阶调范围。调整中间"输入"滑块，则可以更改灰度级的分布。改善中间调范围的亮度值，而不会显著地影响高光和暗调部分的效果，使图像的层次更加丰富。

利用色阶可调节图像主通道和各分色通道的阶调层次。

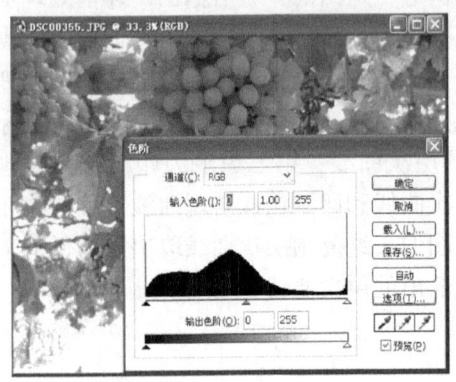 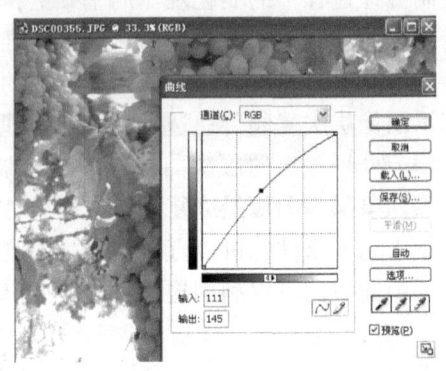

图4-32　色阶对话框　　　　　　　　图4-33　曲线对话框

2. 按"曲线"（Curves）法校正图像层次

按"曲线"法校正图像层次，主要是利用"曲线"命令对话框完成的，如图4-33所示，"曲线"对话框采用网格图表和曲线方式调整层次，图表的水平轴表示原来像素的阶调值（"输入"色阶），垂直轴表示新的颜色值（"输出"色阶）。在默认对角线上，所有像素的"输入"和"输出"值相等。"曲线"命令允许调整图像的整个色调层次范围，不是只使用三个变量（高光、暗调、中间调）进行调整，而是可以调整0~255范围内的任意点，同时最多保持15个控制点的值不变。

用"曲线"调整对话框采用曲线方式进行层次调整，效果非常细腻，没有突兀的峰值和直线的转角点，使阶调的层次变化非常自然，不会出现对比度失真的现象，且曲线方式的变化非常多，可根据图像的不同问题做相应的调整，比如有的图像整体偏亮或整体偏暗。还有的图像亮调偏暗而暗调偏亮，或者亮调偏亮而暗调偏暗，根据不同的问题可应用不同的曲线方式进行调整。RGB图像和CMYK图像也都可以在"曲线"对话框中校正细节层次，因此是使用最广泛的阶调层次校正工具。

3. 按"亮度/对比度"（Brightness/Contrast）法校正图像层次

亮度主要是改变图像整体的明暗层次，而对比度则主要改变图像色彩灰度的反差。Brightness/Contrast对话框如图4-34所示。对图像的亮度进行调节时，相应的图像数据将发生均匀线性的变化。当亮度输入值为负数时，则图像整体变暗，如同在整个图像上蒙上一层灰，当亮度输入值为正数时，则图像整体变亮，相当于将图像整体减薄了一层。用Contrast调节图像时，它以60%~70%之间某段或某个数为中心不

图4-34　亮度/对比度对话框

变,两边分别增大或减小。当对比度输入值为正值时,则图像亮调部分网点百分比减小,而暗调部分的网点百分比增加,使得图像的对比更加强烈。当对比度输入值为负值时,则图像亮调部分网点百分比增加,而暗调部分的网点百分比减小,使得图像的对比减弱。

第五节 图像颜色校正与控制

图像颜色的校正和控制是印前图像处理过程中最复杂和最难掌握的一个方面,一方面是因为图像颜色的变化及其在图像复制传递过程中所受到的影响是最复杂的,另一方面是因为人们对图像颜色变化是最敏感的,对颜色复制再现的要求也是最高的。因此对图像的印前处理最关键的是颜色的处理和控制。

一、颜色复制传递规律

颜色复制是指从原稿颜色演变为印刷品颜色的全过程。在这个全过程中,颜色复制质量不仅受原稿本身的影响,而且受到工艺技术、设备、原辅材料、条件转换、颜色评价标准等方面的影响。因此在图像复制过程中,颜色往往会发生变化,产生颜色偏差是不可避免的。

1. 分色过程的颜色传递

分色过程要涉及光、机、电、化学等多方面的问题。用电子分色机或彩色桌面制版系统分色,由于光源、滤色片、光电倍增管等的局限性,如果它们之间的光谱相互匹配不理想,分色时会产生色误差;分色过程中操作者对原稿的认识和调节掌握的局限性也会产生判断上的误差。当然,这其中有些因素是可以通过人为的方式来避免。但一些客观因素如分色滤色片的影响等,则是无法避免的。

理想分色滤色片的光谱性质应该是能透过其全部本色光,而全部吸收其他色光,如理想的红滤色片应该完全透过红色光,全部吸收绿色光和蓝紫色光,理想的绿滤色片应该完全透过绿色光,全部吸收红色光和蓝紫色光,理想蓝紫滤色片应该完全透过蓝紫光,全部吸收绿色光和红色光。

由于实际上不可能有理想的染料,因此实际滤色片与理想情况有较大差别,如图4-35所示为标号为红(47B)、绿(58)、蓝(25)三色滤色片的光谱曲线,由图可见,实际滤色片与理想滤色片的差别主要表现在两方面:其一是透过率差,例如绿滤色片的透过率曲线,它的最大透过率位于530nm,所有具有530nm波长的色光都能很好地透过该绿滤色片,而小于或大于该波长的色光透过率较差。这种透过率差,将使品红版上的绿色部位也有一定品红色量,即造成相反色过量。其二是滤色片的光谱透过区域相互搭接,例如,绿滤色片的透

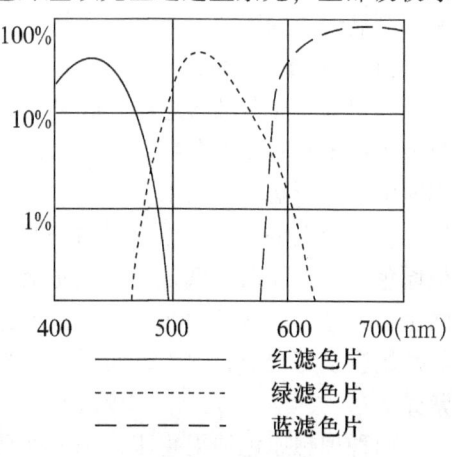

图4-35 实际滤色片的光谱曲线

过率曲线在蓝紫和红光区都有搭接，它对蓝紫光和红光都有不必要的透过率。同样，红滤色片除透过红色光外，还会透过部分蓝紫色光和绿色光，蓝紫滤色片除透过蓝色光外，还透过部分红色光和绿色光。

实际滤色片偏低的透射率和光谱透过域的相互搭接，会造成在分色时，滤色片会将该全部透过的本色光不能100%地透过，而将该吸收的相反色光又不能100%地吸收。例如红滤色片，由于它不能将原稿反射或透射的红色光100%地透过，会使分色后的青版上的红色部位也有一定量的青色色量（理想情况应为0）。而红滤色片因为在分色时透过了部分绿色光和蓝紫色光，又会使分色后的青分色片上基本色部位的色量减少。因此实际滤色片分色最终都会导致各分色片上基本色不足，相反色过量的色误差，如图4-36所示。

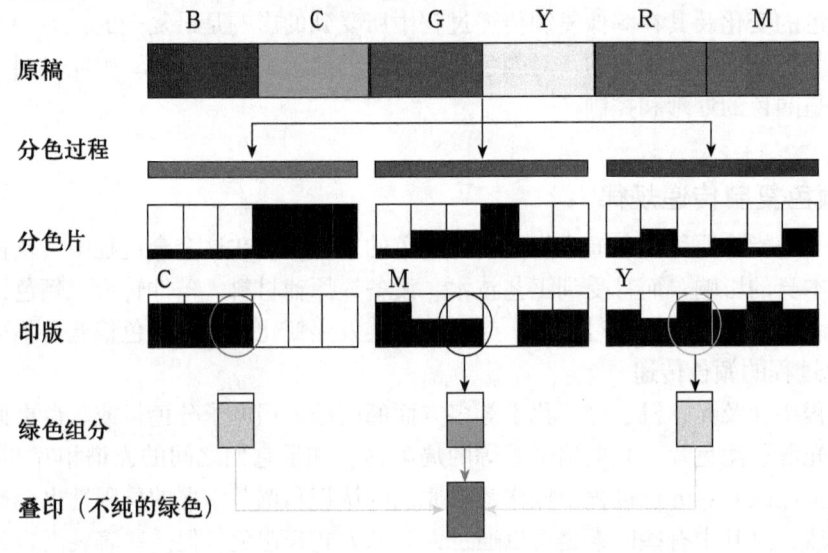

图4-36 分色误差

2. 印刷过程的颜色传递

印刷品的最终颜色是由油墨印在纸张上的网点面积率和色数的多少来表现的。印刷中影响印刷品颜色的因素主要有承印物、油墨、橡皮布、印版、印刷色序以及操作工艺等。

（1）油墨的呈色误差

理想的三原色油墨应该吸收可见光谱的三分之一，反射另外的三分之二，而实际上三原色油墨都不同程度地存在着带灰和色偏，光谱透射率与理想要求差得很多。纸张与油墨性能不匹配也会影响颜色效果。

从理论上讲，三原色印刷油墨的光谱性质应该完全与理想减色法三原色相同。每一种理想原色油墨印在白色纸张上应该完全吸收光谱区的三分之一（互补色光区），完全透射另外两个三分之二。这样印在白纸上的黄色油墨，应该完全吸收蓝紫色光，反射红光和绿光；品红油墨应该完全吸收绿光，而反射红光和蓝紫光；青油墨应完全吸收红光，而反射绿光和蓝紫光。

两种理想原色油墨叠印，每一种都应吸收与各自互补的三分之一光谱，而由这两种油墨透射另外三分之一后构成第一级混合的色相。例如，在理想青油墨上压印品红色，从光源发出的全光谱经过青色油墨时红色光被吸收，穿过品红油墨时绿光被吸收，只剩下蓝色光到达白纸表面，又从纸面反射穿过两层油墨，这样我们看到的是混合色蓝色，如图4-37所示。

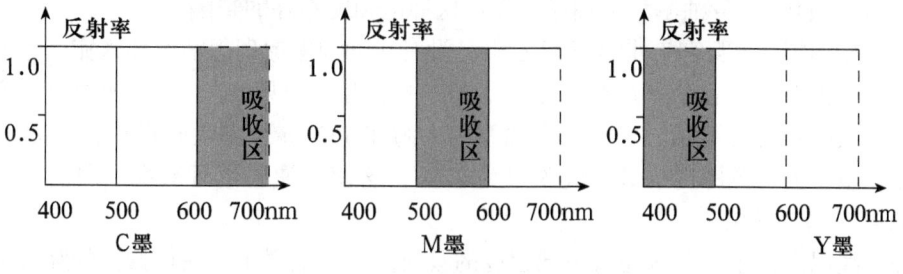

图4-37 理想油墨的吸收率

理想三原色油墨相互叠印应该吸收全部可见光谱，给视觉完全黑的感觉，如图4-38所示。

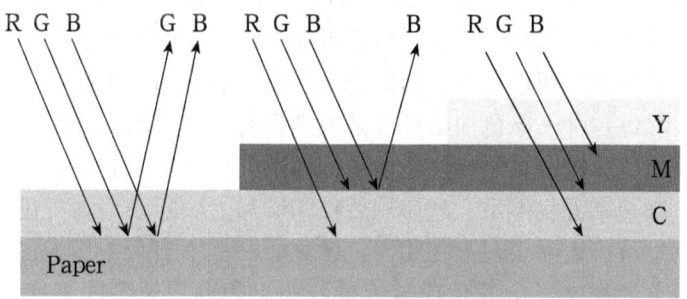

图4-38 理想油墨的混合

如上所述的理想油墨几乎不可能得到。每一种原色油墨不仅在应该完全吸收的光谱区内吸收不够，而且在不应有吸收的光谱区内也存在不等量的吸收，如图4-39所示。

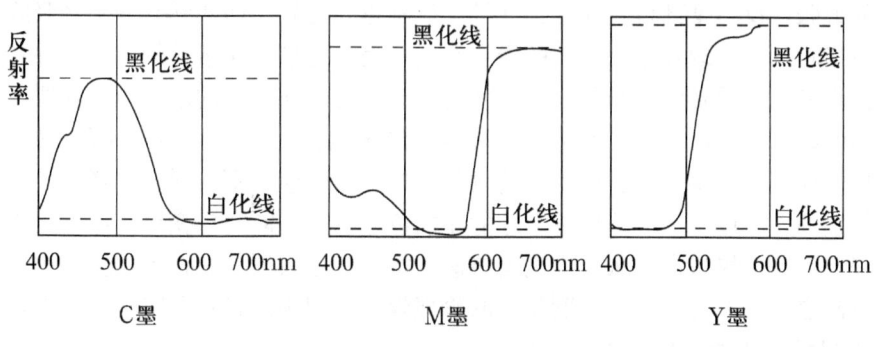

图4-39 实际油墨的吸收率

如果我们把理想油墨的吸收曲线与实际油墨的吸收曲线比较，三原色油墨都没有完全吸收它应该吸收的光谱区。因为这种应该吸收的光谱区表现着减色法原色的性质，所以可称之为"主吸收区"，因此实际油墨的主吸收不足，例如品红油墨应该像理想油墨那样百分之百地吸收绿色光谱区，而实际上，它只吸收了绿光区的78%，其余的22%与反射的蓝紫光区和红光区的相同量相加混合为白光，这样使得品红原色油墨饱和度不够，好像用白色冲淡了一样，称为"白化"。青油墨和黄油墨也存在这种饱和度不够的缺陷。

从三原色油墨的实际吸收曲线还可看出，没有一种油墨像理想情况那样完全透射它的两个相加混合的光谱区，总存在着不必要的吸收，称之为"副吸收"。每一种油墨在两个副吸收光谱区的吸收强度也不相同。例如青油墨，大约在463nm处副吸收最小，约为22%。亦即青油墨在整个光谱范围内的最小吸收率为22%，这使得油墨带有灰度，即油墨中好像掺杂了黑油墨，称"黑化"。

在黑化线以上两个反射区还有不同程度的吸收。如青油墨中，在蓝紫区的吸收呈现出黄色油墨的性质，在绿光区的吸收呈现出品红油墨的性质。所以青油墨中好像混有黄油墨和品红油墨。同样在黄色和品红色油墨中也存在这样的副吸收。

我们把用互补色滤色片测出的油墨密度值称为主密度，把用另外两个滤色片测出的密度值称为该油墨的副密度。从以上分析可知，实际油墨都具有主吸收不足，副吸收过量的缺陷。主吸收不足反映该油墨饱和度不够，因此也反映它的主密度不够。副吸收过量，反映出该油墨成分不纯，掺有另外两色油墨，因此也反映出它的副密度过高。

综上所述，实际每一种三原色油墨都或多或少含有一定量的白油墨和黑油墨和另外两种原色油墨成分。因为主吸收不足造成原色油墨饱和度降低，所以它不能通过副吸收造成的黑化和色偏来补偿。这种主吸收不足，经印刷后在印刷品上实际表现为各色版的基本色色量印刷不够，而副吸收过量，实际表现为在相反色区域印刷上了多余的基本色色量，例如，对黄色版而言，由于黄色油墨本身含黄色成分偏低，所以印刷后，会使图像黄色区域的色量不够，而黄色油墨中的品红色和青色成分，则会使印刷图像黄色区域存在多余的品红色和青色，所以实际三原色油墨对彩色图像的再现所表现出来的呈色误差与分色误差是一致的，即基本色不足，相反色过量。

（2）纸张、印刷条件等引起的色误差

理想的纸张应反射全部可见光谱，并且反射率越大越好，而实际有的纸张吸收了不该吸收的光，而影响颜色再现效果。理想的橡皮布应能完全地接收印版上的油墨，并在正常压力的作用下，将其忠实地转印到纸张上去，使网点变化控制在允许的范围内，而实际总不尽如人意。理想的印版质量应该是图文部分具有良好的亲油性，非图文部分具有良好的亲水性，在印刷过程中保持油水平衡，否则将影响颜色效果。印刷色序不一样，同样条件下所再现的颜色是有差别的，所以，一旦确定下合理的印刷色序，就不能随意变更。此外，工艺操作也要规范合理，保证油墨量向纸张上准确地传递，将网点增大值控制在允许范围内，并确保套印准确。总而言之，图像颜色在印刷品上的再现效果与印刷的材料及工艺条件密切相关。

3. 图像转换过程的颜色传递

图像的复制要经过多次工艺转换和图像传递，在这些转换与传递过程中，有很多因素都会影响到图像颜色再现的准确性，如各设备及原材料的性能及匹配，颜色的分解与合成，连续调与网目调对图像颜色的再现方式，网点的叠合与并列，图像层次的调整，网点的扩大或缩小等，此外，印刷品与原稿的呈色机理不同，也是导致印刷品对原稿颜色再现出现差异的主要原因之一，如照相原稿是通过染料混合呈色的，而印刷品是通过油墨网点呈色的，数字原稿一般以 RGB 色彩模式表现颜色，而印刷品是以 CMYK 模式表现颜色的。

二、颜色校正基本方法

图像色彩校正可以调整图像的色彩平衡，纠正色彩偏差或校正过饱和或欠饱和的颜色。色彩校正要以符合人的视觉要求为原则，综合考虑固有色、环境色、记忆色等因素，尽可能保留图像中正确的色彩细节不受干扰。

1. 常规色彩校正方式

在印前图像处理过程中，常用的色彩校正工具有以下几种，其中"色阶"命令和"曲线"命令由于可以用于调节图像的各单色通道的阶调，因此也可以用于调节图像的颜色。

（1）"色阶"命令

4.4.4 节所介绍的"色阶"对话框，如图 4-32 所示，也允许通过设置单个颜色通道的像素分布来调整色彩平衡，并且还可以区分亮、中、暗调分别进行调整，所以是常用的色彩校正方式之一。色彩调整有两种，一是忠实复制的校正方式，即校正白色为白色、灰色为灰色的校正方式，以这种方式进行色彩校正时，要选择画面上应该呈现中性灰部位的色彩，观察其色彩偏差的起因，然后在"色阶"对话框中选择出现偏差的单个或多个通道，进行相应的色彩减少或补偿，以达到正确传达色彩信息的目的，这也是印刷校正的常用方式。还有一种方式是带有创意设计性质的校正方式，可以根据设计者的个人意愿，进行大幅度的色彩改变。

（2）"曲线"命令

"曲线"对话框也允许以单通道调整的方式校正图像的色彩偏差，其原理与"色阶"方式一致。但以"曲线"方式校正色彩时，调整的是 0~255 阶调范围内的任意点，所以效果变化非常细腻。同时，在曲线上还可以添加多个控制点，进行参数的锁定，这样就可以保证在进行大范围的色彩校正时，使锁定的点不被改变，例如，如果要校正中间调部分存在的色偏，同时尽量减少对高光和暗调的影响，则可在曲线上的四分之一处和四分之三处添加控制点，如图 4-40 所示。

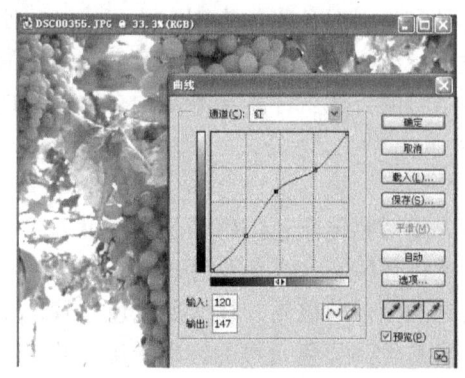

图 4-40　调整图像部分区域的色偏

图 4-41　可选颜色调整命令

（3）"可选颜色"命令

"可选颜色"是一种高级色彩校正方法，如图 4-41 所示，它调整单个颜色成分中印刷色的数量。"可选颜色校正"原本是高端扫描仪和分色程序中使用的一项技术,可以在图像的某个原色中增加或减少印刷色的量,而不会影响其他原色。例如,使用"可选颜色"校正,可以显著减少图像中红色图案中的青色,同时保留蓝色图案中的青色不变。它既可以校正 CMYK 颜色图像,也可以校正 RGB 图像。

2. 特殊形式的色彩调整

前面介绍的各种校色命令在对图像进行色彩校正时,参数通常都只能进行很小幅度的调整,以免会发生二次色偏。如果根据设计和创意的需要,要对当前图像进行较大幅度的调整,使它直接改变原来的样貌,变成一幅外观彻底不同的图像,则可以将以上命令的参数进行大幅度的改变,通常会出现意想不到的特殊的效果。还可以使用"色彩平衡"、"可选颜色"、"色相/饱和度"等命令,对当前颜色进行较大幅度的改变,实现富有创意的颜色调整,这是用其他颜色调整工具不易实现的。在 PhotoShop 中还有一类色彩调

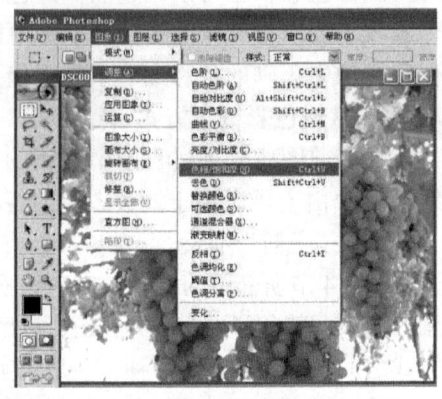

图 4-42　特殊形式颜色调整命令

整命令可以对图像进行特殊的调整,使画面产生翻天覆地的变化,比如"去色"、"反相"、"色调均化"、"阈值"以及"色调分离"等命令,如图 4-42 所示,可以大范围的更改图像中的颜色或亮度值,甚至可以将黑白倒转,它们通常用于增强颜色和产生特殊效果,而不用于校正颜色。

三、色彩管理与控制

在实际印刷和图像处理过程中,经常会出现在屏幕上看来漂亮的色彩,在印刷后却晦暗浑浊,或者黯然失色,与屏幕所见到的却是两回事,一幅图像用彩色打印机打印时颜色令人满意,而印刷时则颜色灰暗,或者同样的数据在不同的设备上得不到同样的颜色。之所以会出现这些问题,其原因是因为印刷所用的各种设备和材料对色彩的表现方式不一样,所再现的颜色千差万别,从而造成了彩色复制的不一致性。解决色彩的这种不一致性的问题的方法是色彩管理,所谓色彩管理,是指运用软、硬件结合的方法,在生产系统中自动统一地管理和调整颜色,以保证在整个过程中颜色的一致性。

1. 色彩管理过程

色彩管理的目的是要实现所见即所得。因为人眼对物体颜色的感受,受环境因素的影响很大,因此实施色彩管理之前,必须建立稳定的颜色环境,使在色彩管理全过程中,对同一颜色,人眼在原稿上、屏幕上和印刷品上所观察到的颜色效果是一样,所以色彩管理要使用标准的光源,一般采用色温为 5000K 或 6500K、具有较高显色指数的标准光源,此外,还应注意环境条件的影响,不同的颜色的背景及环境对人眼的颜色判断的准确性影响也很大。

进行色彩管理需要顺序地经过三个步骤,这三个步骤简称为"3C",即"Calibration"(设备校正)、"Characterisation"(设备特征化))及"Conversion"(转换色彩空间)。

(1) 设备校正(Calibration)

图像复制过程中,所有仪器必须校准后才可使用,为确保设备表现正常,色彩管理的第

一步就是设备校正，设备校正是指通过对印刷复制系统的所有设备进行调校，使之达到标准的显色效果。设备校正包括两方面的内容，即调校各单台设备，使其达到标准的颜色表达效果，以及通过综合调校，使各设备之间的显色效果达到一致。

（2）设备色彩特征化（Characterisation）

色彩特性是指每个图像输入或图像输出设备，甚至彩色显色材料，所具有的色彩范围或色彩表现能力。所以设备色彩特征化的目的是确立图像设备或显色材料的色彩表现范围，并以数学方式记录其特性，以便进行色彩转换之用。也就是说设备色彩特征化就是要创建设备色彩特性文件。设备特性文件的创建通过分光光度计对所选的一组标准色块进行物理测量，以及相应的软件的计算而产生。这些色块通过测量被创建成一个电子文件，然后通过专用软件计算一个将设备色度值（如 RGB 或 CMYK）转换成 CIELab 色彩空间值的数学描述。正确制作设备特性文件的过程就是精确地将所有的 RGB 或 CMYK 色彩值转换成 CIELab 色彩值的基础。

（3）色彩转换（Conversion）

色彩转换是指设备与设备或设备与显色材料或显色材料与显色材料之间的颜色空间的转换。因为每个设备或显色材料的色彩范围都各有不同，例如彩色显示屏是 RGB 色彩，而常规四色印刷是 CMYK 色彩；而且不同牌子（甚至相同牌子）的彩色显示屏的色彩范围未必一样，同样地不同制造商的四色油墨的色彩范围亦可能不相同。所以色彩管理中的色彩转换就是将一种设备所表示的颜色转换到用另一种设备表示，但不是提供百分百相同的色彩，而是发挥设备或显色材料所能提供最理想的色彩，同时也预测实际复制再现的结果。

2. 色彩管理方法

（1）输入设备的校正与特征化

扫描仪和数码相机是图像输入的主要设备，对它们的校正就是对其亮度、对比度、黑白场（RGB 三原色的平衡）进行校正，使扫描仪在不同时间扫描同一幅原稿都能获得相同的图像数据，或者数码相机多次拍摄同一景物能获得相同的图像数据。

扫描仪和数码相机对原稿颜色的再现都采用 RGB 加色法，并且在扫描或成像过程中都要通过分光分色和光电转换来记录颜色信息。扫描仪能否逼真地再现图像中的颜色层次是印刷能否成功的关键所在。大多数扫描仪在出厂时已校正好，但由于制造条件的差别，光源色温的变化，新旧程度等都会影响扫描仪的指标。因此，对扫描仪进行校正与特征化处理是非常重要的。扫描仪需校正的变量主要包括亮度、对比度、伽马值（Gamma）、白平衡。重点是白平衡的校正，使扫描图像中性灰区域获得 RGB 三通道信号一致，保证输入系统颜色正确。现在许多扫描仪有自校功能或自带校正软件，可以直接进行白平衡处理，也可以通过扫描灰梯尺在彩色显示器上观察灰梯尺上每一级的 RGB 数值并调整到接近或一致的效果。由于扫描仪的灵敏度和光源色温随着时间推移等因素的变化会有所降低，因此在工作一段时间后，应做一次特征化，重新建立新的特性文件，从而保证扫描色彩的正确性。

对扫描仪校正与特征化的方法是：在测试状态下，首先扫描输入符合 ISO IT8 规范的透射（IT8.7/1）或反射（IT8.7/2）色标，随着色标附有一张含有色块颜色测量值文件的软盘，文件以文本格式存储，称为"IT8 数据参考文件"。然后，使用相应的软件分辨扫描仪的彩色复制过程所使用的相关色彩空间，软件将扫描得到的图像与色标的原始数据进行分析比较后，分析出其彩色空间与标准彩色空间（通常为 CIELab）的对应关系。最后将此信息储存于电子文件中，生成"扫描仪色彩特性文件"。

（2）显示器的校正与特征化

印前处理工艺中都把显示器作为预打样手段，依靠屏幕色来调整图像色彩。因此，色彩管理系统的关键之一是使显示器的显示效果与输出打样或印刷效果相接近。但由于显示器是以 RGB 加色原理进行工作的，与输出打样或印刷品色料的呈色特性不同，使得显示颜色很难与打样或印刷油墨颜色很好地匹配。因而在实际生产中显示器的颜色显示经常误导操作者，造成工作中的许多不便。同时，显示器的电子枪是有一定的使用寿命的，红绿蓝三色光的不同组合会改变显示的颜色效果。因此，应尽量仔细地把显示器的颜色调校到与打样或印刷的颜色相接近。

显示器有多种调节方式，可通过调节亮度、对比度与色彩平衡，或者人为的设置 Gamma 值，来达到校正显示器的目的。对于显示器白平衡的确定通常可以利用显示器的白色区域的色温，或者是白色区域的三刺激坐标来表示。色温可以反映屏幕上的白色区域的颜色平衡，色温低则屏幕颜色偏黄，色温高则偏蓝色。为了使操作者在屏幕上看到图像的颜色与输出在纸张上的图像颜色尽可能一致，CIE 推荐使用标准照明体 D65 的色温值，即要求显示器的色温为 5000~6500K，Mac 机通常默认为 6500K。Gamma 值是表示显示器输入和输出之间的指数关系的数值，该值影响到图像高光与暗调的分布情况，Gamma 值越小，图像亮调的等级差拉得越大，对表现亮调颜色越有利；Gamma 值越大，图像暗调的等级差拉得越大，对表现暗调颜色越有利，因此 Gamma 值的选取应使整个亮度等级变化均匀。

对显示器的校准可采用多种方法进行，主要有软件校准，色标校准、屏幕校准仪校准等。

①Adobe Gamma 校准软件

Adobe Gamma 和 Mac 系统校准工具相似，Gamma 软件随 PC 版或 Mac 版 PhotoShop 附送。

a. 选择显示器特性——进入 Gamma 界面，即可选择调整显示器特性。

b. 调节显示器亮度及对比度——调控亮度按键，令正方格中心接近黑色（但不是全黑），留意四周白边应保持高度白色。

c. 确定显示器荧光剂——根据显示器供应商选择适当的荧光剂型号（如自己重新建立 RGB 数值，便需要硬件工具测量）。

d. 选择理想的 Gamma 值——依据显示器供应商选择 Gamma 值（如 Mac 机显示器为 1.8），然后用滑鼠推动三角按钮，直至正方格中心灰格和外围灰度一致。

e. 选择显示器白色——系统中最高数值（即 255）之红、绿、蓝光混合就会产生白色，而最低值混合就等于黑色。常用的四个代表白色的色温有 5000K（印刷标准）、6500K（欧洲标准，也是 Windows 系统标准）、7500K 及 9300K。

f. 选择工作环境的白色——印刷和出版业都会在 5000K 色温下工作，此时可选择与显示器不同的色温，那么，系统会重新调节（有些显示器不允许用户更改白点）。

g. 比较调节前后的色彩——用户成功校准显示器后，可比较校准前后的差别。

h. 储存显示器特征描述文件——最后，用户将此设定的显示器特征描述文件存储在系统内，苹果用户必须储存在 ColorSync Profiles 文件夹内，而 Windows 用户则应储存在 Color 文件夹内。

②采用 ISO IT8 色标调校屏幕色

采用 ISO IT8 色标调校屏幕色来模拟打样或印刷效果，如果使用 IT8 反射色标一定要质量好，不能放置太长时间，因为它是感光相纸制作的，容易退色。

用 IT8 色标，经输出胶片，打出标准彩色样张。用打出的 IT8 色标样张对照屏幕内的 IT8 色标进行调校，在打出的 IT8 色标样张中的 C、M、Y、MY、CY、CM、CMY 7 种色相的中间挖个小白孔，把每一色块分别贴在屏幕上与之相对应的色块上，然后用 PhotoShop 软件的 Color Picker 对话框中的色彩轴分别调校色样，用拖动渐变色选择图中的小圆圈，分别调校色相的饱和度和亮度，使之达到与样张中的 7 种色彩相接近的程度。

采用 ISO IT8 色标，也可以通过软件和分光光度计来校准。软件先将 IT8 色标中的 928 个色传递给屏幕，分光光度计再将测得的数据返回给计算机，软件以此为依据进行校准，建立一个标准的色彩特征文件，ColorSync 通过特征文件来驱动显示器。有了这个特征文件，就可以知道显示器的色彩空间 RGB 与 CIE Lab 标准色彩空间之间的转换关系。

③通过屏幕校准仪校准

采用屏幕校准仪校准显示器时，先检查显示器是否已经校准，如果已经校准，就可以看到白点和 Gamma。校准之前，要关闭其他校准软件，在选定某一白点和 Gamma 值后，按下校准器按钮，就会弹出另一个框口，检查校准器的选择，同时还有两个灰色刻度表，可以调整显示器，以达到最佳对比度和亮度。

程序要求校准设备联结到显示器上，可以根据提示逐步进行。该软件可以检测白点、Gamma 值以及显示器的荧光材料，然后建立一个 ICC（信息管理中心）显示器描述文件，该文件命名并保存在 ColorSync 的文件夹里，这是显示器控制台自动选择的。到此为止，显示器校准过程完成。如果用户要调用不同的白点和 Gamma 的话，重复上述操作进行重新设置即可，同时 ICC 描述文件将会以适当的名字保存操作。

屏幕校准仪使用较多的是 X—Rite 公司的产品，支持 X—Rite Monitor Optimizer 的软件是 Colorshop，它包括一系列可执行色彩管理任务的应用程序。这些任务包括：把色彩转换到不同的色彩域、色彩比较（视觉方面和数值方面）、配置 Pantone 适用的色彩、建议补充色彩、产生另外两种色彩、不同照明条件下的色彩预览以及检验选定色彩的色谱曲线等。

(3) 印刷打样设备的校正与特征化

在印刷与打样校正时，首先必须使该设备所使用的材料，例如纸张、油墨等符合标准。其次，为了检测印刷机上彩色复制的质量好坏，采用标准色彩控制条，在测量条件一致或在固定的误差情况下，控制条作为色彩发生变化的指示器。操作人员根据控制条上的消息调节墨辊的供墨量。

打印机对色彩的表现方式与在数码相机或扫描仪上的表现方式截然不同，它是一种减色法，三原色为 C、M、Y，由墨粉和墨滴来表现。而且为了更好地表现深暗调并节约打印成本，一般还会用到黑墨。所以对数字打样机加以控制及标准化、建立其特征描述文件，也是分色工艺中的关键之一。

建立打印机的特征文件的方法是：

①保证打印机处在最佳工作状态，包括确定所用的打印纸张等。

②用打印机打出一份标准色标（如 ISO IT8.7.3）的样张，进行自动校色。IT8.7.3 有用于检测油墨叠印效果的油墨总量最大的叠印区，有检测实地密度的 Y、M、C、CMY 的叠印区等，内容齐全。当然，各种软件也可根据各自需要使用不同的格式文件。

③用色度计或分光光度计测量色标上色块的色度值。

④将测得的数据输入到打印机特征文件生成软件中，特征文件生成软件比较分析原色标 CMYK 数据和输出色块的色度数据后，生成打印机的特征文件。

（4）色彩转换

色彩转换是以与设备独立的色彩空间为桥梁，将彩色图像数据在不同设备之间进行转换。色彩转换必须使显示器与彩色打样机或者数字印刷机所输出的色彩尽可能接近扫描原稿，但是由于输出设备的色域一般比原稿、扫描仪、显示器小，因此在色彩转换的时候必须进行压缩。

在采用 PhotoShop 进行色彩转换之前必须采用 PhotoShop 的 CMYK Working Space 设置一些分色参数，如图 4-43 所示，才能使色彩转换后，得到的图像的 C、M、Y、K 四色数据满足印刷的要求。

① 印刷油墨色彩设定（Ink Colors）

在油墨色彩类型设置下拉式菜单中，有许多油墨类型选项，它包括选择印刷时所用油墨的种类，以及选择印刷用纸的类型两方面的含义，即印刷油墨设置对话框提供了印刷用的油墨和纸张的信息。分色前，Photo-Shop 调用这两者的信息，建立分色参数表，再进行色彩转换，以便补偿印刷材料对色彩的影响。

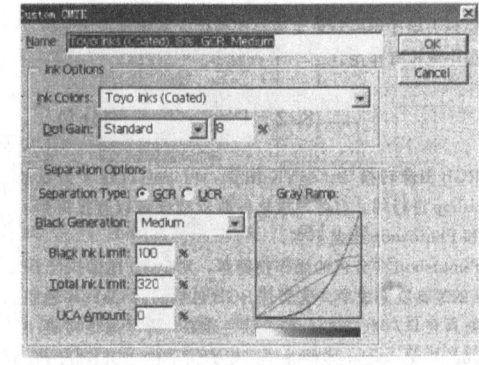

图 4-43 PhotoShop 的 CMYK Working Space 设置

用户在这项菜单中选择、调整其设置，最终目的就是要使 CMYK 彩色模式最能接近用户的特定的印刷环境。改变该设置，会影响到 CMYK 图像显示，而不影响图像数据，但对 RGB 图像没有影响。因此，Ink Colors 选项其实就是要选择印刷时所用油墨在承印物上呈现的色彩。选择不同，分色的结果也会有所不同，即若选择的油墨与所用油墨相近，才能保证印刷时色彩能准确还原。另外，由于同一油墨在不同纸上印刷色彩还会有差别，故选择跟印刷时相同的纸张上的油墨色，才能保证有正确的分色结果。

因为 PhotoShop 的 Ink color 菜单中，只收集了世界上几家著名油墨厂家的油墨数据，对没有的油墨种类，可以通过测定油墨的色彩数据，再输入到 Ink Colors 中，或者在 Ink Colors 库中选择与自己的油墨相似的一种油墨色来替代。通常情况下，日本产油墨可以选择 Toyo 油墨代替，而国产四色油墨可以用 SWOP 油墨代替。

如所使用的油墨与选项中设定的墨色标准偏离太远，就必须制定自己的墨色标准。PhotoShop 中的 Custom（自定义）选项是用来制作自己的墨色标准，此选项包含了 9 个定标色块：黄、品红、青、红、绿、蓝、合成黑、白、黑（Y、M、C、MY（R）、CY（G）、CM

(B)、K（CMY）、W、K），前6种色彩的影响最大，它们分别代表了CMYK色空间的6个角。自定义专用墨色的基本方法是：将所用油墨在自己的印刷系统上印刷出定标的9个实地色块，使用色度计分别测出各个色块的三刺激值XYZ，然后使用公式 $x = X/(X+Y+Z)$ 和 $y = Y/(X+Y+Z)$ 分别计算出色度坐标 x 和 y。然后将所测算到的 Yxy 填入各个色块的色度坐标并加以命名和存储，这样就完成了对一个特定墨色的制作。另外，也可以用对话框最下方的设置按钮选择 L′a′b′色度空间作为各测试色块的色度值。Yxy 和 L′a′b′是绝对色度空间的两种表达形式，两个空间之间可以相互转换。

②网点增益设定（Dot Gain）

印刷过程中由于多方面的因素的影响，如印刷压力、油墨在承印物上的渗透扩散所引起的网点增大的现象是不可避免的，网点扩大值的大小受印刷压力、承印物、油墨黏度等因素的影响。通常，印刷压力越大，网点扩大越大；承印物吸收性越强，网点扩大值越大，具体地，新闻纸、胶版纸、铜版纸的网点扩大值中，新闻纸最大，铜版纸最小；图像各阶调处网点扩大量不一样，中间调网点扩大较多，而高调和暗调网点扩大较少。分色表中设置 Dot Gain 是为了对印刷中的网点扩大现象进行预先补偿，使网点经印刷扩大后得到所希望的大小。

在 PhotoShop 中，对网点扩大值的设定有两种方法。其一是设置网点扩大的最大值，PhotoShop 就会据此值对各阶调的网点进行补偿。即在 Dot Gain 处输入 50% 网点阶调处的网点扩大值，PhotoShop 根据这个数值将生成一个自动补偿函数，对各阶调的网点进行补偿。其二是按曲线设定，测出实际印刷条件下的各阶调网点扩大值，并生成曲线，按曲线对网点扩大进行补偿，这种补偿会更准确些。采用 PhotoShop 中的 Curves 曲线工具，该模式下的设置可以用全部相同（复合通道）和 CMYK 四色通道两种方式设定网点扩大，它可对多个层次设定相应的网点扩大值，其精度比仅设置 50% 阶调处网点扩大值的设置模式高。在"全部相同"（复合通道）工作方式时，CMYK 各个通道的扩大率被强行取值一致，将网点扩大设置从 50% 一个点扩展到整个灰梯范围上。这种设置需要用到灰梯尺，并用密度计测出灰梯尺上各级灰色梯度扩大后的网点数值，分别填入表格中。如果使用 4 种色彩通道设定各自的网点扩大值（不选"全部相同"方式），它不仅能给出各色油墨的网点扩大参数，还能够对油墨的灰平衡进行补偿，这种网点扩大值的获得，必须逐个测试所有的 CMYK 四色梯尺，并和灰梯尺一样进行测量和填表工作。

实际工作中要测定网点扩大值还是较困难的，通常建议用 PhotoShop 的 Dot Gain 缺省设置较好。如铜版纸上印刷时缺省值为 17% 左右，胶版纸印刷时缺省值为 22% 左右，新闻纸印刷时缺省值为 30% 左右。

③分色类型设定（Separation Options）

软件分色中的分色类型设定，实质是黑版类型的选择。主要分为两种类型：GCR 和 UCR，即在生成黑版时是按灰成分替代工艺，还是按底色去除工艺。

UCR 是将图像中性灰部分所含有的 CMY 色彩成分部分用黑色来替代，保留图像中彩色部分的彩色成分不变。这样暗调部分的 CMY 色彩成分大部分由黑墨来替代，而其余部分保留原有的 CMY 色彩成分。UCR 的作用对象主要是针对图像中黑色较深的复色，且作用范围较小。这种方式适用于以彩色为主、灰成分较少的图像，如室外的风光类摄影原稿，这些原稿大都具有高反差、色彩鲜艳、饱和度高的特点，因此黑色成分只占很小一部分，黑版在图中只起轮廓作用，用于强调暗部层次和增加暗调密度。

GCR 是用黑色替代彩色成分中所有的灰色成分，图像中无论彩色还是中性灰色，只要含有符合灰平衡比例关系的所有 CMY 色彩成分，都由黑色来替代。GCR 的作用范围较广，一般从灰梯级为 20% 的范围就可开始产生作用，GCR 改变了原图彩色结构的成分，因此，对 GCR 的程度和范围必须按照印刷适性的要求进行严格的控制。这种方式适于分色图像中灰成分较多的原稿，如机械类图像及国画等。采用 GCR 易于保持灰平衡，减少印刷时的油墨叠印总量，使油墨干燥更快，提高印速。

如果分色设置的其他参数基本上是正确的话，不同的分色类型不会对分色图像印刷的质量产生影响。即虽然组成图像色彩的网点百分比不同，但在色彩还原结果上仍然是一致的，不会有明显的区别。

④黑版阶调设定（Black Generation）

黑版阶调设定实际是选择黑版阶调的长短，有 None，Light，Medium，Heavy，Maximum 多种选择及自定义选项。黑色生成函数控制着黑版生成的起点和黑版曲线的形状，用户可以从曲线上更直观地了解灰色替代的程度。如图 4-44 所示，不同的选项所产生的黑版阶调是不一样的。

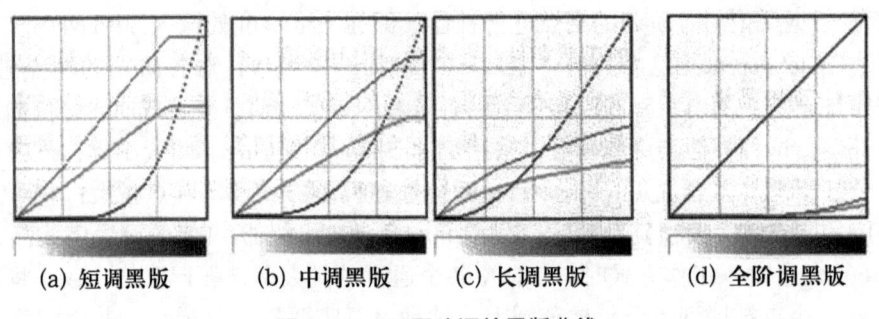

(a) 短调黑版　　(b) 中调黑版　　(c) 长调黑版　　(d) 全阶调黑版

图 4-44　不同阶调的黑版曲线

Light 黑版起点在 40% 处，黑版较陡，彩墨相对较多，称为短调黑版，适合复制以彩色为主的原稿，主要起加强画面反差、加强中调至暗调的层次、稳定色彩和减少叠印率的作用，只在中暗调部分作些轮廓衬托，适合于彩色成分较多、层次丰富、色彩艳丽、饱和度高且灰色阶调短的图像，如人物风景类原稿。

Medium 黑版起点在 20%，为中调黑版，是一般正常使用的黑版，适合于以彩色画面为主，但同时兼有灰层次的明暗变化，复制时既要考虑色彩的还原，又要兼顾灰层次的再现的图像。

Heavy 黑版起点在 10% 处，为长调黑版，适合复制以非彩色为主、彩色为辅的原稿，这种黑版有较多的灰成分替代，以黑墨为主，彩色调子很短。

Maximum 为全调黑版，以中灰为主体的图像使用 Maximum 黑版，有助于灰平衡的实现。

自定义（Custom）黑版生成，是使用 Gamma 曲线设置坐标图，其中黑色生成量为纵坐标，原始阶调为横坐标，一般以青为代表。采用这个关系编辑图，可以自定义许多有特殊用途的黑版生成方法。例如，如果要求使用轮廓黑版，就可选择比 Light 设置还要少的黑版曲线,将黑版生成范围集中在暗调处。还可以控制黑版的生成来优化极亮或极暗的图像。

⑤黑版墨量最大值设定(Black Ink Limit)

黑版墨量最大值是指分色时所生成黑版上网点百分比的最大值。黑版墨量最大值设定主要是确定黑版的最大网点值,即图像暗调部分允许的最大黑版墨量,它可以控制分色时黑版的网点大小,从而在分色时不使彩色过分暗淡。一般应选择在70%~100%之间较为适宜,且黑版阶调越长,其最大网点值设置越大。黑版墨量最大值的大小具有界定作用,如某色黑版墨量最大值设为100%时,分色结果是C80% M69% Y63% K68%,而在黑版墨量最大值设为70%时,分色结果是C89% M79% Y83% K51%。从数据上可以看出,黑版墨量最大值的大小会直接影响分色结果,但色彩不会有很大的改变。

黑版墨量限定的设置应根据图像黑版阶调的变化、总墨量限定值及印刷条件等综合因素而确定。

以彩色为主的原稿,中性灰成分少,复制时以CMY三色为主,黑版只用于稳定中暗调色彩,强调图像轮廓,属短调黑版,黑版最大墨量可设置为55%~65%。

明暗适中的原稿,复制时CMY版阶调较长,黑版不仅可稳定中暗调色彩,而且有助于中亮调的灰平衡再现,属中调黑版,黑版最大墨量可设置为65%~85%。

以消色为主、彩色为辅的原稿,如国画、机械类原稿,它们的中性灰成分多占70%以上,彩色成分少,复制时,CMY三色为辅助短调,黑版在亮、中、暗调皆起作用,属长调黑版,黑版最大墨量可定为85%~100%。

对于同一类图像,若总墨量限定值大,则黑版墨量最大值要减小;反之,则设置值要加大。

印刷材料不同,黑版最大墨量设定也不同,如采用铜版纸印刷的设置值要小于胶版纸。

⑥油墨总量设定(Total Ink Limit)

在确定黑版的阶调后,还需控制CMYK四种油墨的整体情况。Total Ink Limit指的是四色印刷时最大的油墨叠印量,即Y、M、C、K四色实地(网点100%)在叠印时的实际最大限定量,所以总油墨量设定的数值表示分色后图片最深最暗处四色油墨网点数的总和,即印刷机能够印刷的CMYK油墨叠印总量,其值是由所用印刷机和承印物决定的。显然,随着该值的增大,印刷密度将增大,应该说图像的复制效果会更好。但是,对于某一特定的印刷条件(印刷机、纸张、油墨等),总油墨量超过一定的数据,就会影响到印刷工艺适性,不仅不会增大密度,反而会产生许多印刷故障,主要表现在图像中暗调部分糊成一片,丢失层次,以及纸张拉毛甚至出现撕剥现象及油墨不能干燥等。因此油墨如果是完全叠印在先印色的墨层上,其叠印率不会有100%那么大,一般要小于100%,四色实地叠印时其叠印总量在320%~360%之间。因此,在PhotoShop中建议Total Ink Limit一般设定在320%~360%之间为佳。

总墨量限定设置,即正常黑场定标点处CMYK四色网点百分比之和。同一幅图像采用不同的印刷方式印刷,总墨量限定不同,胶印总墨量限定取决于印刷机型、纸张、油墨、橡皮布等因素,一般根据暗调区域的网点增大情况而定。若网点增大值大,总墨量设置值应减小;反之,网点增大值小,则总墨量设置值相应增大。

采用高档进口设备印刷,设备精度高,印刷网点增大值小,总墨量设置值可大些。采用气垫橡皮布，包衬偏硬，印刷网点增大值小，总墨量设置值应偏大；若使用普通橡皮布，且包衬偏软，网点增大值较大，总墨量设置值应偏小。涂布纸因吸墨性好，表面平滑度高，印刷压力小，网点增大值小，总墨量设置值一般为 320% ~ 340%。胶版纸表面较粗糙、吸墨性较差，印刷压力相对较大，则总墨量设置值在 300% 左右。

⑦底色增益设定（UCA Amount）

采用 GCR 分色，可给印刷复制带来不少好处，但也存在下列不足：暗调印刷密度略有降低，光泽度低；亮调透明度下降，略显灰暗；色彩鲜明区域、彩色与灰色层次过渡区套准出现偏差时会出现硬口或白边；暗调区色彩饱和度及细节有所降低。

因此，在采用 GCR 工艺时，可以使用底色增益（UCA）技术，增加图像暗调的 CMY 成分，提高图像密度，从而克服 GCR 工艺的缺陷。

底色增益与底色去除是两个相对的工艺方式。它表示加大暗部区域 CMY 三原色油墨的量，以使暗部色彩密度更大，色彩的层次变化增多，它只适用于 GCR 分色模式。UCA 增益量的大小取决于 GCR 替代量。以彩色为主的原稿，UCA 增益量设置要高些；以中性灰为主的图像，UCA 增益量可为零；对于夜景和以暗调为主的图像，其中间调色彩丰富生动，暗调细腻并有色彩，适宜采用 UCA。GCR 替代量多，UCA 增益量相应增加；反之，则相应减少。

总之，进行分色参数设置时，要考虑图像本身及印刷的工艺条件，各参数间相互关联，相互制约。图像的特征决定了分色类型、黑版的阶调、黑版墨量限制及 UCA 值，而印刷工艺条件（印刷设备、油墨、纸张、橡皮布等因素）影响着网点增大值及油墨总量的限制等。

（5）色彩管理系统

色彩管理系统是以 CIE 色度空间为参考色彩空间，特征文件记录设备输入或输出的色彩特征，并利用应用软件及第三方色彩管理软件作为使用者的色彩控制工具，其核心是用于标识彩色设备色彩特征的设备特征文件，而设备特征文件必须在一定的标准基础上建立，才能达到色彩管理的目的。ICC 国际色彩联盟为了通过色彩特性文件进行色彩管理，以实现色彩传递的一致性，建立了一种跨计算机平台的设备颜色特性文件格式，并在此基础上构建了一种包括与设备无关的色彩空间 PCS（Profile Connection Space）、设备颜色特性文件的标准格式（ICC Profile）和色彩空间转换方法 CMM（Color Management Module）的系统级色彩管理框架，称为 ICC 标准格式，其目标是建立一个可以以一种标准化的方式交流和处理图像的色彩管理模块，并允许色彩管理过程跨平台和操作系统进行。

①设备特征文件

设备色彩特征化是色彩管理过程的基础，数字印刷过程中所使用的每一种设备都具有它自身的色彩描述特性，为了进行准确的色彩空间转换和色彩匹配，必须对系统设备进行特征化处理。对于输入设备的特征化处理，是指利用一个已知的色度值标准表，对照该表的色度值和输入设备（如扫描仪）所产生的色度信号，做出该输入设备的色度特征化曲线。而输出设备特征化，是指对输出设备（如打样机）利用色彩空间的概念，做出该设备的输出色域特征曲线。所以设备色彩特征化的核心是制作各设备的设备色彩特征文件。

②色彩管理模块 CMM（Color Management Module）

色彩管理模块是用于解释设备特征文件，并依据特征文件所描述的设备颜色特征进行不同设备的颜色数据转换。无论是操作系统还是专门的色彩管理软件都提供对应的 CMM。由于各设备的色域各有不同，因此不可能在各设备间有完美的色彩搭配，CMM 的功能就是选择最理想的色彩进行色域匹配。

CMM 通过色彩管理软件用设备颜色数据表示图像颜色，从而完成色彩的转换。在色彩管理软件方面，CMM 把图像色彩信息从一种设备色彩，通过独立色彩空间的传递，转换成另一种设备色彩。例如，如果想要在打样机或者显示屏上仿真印刷的效果，就可运用软件将屏幕颜色数据、打样机颜色数据、印刷机颜色数据等信息进行计算并将颜色转换的结果送回屏幕。

第六节　图像平滑与锐化

印前处理过程中还须考虑对图像清晰度的调整，包括对图像清晰度的强调即锐化和图像的平滑处理及对网目调图像的网点模糊化处理即去网。

一、图像平滑原理及处理方法

1. 图像平滑

众所周知，实际获得的图像在形成、传输、接收和处理的过程中，不可避免地存在着外部干扰和内部干扰，如光电转换过程中敏感元件灵敏度的不均匀性、数字化过程的量化噪声、传输过程中的误差以及人为因素等，均会使图像变质。因此，去除噪声，恢复原始图像是图像处理中的一个重要内容。为抑制噪声、改善图像质量所进行的处理称为图像平滑。在彩色印刷复制过程中，为了保证诸如肤色、丝绸质感之类的复制及艺术再现需要，也需使图像平滑、柔和、降低锐度。

图像的平滑处理技术即图像的去噪声处理，主要是为了去除实际成像过程中，因成像设备和环境所造成的图像失真，提取有用信息。图像的平滑可以采用邻域平均法以及低通滤波器法。邻域平均法是一种在空间域上对图像进行平滑处理的最常用方法，该方法的核心是求出图像中以某点为中心的一个邻域范围内的图像像素之平均值，并以此平均值作为该中心点的灰度值，这是因为图像相邻像素间存在很高的相关性，而噪声则是统计独立的。

低通滤波器法是图像信息频谱处理的方法之一，它是对图像进行频谱变换后，利用滤波器转移函数与图像信号的卷积来完成。

2. 印刷品去网

当选择印刷品作为原稿时，由于图像中已经存在有规律的四色网点图案，如果在扫描过程中不进行去网工作，不同角度的网点图案会再次发生干涉，从而产生很难看的网格状龟纹，因此这种情况一般要做图像去网处理。图像的去网主要是在扫描印刷品原稿时应用的一项技术，目的是去除原稿的网点信息，避免发生"撞网"现象。在图像处理软件 PhotoShop 中也提供类似的调整项，可以对图像进行类似"去网"的处理，但一般不会太彻底，只是减淡网点。

（1）在扫描过程中去网

在扫描过程中去网有硬件去网和软件去网两种方法。硬件去网一般在高档滚筒扫描仪中使用，即在扫描印刷品原稿时，将扫描镜头焦点调虚，光孔增大，以使网点的边界模糊。不过对于调虚程度一般难以控制，因为调虚太厉害，会使图像清晰度大大降低，调虚不够则达不到去网效果，在使用有刻度的扫描镜头时，可以先将焦距调节清晰，然后再通过控制刻度数据将镜头调虚。对于平板扫描仪一般不采用硬件去网法，而是直接采用软件去网，在滚筒扫描仪、平板扫描仪以及幻灯片扫描仪等扫描软件中都包含有去网滤镜，可以通过去网滤镜自动地去除事先已经存在的四色网点图案，但在使用之前，要先确定印刷品原稿的加网线数，以使该项工作能顺利完成。

（2）后期去网处理

在前期扫描过程中对印刷品原稿进行去网可以提高工作效率。但在扫描过程中去网由于调节或设置不完全正确，有时会导致扫描后的数字图像未能完全去除网点，就必须在后期进行处理。在 PhotoShop 软件中去网主要是采用去除噪声的方式（Filter/Noise）。

在对印刷品原稿进行去网处理的时候，必然会导致图像的清晰度降低和细微层次的损失，所以在去网过程中，应尽可能地利用四色加网特性，因为印刷品中四色油墨有主次之分，主色（青、品红、黑）网点明显，弱色（黄）网点不易分辨，而一幅图像中青、品红、黑往往又不是等比存在，也有主次之分，所以可将青、品红、黑、黄四色版作为四个独立的色通道，单独用不同的参数处理。如对于主色网点明显的色版，模糊时，其处理程度可加重一些，而对于弱色版则可以少做甚至不做模糊。另外，在输出时，可将主色版青、品红、黑三个色的角度进行调换，使之与原稿中的角度不一致。

3. 图像平滑与去网滤镜

在图像处理软件中提供了多种可用于图像平滑和去网的滤镜。

（1）"模糊"滤镜

"模糊"滤镜如图 4-45 所示，可以柔化选区或图像，通过平衡图像中已定义的线条和图像中清晰边缘旁边的像素，使画面显得柔和，可以处理清晰度或对比度过分强烈的区域，并能将网点像素与周围区域的像素打散融合，削弱网点的清晰度，达到将网点感觉减淡的效果。注意："模糊"滤镜并不能真正地消除网点，只能适当地削弱网点的清晰度，如果过分"模糊"还有可能使画面清晰度降低。

图 4-45 模糊滤镜

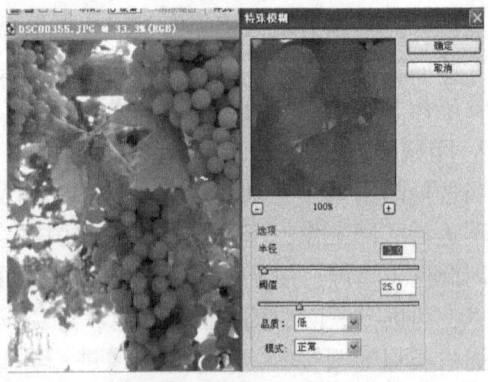
图 4-46 特殊模糊滤镜

其中"模糊"与"进一步模糊"滤镜可以消除图像中的杂色,减小对比度,消除色彩传递时产生的干扰,削弱网点与周围像素的反差,但这两个滤镜的模糊程度较轻,效果不太明显。

"高斯模糊"滤镜是以曲线的方式对整幅画面添加低频细节,并产生一种朦胧效果,使反差较大的区域或网点部位的像素快速模糊,削弱网点的强度,但"高斯模糊"的范围非常广泛,整幅画面的清晰度都会被削弱,所以应慎重使用。

"特殊模糊"滤镜能比较准确地模糊图像,如图4-46所示,可指定"半径"的数值,确定滤镜要模糊的不同像素的距离,还可以指定"阈值",确定像素值的差别达到何种程度时应将其消除,还可以指定模糊"品质"和各种模糊"模式",从而产生边界较为清晰的模糊效果,起到削弱网点的作用。

(2)"去斑"滤镜

可以消除扫描过程中产生的随机杂色,能够检测图像的边缘(发生显著颜色变化的区域)并模糊边缘外的像素,移去杂色,保留画面的细节,达到减轻网点清晰度的作用。

(3)"蒙尘与划痕"滤镜

通过更改相异的像素减少杂色,可以设置不同的半径与阈值,使调整在保留清晰度和隐藏瑕疵之间取得平衡,"蒙尘与划痕"滤镜是常用的消除图像瑕疵和削弱网点清晰度的工具。

(4)"中间值"滤镜

通过混合选区中像素的亮度来减少图像的杂色。可以搜索并查找到亮度相近的像素,扔掉与相邻像素差异太大的像素,并用搜索到的像素的中间亮度值替换中心像素。"中间值"滤镜在消除或减少图像的动感效果时非常有用,对削弱网点也有一定作用。

二、图像锐化原理与方法

有些图像因为原稿的缺陷会出现边缘模糊的情况,扫描过程中放大的倍率太大也会出现类似的情况,这种图像应尽量避免使用。如因故必须使用时,则应在扫描时做锐化处理,提高图像的清晰度。

1. 图像复制过程中影响图像清晰度的因素

在图像复制过程中,有很多因素会降低图像的清晰度。

(1)图像扫描输入过程。在图像扫描输入过程中,由于扫描仪的扫描光孔是有一定大小的,经扫描后的图像轮廓边缘的清晰度会受到很大的影响,如图4-47所示,原本清晰的原稿图像边缘经扫描后所得数字图像的边缘则变得模糊了。很显然,图像经扫描后,清晰度下降的程度与扫描分辨力有关,理论上讲扫描分辨力越高,图像越清晰,但由于受到图像处理和存储等条件的限制,扫描分辨力也不可能设定得过高。

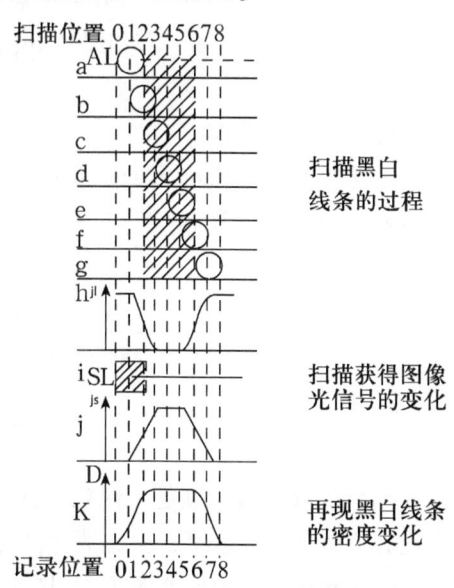

图4-47 图像扫描过程

(2) 反差压缩。印刷图像反差通常都低于原稿反差，也就是说印刷过程中，一般要压缩原稿图像的反差。反差压缩后导致视觉对细节间的分辨力下降，使图像清晰度降低。

(3) 图像网点化。印刷图像是用网点大小、疏密等变化来再现原稿图像的颜色和层次变化的，连续调图像经加网后，即图像网点化后，其图像内容的细腻光滑程度肯定不如连续调图像。原稿一般由染料颗粒或银颗粒构成，其解像力可达60~70线/毫米，而加网图像的网目线数一般为4~7线/毫米，从而使图像细节边缘粗糙，降低图像清晰度。

(4) 图像复制光学系统的误差。图像复制光学系统如扫描仪、记录系统等的光学系统的分辨力是有限的，而且存在一定的色差和其他光学误差，这是会降低图像清晰度的，特别是质量、精度较低的扫描仪、输出设备，图像清晰度降低是不可避免的。

(5) 印刷条件。印刷过程中所采用的纸张平滑度、印刷压力、套印准确度、油墨在纸张中的渗透等都将影响印刷图像的清晰度。

因此原稿图像经过复制传递后，其清晰度不可避免地会降低，为使印刷图像保持较高的清晰性，图像处理过程中必须对其清晰度进行强调。

2. 图像锐化的基本原理

对图像清晰度的强调在图像处理中通常称为图像锐化。清晰度是一种视觉心理反映。通过研究发现，应用视觉现象的原理，能使视觉上产生良好的"清晰"效果，主要现象有：

(1) 奥布莱恩效应

奥布莱恩效应（O'brien Effect）是指在图像一定密度部位上，使密度产生变化，此时尽管图像左右密度相同，但给人以左右存在一定密度差的视觉感受，如图4-48所示。

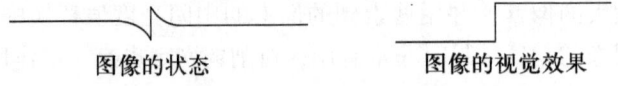

图像的状态　　　　　　图像的视觉效果

图4-48　奥布莱恩效应

(2) 马赫带效应

马赫带效应（Mach Band Effect）是指有一定反差的图像临界部位，在视觉上给人以反差增大的感觉，如图4-49所示。

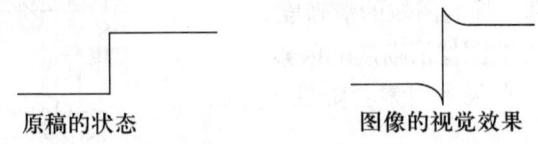

原稿的状态　　　　　　图像的视觉效果

图4-49　马赫带效应

(3) 图像密度跳跃处，图像层次边界的反差越大，则图像视觉的清晰度越好，亦即图像边界密度跃宽度愈窄，视觉清晰度愈高。

图像锐化是一种使图像中的边缘区域让人们易于观察的图像改善方法，主要是加强图像中轮廓的边缘和细节，形成完整的物体边界，达到将物体从图像中分离出来或将表示同一物体表面的区域检测出来的目的。锐化的作用是要使灰度反差增强，因为边缘和轮廓都位于灰度突变的地方。从数学角度上讲就是对图像进行微分处理。用这种方法可以去掉引起图像质量劣化的原因之一"模糊",并把图像变得轮廓分明。

如图 4-50 所示,表示了一种图像的锐化过程,其中 Q 为原信号;R 为模糊以后的信号波形,即其边缘递变变缓,宽度加大;S 为图像锐化的波形信号;T 为锐化处理后的波形。这样用缓慢上升的模糊波形减去其锐化波形信号后,所得的波形 T 边缘斜率加大,并在边缘形成一个小的波谷和一个小的波峰,加大了相对反差,从而使图像边缘突出,达到了锐化的目的。

3. 图像锐化方法

正常拍摄的、质量较好的图像,一般不需要做锐化处理。只有质量不太好的或在处理过程中细节受到损害的图像才需要进行"锐化"处理,以改善图像的清晰度。因为"锐化"本身也会使细节层次变形,所以利用锐化改善清晰度的手段也应慎重使用。以下几种情况时,应当对图像做锐化处理以提高图像清晰度:

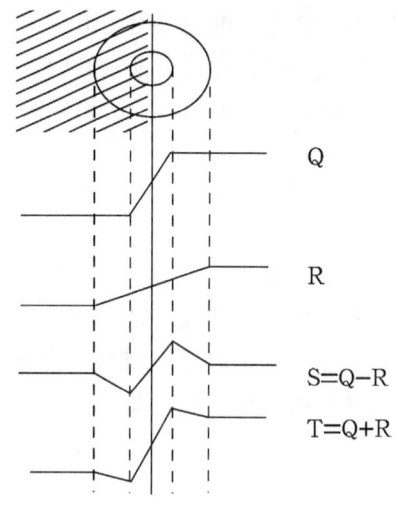

图 4-50　虚光蒙版法的清晰度强调

(1) 用不够清晰的原稿扫描的图像。
(2) 数码相机拍摄的图像有小的对焦误差。
(3) 原稿图像需要高倍放大使用。
(4) 图像经过一系列的色彩校正和阶调层次校正后,因像素的映射转换而出现细节层次模糊。
(5) 图像在 PhotoShop 中,以"重定图像像素"方式,对图像进行过尺寸调整。

在图像处理软件中是通过"锐化"滤镜实现对图像的锐化处理的。锐化滤镜由一组调整位置和调整强度各不相同的滤镜组成,如图 4-51 所示,包括"锐化"、"锐化边缘"、"进一步锐化"、"USM 锐化"等。滤镜原本是摄影及扫描分色中使用的技术,通过一个独立添加的附件改善拍摄或扫描的质量。锐化滤镜采用相似的技术,通过形成更强大的对比度来提高图像的清晰度。

① "USM 锐化"滤镜。对于要进入印刷复制流程的图像来说,USM 锐化是更加专业的清晰度校正工具,是用于图像中边缘锐化的传统胶片复合技术。"USM 锐化"滤镜可以校正摄影、扫描、重新取样或打印过程产生的图像模糊感。在图像扫描时,可以利用"Sharp"锐化滤波器和"USM"虚光蒙版滤波器,对图像进行清晰度调整处理。如果这项工作在扫描阶段没有做,那么也可在扫描后,通过 PhotoShop 提供的"USM 锐化"滤镜来完成。

"USM 锐化"按指定的阈值定位不同于周围像素的像素,并按指定的数量增加边缘细节像素的对比度,在边缘的每侧生成一条较亮线和一条较

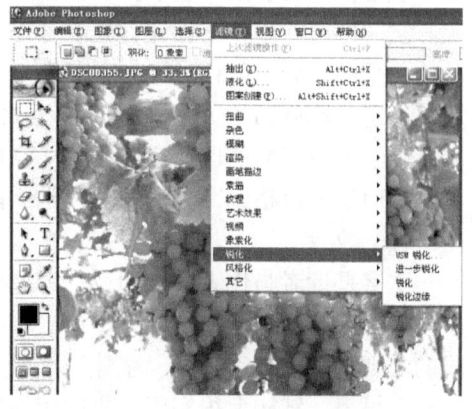

图 4-51　图像锐化滤镜

暗线，使边缘更加突出，形成图像更加锐化的感觉。同时，还可以指定不同像素之间相比较的区域半径，进行更细致的调整。"USM 锐化"滤镜的调整效果在屏幕上显示时比在高分辨率输出时要显得明显，所以应尝试多次调整后，根据总结的经验规律作出判断，以确定最适合图像的设置。

② "进一步锐化"滤镜。提供比"锐化"滤镜更强的锐化效果，聚焦选区，提高对比度和清晰度。

③ "锐化"滤镜。通过增加相邻像素的对比度来聚焦模糊的图像，使图像清晰化，锐化的程度比较轻微，但不能多次应用"锐化"效果，否则会出现水波纹、扭曲等失真现象。

④ "锐化边缘"滤镜。查找不同颜色之间显著变化的边缘过渡区域，进行锐化处理，使色与色之间的边界更清晰。"锐化边缘"滤镜仅锐化图像的边缘轮廓，同时保留总体的平滑度。

第七节　图文组版

印前图文处理的任务是获得满足印刷和复制要求的图文合一的页面信息，因此印前处理不仅仅是对图像本身的信息进行处理，还要根据对印刷品版式的要求，将多幅图像及文字等信息组合在一个版面上，这就是组版。

一、印刷版面构成及排版要求

1. 印刷版式的构成

印刷版式是由版面要素组成的，版面要素主要包括版心、空白、栏区、文字、插图、标题、照片、线、花边、底纹以及页码等，灵活使用版面要素，会使版面语言更加生动、活泼。

（1）版心

版心是指文、图等要素在页面上所占的区域，是版面上的印刷部分，图文组版一般只在版心之内进行。编排与设计首先要考虑到的是版心，而作为读者，也是首先在版心方面形成基本感受的。版心的设计主要包括版心尺寸（大小）和版心在版面中的位置。版心的大小可以决定印刷版面给人的印象，甚至相同的文字、相同的照片，因版心大小及所留空白不同，会给人以不同的印象。版心大、空白小的版面富有生气，显得信息丰富；版心小、空白大的版面给人以格调高雅的恬静感觉，能让人以舒适的心情去阅读。

（2）文字

文字是读者与作者、版面设计者彼此沟通的视觉语言，是构成版面形式的主要因素。所以，文字在版面的编排与设计中占据着重要的位置。版面设计者应该应用美学原理和视觉形式的法则，探究文字点面、字体、字号、行间和编排等形态组合，设计出在特定的空间里，视觉上很美、结构上很实用、机能较高的版面来。让读者能够即刻了解，收到最高的视觉传达效果。

(3) 标题

标题是正文的向导,是正文的灵魂,是编辑用精辟简练的语言把读者的心理或意识活动有指向性地调动起来,并予以集中的一种手段,版面中标题最引人注目,人们的阅读往往都是从标题开始的。标题的内容本身固然能牵动读者的目光,若再用恰到好处的艺术形式烘托标题,则会使标题因形象美而进一步产生吸引力。标题可起到美化版面、反应版面风格的作用。标题也是调整版面黑、灰、白色调的重要因素,若版面中无标题,通篇是文字,整版清一色灰调子,没有停顿间歇,未免呆板。标题排得是否恰当,是否美观,直接反映设计水平和排版的工艺水平,也影响着版面的整体风格和阅读效果。

标题的编排与设计一般包括:标题的字体、字号设计;标题在版面上的位置;标题的排版形式;标题的装饰和美化等。标题同正文、图、表及其他版面要素共处一个版面,所以,它不是独立存在的,标题的处理必须与其他版面要素有机地结合,统筹予以考虑。

(4) 照片、插图

照片是原始事物的真实记录,是稍纵即逝的瞬间通过摄制、印刷等手段在杂志、报纸等印刷物上的再现,它有着直观解释正文内容或把读者带到"现场"中去的功能,一张好的照片不仅是一件艺术品,安排得当还能够调节版面气氛、增加版面美感,它的作用是文字所不能替代的。

照片按其在版面上的形式可分为配文照片和独立照片两种。配文照片能使文章主题更加鲜明、突出,内容更加丰富;独立照片,又称单发式或组合式照片,它以照片本身内容为主题,用独立的视觉语言形式,向读者传达信息。照片在版面所占用的空间与文字有所不同,标题的字迹虽然重于正文,但在所占空间中还存有一定的空白;正文文字之间也存在一定间距,而照片的印迹则布满了所占版面的空间,因此在同样的版面空间中,照片的印迹和可视性效果重于文字。所以在安排照片的位置时,除了要考虑到它的新闻价值、实用价值等,还要按照视觉规律,视线走向以及版面的艺术效果进行调整、平衡。除了照片本身可以鲜明地表现出所要揭示的内容外,简短、精练的文字说明也能使照片所反映的内容更加确切明了,照片说明是一幅照片的重要组成部分,它可以跟随变化多端的照片位置和排列形式而灵活地排列、组合。

版面中,图片面积的大小,可以表现出在视觉上和情感上的地位是否重要。把那些重要的、并希望读者很快辨认出来的照片放大,再把从属的照片缩小,以此指示给读者。这是版面设计的一个原则,根据图片面积的大小,读者会估量其重要程度,了解设计者的意图。照片面积大小的对比,可以说明全部照片之间的相互关系。

对于超版心的照片及插图,其处理方式主要有出血和跨版。

出血即图的边缘超出成品尺寸,在裁切成品时被裁掉一部分,图的四周不留白边。出血图多被用于以图为主的出版物,如画册、画报、期刊杂志等。采用出血处理会使版面的气氛得到强调,有舒展之感,产生无限广阔的意境,从而给人以联想。

跨版图是将一个完整的照片或插图在某一部位裁开,分别排列在两个相邻的版面上,并在这两个版面上成为一体,当打开书时,所看到的是画面的整体。这种形式在画册、画报及期刊杂志中极为常见,画面效果舒展而开放,常常会给读者深刻的印象。

(5) 线和花边

在版面中使用线和花边的目的，一是为了突出某篇文章；二是对某篇文章的区域进行划分；三是填补版面空白；四是美化版面。

在文字块中恰如其分地使用线，可以清楚地将它们分割成为若干群体，版面会显得不那么拥挤，给人以一目了然的印象。几段线条便可以起到分区、醒目、装饰的多重作用。

花边也是版面装饰的重要要素，花边可以自动围成封闭或不封闭的多种形状，多用作轮廓的装饰以及栏线、标题的装饰。花边与线、底纹共同作用时，还可以形成另一种艺术风格。

选用花边时重要的是要注意内容和形式的统一，若配置不当的话，则会失去装饰的意义。例如，装饰比较严肃的内容，应选择朴素、简洁的花边；装饰较活泼的内容，则可选用新颖美观、图案活泼的花边。同时，花边的选择还应该注意与版面风格及被装饰的字体相适应，如装饰楷体及仿宋体的正文，最好选用图案线划轻、细的花边；装饰黑体的正文，可以选用图案线条较粗的花边，等等。此外，在图书的装饰中，同一部位的花边全书应该保持统一。

(6) 底纹

底纹也加网纹，是版面修饰中的一种大面积图案。用底纹装饰版面，是在版式设计中常用的手法之一。以种类、灰度不同的底纹对各级标题进行修饰，能有效地突出主标题，让各级标题产生出不同层次，从而使标题内容和形式有较强的表现力；以底纹修饰图片和插图，会产生特殊的艺术效果；底纹还可以填补不必要的空白，在设计标题和栏目时，单用增、减字及字距的方法不一定完全达到理想的效果。例如有些标题的空白空间给人一种"缺点什么"的感觉，但将它们配上与要表现的内容相适应的底纹后，不仅版面空间显得丰满，同时视觉强度也大大地增强了。

底纹图案的种类繁多，同时又有深与浅的差别。因此，在选择底纹时除了要考虑底纹的花色与被装饰内容的协调，同时还要考虑底纹的深浅是否合适。比如，在修饰较深的标题时，就不宜采用灰度较大的底纹，因为两者密度相接近，不但起不到强化标题的作用，反而会使视觉混乱；同理，在修饰空心字等密度较小的标题时，为使两者反差增大，让标题醒目、悦目，则应该选择灰度较大的底纹。

(7) 页码

页码是书籍版面的重要组成部分。页码的作用，在于控制全书内容的顺序，也为读者翻阅检索提供方便；在印装上，则为分台、套印、折页及检查起引导作用。

我国习惯将页码从正文编起，前言、目录往往单独编码。页码的排式既可以在版心的外下角，亦可以排在版下居中处；排书眉的书页码则随书眉排于版面上端外。

页码一般采用阿拉伯数字，国内流行比正文字小一号，或与正文字号相同；国外也有页码字体大于正文字体的情况。对页码进行装饰的方法主要有对页码本身字体的改换和在页码周围以其他图案进行装饰。对页码的装饰要与版面整体风格相协调，否则会弄巧成拙。

2. 对印刷版面的要求

对印刷版面的要求主要包括印刷版面的规格要求以及版面中图文要素的要求。

印刷版面有单页的版面和成册的书刊版面及画册类印刷版面，单页的印刷版面设计较简单,一般只要考虑印刷和成品开切时的要求即可;而成册的书刊及画册类印刷品的版面设计则要繁复得多,不仅要符合印刷品质量要求,如版面墨量的最佳控制,不同页面位置上图像的套印精度等要求,还要使印刷后的产品适合于装订工艺的要求。

对印刷版面的设计通常是通过台纸的设计完成的,台纸就是形成印刷版面的依据,如图 4-52 所示。上车规格台纸的设计,必须根据施工单上客户的要求以及印刷装订的规律进行。台纸的设计者根据提供的数据要求及加工工艺,画出一种产品的规格台纸,其主要内容有印刷品的净口线、毛口线、小版的拼贴位置,以及晒版印刷时所要用的十字规线、色标等内容。

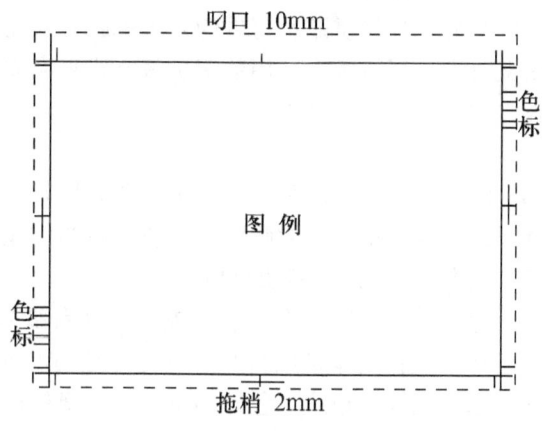

图 4-52 印刷版面台纸的构成

台纸的要求主要有以下几个方面:

(1) 台纸的规格尺寸线要准确。一般将划好的台纸,以正中线对折,看两边的边框是否重叠。如重叠,说明规格制作准确;反之,说明台纸制作有问题。正反面印刷品的规格要保持一致。切口处、订口图的内图不能出格,叼口的正反要一致。

(2) 十字规线位置与质量。台纸上的十字规线应划在毛口尺寸外 3mm 处。十字线是晒版和印刷保持精确配合的依据。十字线的线条必须粗细适中,过粗,会使操作人员无法判别套合的精确程度;过细,则在实际印刷中无法完全套合,造成判断上的困难,一般在 0.2~0.4mm 之间。

(3) 角线位置均在净口线及毛口线上划双角线。各种规格标记的位置都应在产品的净尺寸范围以外,并在印刷纸张的范围中,绝对防止任何标记安置在净尺寸中,否则会造成产品质量事故。

(4) 台纸上还应标明叼口、拖梢。叼口是指上车版装在印刷机滚筒叼牙一边所需要的范围,在叼口范围内不出现图像,一般叼口范围为 8~12mm。满版"出血"的版子叼口线要距毛口线 10mm,有白边的可借用白边作叼口线从角线划出。叼口处的图像一般比较容易套准确,因此,画面重要部位放在叼口一边,叼口对面为拖梢,一般留有 2mm。

(5) 台纸的版面质量要一致。绘制台纸时,要求把线条划得粗细一致,光滑均匀。版面的各种标记都要符合印装要求,而且规范。

在制作台纸时首先要设计好版面的拼合规格。对于书刊要符合开切后的净尺寸要求,要为开切留有足够的刀缝间距，要标有足够的标记和检查信号，对于同一页面上多图的拼合，则要制作精确的拼合框线图。

对印刷版面中图文要素的要求主要是：所有图文要素在页面中的排版样式及尺寸都应与版式设计的一致，内容正确无错漏，图文清晰，图像层次丰富，颜色正确等。

二、拼版

1. 页面组版

页面组版就是按照印刷版式设计的要求，将单一的图文信息组合成整页的印刷品的版面形式。可以通过对各图文要素分色片的拼贴及拷贝的人工拼版方式完成，也可以在输出分色片之前直接对各数字的图文要素进行拼版，即用数字拼版方式来完成。在现代数字印前处理工艺中主要采用数字拼版方式。

（1）人工拼版

人工拼版是指将分色后的阴图片或阳图片以及文字、图案按版面设计要求，用手工操作方法拼贴，通过拷版或晒版，最终获得完整的晒版底片或印版的作业方法。人工拼版工艺包括：制作拼版底版（台版），拼大版以及拼版质量检查。

拼版底版常用透明涤纶片制作。可以用手工绘制规格样（台纸），再翻拍或拷出拼版底版，或直接绘制成台版。通常用红膜制作拼版台纸，具体作业方法是：先按拼版规格尺寸、图文编排等要求划出台纸，标明规线、角线、色标等位置，在拖梢边上打定位孔。将所用红膜片按台纸要求裁切好，打好定位孔，再套合在台纸上，按照台纸上图文规格尺寸、位置及规线、色标等用刀片轻轻刻划，只要刻透红膜，然后一一揭去红膜，贴好规线和色标等，即制作好红膜底版（台版）。

常用的图套图拼版方法有阴套阳拼版、阳套阳拼版、阴套阴拼版、书刊拼版。根据套印精度要求，可选用不同拼版方法。

①阴套阳拼版：是以阳图版作为母版，阴图版作子版，先按规格尺寸，编排要求绘制好台纸，将透明涤纶片基蒙合在台纸上，做好阴图正向台版。用胶带贴牢或用定位装置固定，贴上规线、角线、色标，拼色不需要时用红纸、红胶带遮住，然后用版面较满的阴网底片膜面向上，按版式构成逐一拼贴于上，再将它转拷成阳网片。干燥后将它膜面向下放于修版台上，作为拼版母版。将母版固定在拼版台上，套上透明涤纶片基，用阴图套合阳图的方式拼贴其他各色阴网分色片，最后逐一拷制成阳网。这种拼版方式操作方便、准确、快速，使用广泛。

②阴套阴拼版：是以阴图版为母版，拼贴阴图片，先做出阴图正向台版，然后排第一色版，严格按规格拼贴，后续几块色版拼贴时，都以第一块色版为基础（即相当于母版），拼贴其他色版。最后逐一拷制阳网。拼版时，供各色版拼贴使用的数张涤纶片，都要统一打孔，两张涤纶片套在挂钉定位条上，片子之间用双面胶或单面胶贴住。阴图套准时，可利用图像边缘和图像中黑白线、点以及扫描规线等作套准依据。这种拼版方法难度较高，阴图无线，拼版不易掌握，使用较少。

③阳套阳拼版：是以阳图版为母版，拼贴阳图片，根据规格版式（台纸）用涤纶片制作一张反向的台版。打孔套在定位条上，再套上一张涤纶片，作为贴片基础，然后拼第一块

色版，严格按合版规格拼版，后几块色版都以第一块色版为基准拼贴。对出血画面，两付胶片相遇处要用多用刀裁去，出血处因有网点图像，可用薄型透明双面胶粘贴。阳套阳拼版，操作简单明了，速度快、易掌握。是人工拼版中最常见的拼版方法。

④书刊拼版：是文字、线条图、网纹图的拼版。拍摄正向阴图图像及文字。通常用涤纶片制作二张拼版底版，一张用于文字，一张用于图像。文字拼版需将阴文字膜面向上，按规格样拼贴，非文字部分用红纸（或黑纸）遮盖。图像拼版将网纹图、线条图按版式构图逐一正向拼贴，文字部分用红纸（或黑纸）遮盖。最后再拷贝阳图胶片，得到文字、线条、网纹图拼合好的完整单页。有的产品亦可将阴图文字、网纹图、线条图直接拼成一个版面，再转拷阳图胶片。

当一块或一付版面拼好后，应检查规格尺寸，同一色版上的各付图面色版是否相同，图片位置，文字内容等，如有错误应及时修改。完成人工拼版后，就可以用拼贴好的整版底片晒制印版，并利用机械打样方法进行打样，检查样张的版式及图文质量。

（2）数字拼版

数字拼版是指采用一定的排版软件将数字图文文件组合成满足制版要求的整页的数字文件。页面排版软件是按照设计要求，将图像、图形、文字等印刷要素进行整合，形成一个完整页面的软件。目前国内主流的页面排版软件有：Adobe 公司的 PageMaker、InDesign、Quark 公司的 QuarkXPress、北大方正公司的 Fit 等。

①PageMaker 排版软件

PageMaker 排版软件由 Adobe 公司开发，软件提供了一套完整的工具，用来产生专业、高品质的印刷版面，具有稳定性好、排版质量高及功能多的特点。Adobe PageMaker 软件所提供的设计和排版功能，几乎可以创建任何类型的出版物和满足印刷排版要求。利用多重主页和全文档范围的图层、文本和图形框以及精确的图像定位等，可以非常容易地结构化文档。PageMaker 具有完全集成化的网上出版功能，使用户能用 HTML 格式或图形更丰富的 PDF 格式（限于英文）发行文档，在网上不必离开 PageMaker 就能创建和测试超链接。PageMaker 的彩色出版功能，包括一个可扩展的颜色管理体系结构和先进的高真度彩色打印。此外，PageMaker 在处理陷印、组版和分色上也非常优秀。

②QuarkXPress 排版软件

QuarkXPress 排版软件也是主流桌面排版软件之一，除了基本的页面布局框架和出色的文本格式化工具以外，还包含大量方便易用的高级功能。适合宣传手册、杂志、书本、广告、商品目录、报纸、包装、技术手册、年度报告、贺卡、刊物、传单、建议书等的排版。具有专业排版、设计、彩色和图形处理功能、专业作图、文字处理及复杂的印前作业等功能。

QuarkXPress 的优点是速度较快，且图形绘制能力也比较强，输出控制能力较好。QuarkXPress 的文字组排非常方便，并且可以将文字转换为路径进行编辑，色彩的设置也很容易，对置入的图形的边缘还可以进行"补漏白"处理。因此，QuarkXPress 是应用非常广泛的组版软件。

③InDesign 排版软件

InDesign 排版软件是 Adobe 公司推出替代 PageMaker 的新排版软件，采用"小核心＋功能插件"的软件结构，软件核心很小，绝大多数应用层的功能都通过插件实现，核心只是功能插件的运行平台。这种结构非常开放，应用功能的扩展空间非常巨大。InDesign不仅是一个非常优秀的软件产品，也是一个开发平台，人人都可以是功能插件的开发商，用户可以为满足个性化的需求而开发自己使用的功能插件。因此，InDesign是一个个性化的排版软件。

InDesign的主要功能有：丰富的人性化操作工具；文本框架随意设置；段落格式设定；方便的吸管工具；面向对象的操作；渐变色的填充和线框修饰；图像路径剪辑功能；智能图像链接功能；随时文字路径化；专业化的表格功能；Undo/redo的级数没有限制；快速导航，精确检视页面；页面元素的分层管理；主页功能；出版物的多重视窗；方便的物件库管理；图像、图形和文字文件的置入功能；书籍编辑功能；高级印刷管理。

常用的Adobe InDesign CS2版本，与PhotoShop、Illustrator等软件拥有相似的快捷键、界面和操作方式。可以直接制作各种形式和色彩变化复杂的图形，调整和处理各种置入的图像，具备形式多样的图文组排格式，能充分满足不同使用者的要求。保留并增强了传统组版软件先进的中文排版能力。中英文混排更加流畅，可以非常容易的实现文档的结构化。控制面板可以依据文字、段落排式、图形图像及文本框等不同对象做出准确的定位设置，可控性很强，可以实现"所见即所得"的页面组版。

InDesign的优势在于打破了传统组版软件的局限，融合了多种印前图形图像处理软件的优点，弥补了传统组版软件在图形制作和图像处理方面能力薄弱的缺陷，可以根据设计的需要直接进行图形创意和图像处理。此外，还可以像传统组版软件一样，把图像处理软件处理的图像、图形软件制作的图形、Word等文字软件输入的文字置入设定的页面中，在InDesign中排列文本、进行图文绕排、制作底色或色块，并将以上内容组合在一起，形成最终的成品版面，进行打样或输出。

④方正飞腾（Fit）排版软件

方正飞腾（Fit）排版软件由国内北大方正自主开发生产的FIT排版软件的功能特色有：中文处理功能较强，能满足中文的各种禁排要求，图形绘制功能强、底纹多、变换功能强。

方正飞腾具备高品质、高效率和高稳定性的特点，具有非常强大的文字排版及处理能力。可自动生成通栏/通篇标题，非常快速的制作出标题。对文字运用立体、立体渐变、重影、勾边、粗细、空心、倾斜、旋转等变体效果，制作出复杂的装饰字效果。图像制作能力也很强，可以制作包括矩形、圆角矩形、椭圆、菱形、直线、多边形和三次曲线等丰富的绘图工具。设置直线、双线、点线、短划线、点划线、双点划线、单波线、双波线、箭头等线型，提供100种花边和273种底纹。可以制作复杂的表格，还可以接受TIFF、EPS、JPG、BMP、GIF等格式的位图文件，并进行图像剪裁和处理。能实现大型出版物的版面设计和排版处理。

（3）数字拼版方法

一般在组版前要根据版面特点选用适当的组版软件，文字可直接录入，也可在其他文字处理软件中事先将文字录入好，无须考虑排式，一直进行不间断的录入即可，注意不要输入多余的空格，因为版面中的行首空格都要在排版软件中用段落设置功能控制，多余的空格会导致文字间距的错误。文字录入时也不能录入多余的空行，文字行距也都要在排版软件中用行距命令控制。文字录入结束后一定要将文字文件存成纯文本格式或排版软件可以识别的其他文件格式。在调入文字之前，最好先将文字文件用查找替换命令将所有的空格、空行和排版符号删除替换，这样可以避免很多组版时的重复劳动。

在组版软件调入文字之前，应先设置内文排式的规格，在排式控制面板中将当前文字排式设置为内文，在布局菜单中选用自动排文，这样可以使调入的文字自动成为内文排式，并自动灌入每一页，大大提高文字排版的效率。

在图文排版的过程中，要特别注意排版的先后顺序，排版顺序直接影响排版的速度、效率和正确性。排版的顺序应遵循先底层、后上层，先主体，后零星的原则，这样可以提高组版的速度，减少不必要的操作。因为后制作的元素总会自动覆盖在先制作的元素之上，形成一层压一层的层次关系。因此一般应先制作底色，然后再拼组上面的部分。虽然组版软件和绘图软件都具有改变图层叠压顺序的功能，但来回改变图层顺序既影响制作速度，又容易出错，任何一个被压盖住的元素在最后都不能正确输出，因此应尽量避免。先主体后零星，则是为了快速确定版面的布局。例如，以文字为主的版面，应先调入文字，再贴入图像，利用文字绕排的功能排版；如果是以图像和图形为主的版面，则应先调入图像和图形，排好后再加入文字，这样便于确定版面中的相互位置。

另外，组版时应尽量利用软件的辅助线功能和控制板的定位功能，这样可以更快速、更准确地定位版面中的各元素。

2. 拼大版

在排版软件中，作业对象主要是单个页面，要印刷输出则要把单个页面拼成印版的幅面，即以特定的方式拼成大版，以便印刷后折叠，能够再现设计者想要的页序，拼大版的版式是通过折叠样张的方式得到的，所以大版又被称为折手。

（1）大版的类型

①单面印刷版。印刷机上只有一套印版在纸张上的一面印刷。单面印刷版用于在小胶印机上印刷简单的单面作业。

②全张套版印刷版。这种印版用于纸张的两面，要印刷纸张正反两种不同的页面，需要用两套不同的印版进行印刷。

③前后翻转（大翻身）印刷版。一块印版在纸张两面各印一次。当在一面印完一遍后，纸张翻转180°，在另一面印第二遍，纸张的上端和下端各组成一幅完整的印刷品。

④左右翻转（自翻身）印刷版。一张印版在纸张两面印刷。当印完一面后，纸张被左右翻转，在另一面再印一遍。纸张的左端和右端各组成一幅完整的印刷品。

（2）拼大版方法

在传统印前制版过程中，拼大版的方式有两种：一种是手工拼大版，即将单页图文组版信息输出成胶片，以手工方式制作折手并进行大版的拼版作业；另一种方式是手工做好折手，然后利用各种组版软件，如PageMaker、InDesign等进行拼版。先建立大版文件，将组好的单张页面信息成组后，复制到大版版面中，并进行旋转和定位，组合成大版。这两种折手方式效率低，出错率高，越来越不适应现在快速发展的印前工艺的要求。

在数字印前处理工艺中，通常采用拼大版软件及专用折手软件来完成拼大版作业。拼大版软件能够调用排版软件生成的单个页面，进行适当的位置安排。只要知道印版幅面大小、装订方式等数据，就能自动地生成拼大版文件。要求能对多个页面的正确页面位置进行安排以及能解决由拼大版所产生的各种问题，如总页数、每个印张的页数、出血大小、页码、裁切尺寸、裁切标记、十字线、色彩控制条、装订方式等参数。常见的折手软件有：Creo（克里奥）Pre ps 折手拼大版软件、方正文合折手拼版软件、Scienic soft（科软公司）的 Pre ps 软件、台湾崭新的崭新印通拼大版折手软件等。

软件折手的控制内容及可提供的技术支持主要有以下几点：生成并存储折手样张；处理每张印版的页数、幅面和对齐，并附带用户定义的边界、装订空白边及折手模板；为每一个折手样张生成多个折手模板，包括多页的印刷样张和部分样张；考虑双面印刷、翻转调头和翻转不调头的印刷方式；处理出血页面及跨页扩展；实现多个任务组合版和多联拷贝；按装订方式（铁丝平订、金属线订、无线胶订）进行折手；考虑裁切附加量、纸张厚度等；考虑装订爬移、幅面增大、折页、套准标记等多方面的处理；满足 PostScript 文档结构约定的要求；解释 EPS、TIFF、PDF 和 PICT 页面/文件；能够把不同排版软件的数据集成到一个特定的任务内；按阅读者的观察方式，以确定的模式在屏幕上显示页面；调用页面用于处理、增删或更改顺序；在折手印张上，按活件显示印张效果。

现在使用较多的拼版折手软件的控制方式主要分两类，一类是 RIP 前进行折手拼大版，另一类是 RIP 后折手拼大版。

①RIP 前折手拼大版：就是先将页面拼成大版再送去 RIP，是比较常用的方式。首先完成单个页面的图文信息的排版，并处理好补漏白环节；然后进行折手控制，并进行各页面的拼大版作业，将最后生成的 PostScript 结果文件送到 RIP 中进行处理。这种方式可以避免先 RIP 后文件容量变大而给拼大版带来困难，主要用于书刊、杂志等印刷品的拼版，比如：方正文合的折手拼版软件，非常适合方正系列软件制作的文件进行折手和拼版处理。Creo 公司的 Pre ps 折手拼大版软件，功能强大、速度快、生产效率高且方便灵活，具有内建的分色功能，可控制每个单色的网角及补漏白的设定，还具备了一个完整的 PS 预览器，以确定每个页面在经过 RIP 处理时，都能正确无误。

②RIP 后折手拼大版：就是先 RIP 单个页面信息，再进行折手和拼大版，这样的方式比较适合包装、标签类印刷品的拼版。它将最后文件的修改方式加以简化，如若某一单独页面中包含排印错误，则只需将这一个页面的错误纠正后重新 RIP 一次，替换掉原来的页面即可，这比将整个大版重做一遍 RIP 要省事得多，因此后期修正比较容易。比如：美国 Scienic soft（科软公司）的 Pre ps 折手拼大版软件、崭新印通拼大版折手软件等，都是比较典型的 RIP 后拼版软件。

三、页面描述

在印前作业中，我们在计算机上完成页面上所有元素的编排，形成计算机定义的一个页面，即拼版后，此时的页面还是一种虚拟的页面，是通过计算机描述语言构成的页面。要将它真正转换成实际的页面还需要借助一定的记录设备输出到纸张或其他介质上，得到实体的页面。这需要通过页面描述来实现。页面描述就是将图像、图形、文字组合成一个版面，构成版面描述数据。一张单独的照片，将它用图像数据描述就可以了，但如果有几张照片，这些照片又要保持一定的位置关系，就必须有一些数据来说明，如果再加上图形和文字，它们的关系就更复杂了。页面描述方式有许多种，有经典的语言方式，用这种方式所描述的页面比较容易阅读，但不容易加工；也有现代的节点——指针方式，如 HTML 语言，这种页面描述方式虽不便于人工阅读，但有利于计算机加工。

页面描述语言（Page Description Language，简称 PDL）从 20 世纪 80 年代诞生以来，得到了迅速的发展和广泛的应用。目前，在印刷复制中最常用、最著名、应用最广的页面描述语言当属 PostScript 语言（简称 PS 语言）。

1. **页面描述语言综述**

页面描述语言，顾名思义，它的基本含义是指制作电子页面的描述语言，也可以认为它是任何一种信息记录格式，也就是说任何文件格式都可以认为是一种广义的"页面"描述语言。只是这种"页面"不一定都适合于印刷输出或电子出版。

页面描述语言是一种专门的计算机语言，其主要功能是描述页面上的文字、图形和图像等元素，可以对页面内的各种图文信息元素的属性、特征、行为以及页面元素之间的相互关系进行描述。它提供的是页面内容的一种高层次的描述信息。页面描述语言的这种描述由于是通过抽取文字和图形实体来描述页面的，而不是用设备像素阵列来描述，所以一般而言，它并不直接针对某种具体的设备。由页面描述语言构成的同一个文件，可以在不同的记录设备（如打印机、激光照排机、数字印刷机等）上输出成像。输出的页面在分辨率、颜色模式和质量上可能有差异，但在页面的幅面、结构和内容上是完全相同的。

页面描述语言在其语言系统的构成上有两种基本的语法结构：一是命令型和程序设计型，第二是线性结构和非线性结构。

（1）命令型语言结构和程序设计型语言结构。

命令型语言结构是比较老的一种页面描述方式，其特点是对页面的任何一种描述。包括从任何一种几何图形到对文字的任何字体、字型和字号以及任何页面的特殊安排，对其中的任何一个操作都需要设计一个专门的命令来完成。这种结构的语言特别适合小型简单的页面描述，命令也不会太多，在早期简单的办公打印系统中被广泛采用。这种类型的语言结构的最大弱点是它的扩展性和灵活性太差，对于任何一个扩展的页面描述功能都需要设计新的命令来描述它。随着页面描述的复杂程度不断提高，它的版本越来越多。命令集也越来越大，所以当它描述的页面的复杂程度超过一定限度时，这种语言结构就不适用了。

而程序设计型的语言结构的特点是使用小而精的基本描述命令，并使用程序设计的方式来使用基本命令的有机组合来完成对大型对象的描述。也就是一个大型的描述对象不使用一个专门的命令来描述，而是使用一个包含基本元素描述命令加上程序设计构成的集合来描述。它的使用特点和命令型的刚好相反，越是复杂大型的描述系统，这种结构的性能就显得越优越。这其中包括描述能力、文件精练程度和灵活性等。这类语言的典型代表就是 PostScript 页面描述语言。

无论是哪一种类型的页面描述语言，只要它足够正规并具有 ASCⅡ 编码的保存格式，就能和我们所熟悉的算法语言一样用手工编程方法来完成对一个页面的描述也可以利用页面生成应用软件按照用户的操作来自动生成描述文件，这时可以将应用程序看成是用图形操作方式来完成页面描述编程的"编程器"。

(2)线性结构和非线性结构。

页面描述语言中的一个重要功能特性是描述页面上的对象之间的相互关系的能力，这种能力越强，语言在表述页面信息时就越灵活。目前的页面描述语言可以分成线性结构和非线性结构两类。线性结构的基本特点是描述以页面为单位，页面上的对象按先后顺序叠加罗列，并形成最后的页面"最上层的表现特征"的描述。而页面和页面之间按前后顺序的线性结构排列，这就类似于书本以页面为基础的信息组织结构。这种结构完全可以满足印刷处理输出的要求。它的典型代表是 PostScript。作为非线性描述结构的代表，超文本页面描述语言 HTMl 是目前以 WWW 为代表的网络电子出版的页面描述语言标准。这种页面描述的特点是无论页面如何，描述对象之间通过一种称为超链接的关系描述来形成任何对象和对象之间的转向和调用关系。这样所有的描述内容之间就可以形成一种超越页面线性浏览关系的、内容之间的非线性浏览关系。这种结构给页面描述带来了极大的灵活性，特别适合于通过计算机屏幕浏览内容的新型阅读方式。同时这种结构的灵活的链接关系可以形成完整的数据结构模型，形成更复杂的描述方式，诸如数据库支持等。

2. PostScript 页面描述语言简介

PostScript 语言可以描述一系列的像素图像、矢量图形、文字及其这些对象之间的相互关系，而且这种描述是与设备无关的。自从 Adobe 公司开发出这种用于打印输出的信息交换文件格式及其这种语言的解释器之后，随着这种语言的不断普及和完善，逐渐发展成为彩色桌面出版系统的标准输出打印文件格式，从而解决了数字打样、激光照排等输出设备和印前制作系统之间的信息传递标准化问题。

（1）PostScript 语言的特点

从 PostScript 语言本身看，它一方面是一种具有很强图形功能的通用程序设计语言，另一方面又是一种具有一般程序设计语言特性的页面描述语言。也就是说，PostScript 具有通用程序设计语言和页面描述语言的双重特征。归纳起来，PostScript 语言具有以下主要特点：

①具有通用程序设计语言的一些基本结构，如各种类型的数据、数组、字符串、控制语句、条件语句和过程等，因此用 PostScript 描述的页面信息紧凑而有效。

② 具有强大的文字、图形和图像处理功能。能构成由直线、圆弧和三次曲线组成的任意形状的图形，图形可以自交或包含不相连的部分和空洞；填充操作允许图形轮廓线是任意形状和任意宽度，剪切路径可以是任意形状，填充颜色可以是 Grayscale、RGB、CMYK、CIE-based 等多种类型，也可以是重复图案、光滑的渐变、彩色映射和专色；文字完全作为图形进行处理，所以 PS 语言的任何图形操作符同样适用于文字；PS 语言能根据不同的彩色模型以任意分辨率描述取样图像，提供处理和输出取样图像的功能；在通用坐标系中，PS 支持由平移、变比、旋转、反射和倾斜等线性变换组成的复合变换，而且这些变换适用于页面描述的所有元素，即文字、图形和图像。

（2）PostScript 语言的页面描述方式

PostScript 的页面描述模式是：每个页面均为长方形，尺寸任意。缺省的坐标系是页面左下角为坐标原点，坐标度量单位为 1/72 英寸。如一张标准的 8 英寸×11 英寸的页面为 792 个单位高和 612 个单位宽。PostScript 的坐标系可以平移或旋转，原点可置于任意点处。在 PostScript 页面上的信息是按照先后顺序"叠放"在一起的一系列图形对象。所有这些 PostScript 图形对象都是不透明的。在页面上，首先描述的对象会被后面叠加上去的对象所遮盖。

①成像模型：PS 语言不采取惯用的像素操作，而是采用图形描述技术，即 PS 语言认为图形是通过油墨喷涂到页面上模板指定区域而构成的。模板可以是由字母、直线或曲线、填充区域或网目调图元组成，而油墨可以是任何颜色。总之，PostScript 是页面成像模型，而不是内容数据模型，它不适用于数据库应用软件。

②图形和图像操作：PostScript 语言提供了六组操作符，有图形状态（包括指定线型、线宽等）操作符、坐标变换和矩阵操作符、路径构造操作符、着色操作符、图像操作符、设备设置和输出操作符。

PostScript 对矢量图形对象是通过描绘轮廓以及对内部进行填充来进行表述的。轮廓线的描绘包括以下基本操作：

移动：把给定的点移动到页面上的指定位置，如 moveto、rmoveto 指令。

连线：在给定点到页面上新的位置点之间画线，如 lineto、rlineto 指令。

画曲线：使用 Bezier（贝塞尔）三次曲线的控制点在给定的两个端点之间画曲线，如 curveto 指令。

画弧：在给定两点之间画圆弧，如 arc 指令。

以上这些操作结合起来可以描绘闭合的或开口的复杂形状的路径。

定义轮廓的宽度及数值：可以给用上述命令构成的路径所形成的物体轮廓线设定宽度，使用 setlinewidth（设置线宽）命令。

例如：1 setlinewidth 选择线宽为一个单位

　　　　0 setlinewidth 选择线宽为打印机可描述的最细宽度

填充设置的基本操作有：

设置当前灰度：使用 setgray 命令。

例如：0.0 setgray 代表设置所用的颜色为纯黑

　　　　1.0 setgray 所用颜色为纯白

　　　　0.5 setgray 所用颜色为 50% 的灰度

设置当前色彩：允许将颜色设置到指定的 RGB 或 CMYK 值上。使用 setrgbcolor 和 setcmykcolor 命令。

填充区域：用当前颜色填充当前路径所构成的区域，如 fill 命令。

填充路径：用当前颜色及线宽画当前路径，如 stroke 命令。

PostScript 对像素图像对象的描述方法是首先描述图像的长方形边界，然后在边界内填充图像数据来完成。如果图像在二值输出设备上输出，如激光印字机或者胶印机，则应确定加网线数、加网角度以及网点形状等参数。这些参数的设置在 PostScript 语言中都有相应的命令。图像还可以在页面上剪裁为所需的任何形状并生成任何蒙版效果。

PostScript 对文字的处理和字处理软件十分相似，为了在页面上排列文字，应先确定字体及其尺寸。可使用 findfont（字体），scalefont（字号）和 seffont（设置有效）等命令来完成。字体随后可以被定义到页面上的任何位置以构成页面上的文本或是文字图形。由于文本或文字图形可以和其他对象一样被处理，因而可以缩放或旋转，以产生更为广泛的图形效果。PostScript 可以非常精确地描述几乎所有复杂的字体与其他页面元素的组合，实现了真正的图文合一。因为在这里文字被认为是一种特殊的图形。

③正文输出：为了得到高质量的文字输出，PS 字库对字体采用轮廓描述，可以进行任意放大或旋转；文字输出的间距和走向可以任意控制；PS 还为提高字符输出速度而设立了字体高速缓存。

当然，与页面描述相关的一些技术对页面的成像也是不可缺少的，这些技术包括：字形描述和存储、加网技术、图文数据压缩技术、色彩转换和管理技术等。

（3）PostScript 语言的应用

从理论上讲，应用程序可以用整个页面的像素阵列来描述任何页面，但是像素阵列庞大，而且与设备有关，因此实际上并不采用这种方法。而利用页面描述语言就可以得到一个格式紧凑的页面描述文件，便于存储和传输，且与设备无关。

在印前处理过程中，页面或版面制作完成后，通常使用计算机软件的"打印"功能生成页面描述语言。由于具体的输出设备并不"理解"页面描述语言，不能直接进行页面输出成像，因此在输出之前需要一个专门的系统对页面描述语言进行"解释"，即 RIP，并且根据页面成像操作指令，转换成真正可以记录输出的页面成像数据（文字、图形、图像的栅格化和加网），记录输出设备接收到这些记录成像数据后，即可将页面图文打印、曝光、记录到各种材料上，成为印刷品、胶片或印版。因此利用页面描述语言生成高质量输出一般分以下两步完成：

①由组版应用程序或计算机辅助设计应用程序生成一个与设备无关的、用页面描述语言书写的页面描述。

②RIP 控制一个指定光栅输出设备（配有页面描述语言解释器）去解释页面描述，并在该设备上输出页面。

两步工作可以在不同地点、不同时间完成，这样页面描述语言就可以作为传输、存储、打印或显示文本的交换标准。

页面描述语言解释器是页面输出的关键。PostScript 解释器的主要功能就是解释由应用程序生成的页面描述，进行加网和光栅化处理，并控制光栅输出设备的动作。

PS 解释器和应用程序之间的交互有三种模式。

① 传统的 PS 打印机模式

应用程序建立一个页面描述，可以把它立即传送给 PS 解释器或者把它们存储起来以待后用。解释器把一系列页面描述作为"打印作业"进行处理，并生成所需要的结果。典型的输出设备是打印机，但也可以是工作站或 PC 机的显示器上的预视窗口。PS 解释器经常可以在直接控制光栅输出设备的处理机上实现。

②显示器模式

应用程序与控制显示器或窗口系统的 PS 解释器进行交互式对话。为了影响用户的动作，应用程序发出命令给 PS 解释器，有时应用程序也从解释器读回信息。这种交互模式由 PS 系统所支持。

③交互式编程语言模式

程序员直接交互式地使用解释器,发出一系列立即执行的 PS 语言命令。许多 PS 解释器可支持这一功能。

复习思考题四

1. 图像信息处理的基本工艺流程是怎样的?
2. 举例说明印前图像处理的基本特征。
3. 简述模拟图像处理的基本原理。
4. 简述数字图像处理的基本原理。
5. 试述模拟图像数字化的过程。
6. 简述扫描仪的基本工作原理和工作过程。
7. 简述图像的灰度变换的原理和方法。
8. 图像复制中为什么要进行层次校正?其校正方法有哪些?
9. 彩色校正的目的是什么?简述其基本原理与方法。
10. 试述色彩管理的基本流程与方法。
11. 图像锐化的目的是什么?如何实现图像锐化?
12. 简述印刷版面的基本构成要素及排版要求。
13. 拼版系统的主要功能是什么?其作用何在?
14. 试述 PostScript 语言的页面描述方法。
15. 举例说明一个印刷页面的印前实现方法和流程?

第五章 印前输出工艺

现代印前工艺中对图文信息的处理基本都采用数字化处理方式，形成由页面描述语言所描述的页面信息，其技术和方法基本都一样。印前处理后紧接着的输出，首先需要将页面描述信息转换成输出设备所能够识别的信息形式，然后再输出，而输出则可以有多种方式，主要采用的方式有传统的输出分色片后再晒版和直接输出印版两大类工艺方法，当然在正式输出之前还须打样，打样也有模拟打样和数字打样两类方式。

第一节 RIP 及其输出设置

正如第 4 章所述，印前处理所完成的页面信息是由页面描述语言描述版面内容的，也就是说这时的页面信息是由一组程序代码来描述的，而印前输出设备可以识别和接受的信息只能是位图点阵信息，因此在将由 PS 等语言所描述的页面信息传输给输出设备之前，必须先将其转换成位图形式，这一过程由光栅图像处理器 RIP 来完成，也通常将这一过程直接称为 RIP。

一、光栅图像处理器 RIP

光栅图像处理器 RIP（Raster Image Processor）是印前输出系统的重要组成部分，它是将计算机排好的图文页面输出到不同介质（如黑白或彩色打印稿、分色胶片、印版等）时一个必不可少的中间处理设备。在决定整个系统的工作效率和品质方面，RIP 具有举足轻重和不可替代的作用。如图 5-1 所示为图像页面输出过程。RIP 的功能在于接收并解释应用软件生成的用 PostScript 语言描述的图文版面信息，生成输出设备可以识别接收的位图（点阵形式），即带有网点的网目调图像，驱动设备记录成像。

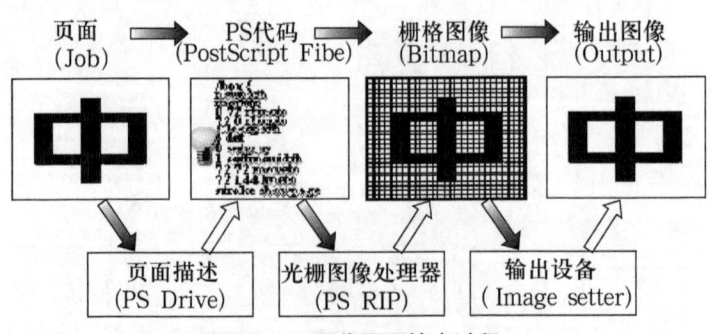

图 5-1 图像页面输出过程

RIP 过程是一个高强度计算处理的过程，其计算量相当大，如：当输出设备的分辨力为 500 点/厘米时，其在 1 平方厘米内要计算识别 25 万个点子；若输出设备的分辨力为 1280 点/厘米时，其中 1 平方厘米内则要计算识别 163.84 万个点子。这个计算量要在尽可能短的时间里完成，甚至要实时完成，并与输出设备的输出进度相匹配，从而要求计算机具有很强的计算能力，因此 RIP 是随计算机技术的发展而发展的。

1. RIP 的分类

自从 1985 年 Adobe 公司推出第一台名为 Redstone 的 PostScript RIP 以来，RIP 的发展十分迅速，目前市场上的 RIP 的种类繁多，但不论何种 RIP 都可以归为两大类：硬件 RIP 和软件 RIP。

（1）硬件 RIP

硬件 RIP 是利用硬件进行光栅图像处理的方式，它可能是一块放置于输出设备内的插卡，或是一个专用的计算机，专门用来解释页面的信息。硬件 RIP 的工作方式一般比较简单，通常采用网络打印方式，没有预视功能。所谓网络打印方式是指将 RIP 设置成一台网络打印机，在各台工作站上可以按照选择网络打印机的方法来连接，由组版软件打印的数据直接通过网络送给 RIP 进行解释，然后送给输出设备输出。这种方式是最简单方便的输出方式，只要是连接在网络上的工作站，都可以直接进行打印。这种输出方式的缺点是占用工作站的时间较长，可以采用后台打印的方式加快脱机速度。硬件 RIP 在早期黑白照排以及彩色印前处理方面起过重要作用。

（2）软件 RIP

由于页面解释和加网的计算量非常大，因此过去通常采用硬件 RIP 来提高运算速度，但随着计算机技术的发展，计算机的运算速度成倍提高，软件 RIP 已成为 RIP 产品的主流形式。软件 RIP 包括软件主体和各种设备驱动程序。软件主体实现光栅化，形成的图像文件由特定的设备驱动程序送到相应的外部设备进行输出。软件 RIP 是通过软件来进行页面的计算，将解释好的记录信息通过特定的接口卡传送给输出设备，因此软件 RIP 要安装在一台计算机上。目前计算机的计算速度已经有了明显的提高，RIP 的解释算法和加网算法也不断改进，所以软件 RIP 的解释速度已不再落后于硬件 RIP，甚至超过了硬件 RIP。软件 RIP 接收页面数据的方式比较灵活，可以有网络打印方式，也可以直接解释 PS 文件，还可以采用批处理的方式解释 PS 文件。解释 PS 文件的方式稍微复杂一些。首先要用组版软件将版面打印成 PS 文件，通过网络传送给 RIP 或将 PS 文件放到批处理文件夹里，最后由 RIP 打开 PS 文件解释输出。很多软件 RIP 都采用这种输出方式，尤其是早期的软件 RIP，网络打印功能很弱，只能通过这种方式输出。

批处理输出方式是将欲输出文件全部打印成 PS 文件，并放在同一个文件夹里，由 RIP 按顺序自动输出。这种方式比较适合相同处理条件时的作业，但这种方式不能预视输出结果，所以要确认版面制作没有问题。

与硬件 RIP 比，软件 RIP 具有更强大的功能：软件 RIP 网络功能齐备，它能通过选择设备驱动程序而方便地连接不同的输出设备，不仅可以驱动激光打印机，各种数字式彩色打印机、激光照排机、电分机、电子雕刻机等，还可以同时驱动多台照排机。软件 RIP 可以在屏幕上预先看到图文页面的解释结果，如果对页面图像结果满意就可以直接驱动照排机曝光出片，否则还可以进一步修改页面，可免除时间和胶片的浪费。软件 RIP 支持后端挂网，可以挂各种各样的网点改善印刷品的彩色效果，可以干预生成分色网点的形状、大小、旋转角度甚至密度等。

2. RIP 的解释方法

RIP 的核心是 PostScript 解释器，其解释方法可分为两种：NORM 方法及 ROOM 方法。

①NORM——Normalise Once Render Many（解释一次，着色多次）指的是对于文件中 PostScript 语言命令所描述的全部数据，先全部解释完，再一个页面一个页面着色。这种方法可解释 PDF 格式或其他格式的文件，可为以后的操作（比如定义陷印、OPI、拼版等）打下基础。

②ROOM——Render Once Output Many（着色一次，输出多次）指的是对于文件中 PostScript 语言命令所描述的全部数据，先全部解释并着色完，再一个页面一个页面地输出。ROOM 最主要的优点是在不同的输出设备上可保证输出的一致性，因为文件已经被着色过了。

但是因为 ROOM 方法用的都是解释过且着色过的文件（虽然还没有加网），文件较大，不利于网络传输，而且在打样时需压缩数据，很难保持数据一致性。

3. RIP 的功能

随着大幅面图文照排机和 CTP 的推出，RIP 的功能还在不断加强；如拼大版、大版打样、最后一分钟修改、预视、预检、光栅化、成像等处理，现已包含在 RIP 之中。RIP 与工作流程软件结合还涉及印后装订，还能把网点、油墨的一些印刷数据传送给印刷机。

DTP 对 RIP 的要求越来越高，特别是 CTP 的出现，更使 RIP 变的举足轻重，要求 RIP 有如下功能：

①补漏白（Trapping）。RIP 与相应的补漏白软件配合一起，可解决彩色印刷中套色不准的问题。

②拼大版（Imposition）。根据出版物排版及装订要求把单个页面组拼成书帖大版。

③自动分色（Separations）。在输出时自动将图像的 RGB 数据转换成 CMYK 数据。

④最后一分钟修改。有时在输出前需对某一个页面作修改，为避免重新 RIP 处理整张大版，要求 RIP 只对这个页面做修改后的处理。

⑤RIP 一次，输出多次。即经 RIP 处理后的同一数据，可同时供给印前打样与最后成品输出使用，并要求 RIP 能根据不同输出设备输出不同分辨率。使数字式印前打样与最后成品输出使用同一 RIP，保证打样样张与最终成品的一致。

⑥广泛的设备支持能力。支持主流的输出设备，为用户提供更多的配置系统的灵活性和选择余地，最大限度地利用系统所提供的功能。

⑦RIP 与 CTP 系统整体解决方案无缝连接。支持数字打样系统、支持色彩管理系统、支持自动流程管理系统等。

⑧多功能性。从低端黑白校样设备、彩色数字打样设备到高精度直接制版设备都能同时驱动，充分发挥 RIP 性能，同时保证系统内各种输出结果的高度一致性，减少差错机会，开发新的网点技术，用低分辨率输出高网线，节约输出时间，支持更加友好的人机界面和远程监控 RIP 能力等。

⑨可靠性。支持系统分级权限管理等，提高可靠性。

4. RIP 的主要技术指标

为适应 DTP 系统输出的要求，RIP 主要应具有以下技术指标：

①PostScript 兼容性。因为 PostScript 页面描述语言已经成为印刷行业的通用语言，各种桌面系统应用软件都以此为标准，因此兼容性的好坏直接关系到 RIP 是否能解释各种软件制作的版面，输出中是否会出现错误。

②解释速度。解释速度是用户最关心的问题之一，因为它直接关系到生产的效率。但输出的整体速度还取决于照排机的记录速度和网络传递速度，所以应该综合地考查系统的速度。

③加网质量。加网是 RIP 的重要功能，加网质量直接影响印刷品的质量，在制作彩色印刷品时非常重要。有些印刷品在某些颜色的层次上网点显得很粗，视觉效果不好，而在另一些层次上则不明显，这就是 RIP 加网算法造成的。加网质量与解释速度是一对矛盾，精细的加网算法计算量增加很多，速度降低也很大。

④汉字的支持。国内使用的 RIP 应支持汉字的输出。

⑤操作界面和功能。各种 RIP 的功能各不相同，可能有些差别还很大。

⑥支持网络打印功能。可以令使用非常方便，更重要的是，可以在不同的硬件平台之间使用，即跨平台操作。

⑦预视功能。可以用来检查解释后的版面情况，避免出现错误和减少浪费，因此现在大部分情况下都要先预视检查，预视功能也就成为了一项必不可少的功能。

⑧拼版输出功能。可以更有效地利用胶片，提高工作效率。因为照排机的胶片宽度是固定的，而输出的版面却是千变万化的，往往会遇到用很宽的胶片来输出很小版面的情况，尤其是大幅面照排机更容易遇到这种情况，造成胶片的浪费，而使用具有拼版输出功能的 RIP 就可以使这种问题迎刃而解。

二、RIP 的输出设置

从原理上讲，页面描述语言对页面上的文字、图形和图像的特征进行说明，而 RIP 则通过对页面描述语言的解释，将页面描述语言转换成可以记录的图文点阵信息，如图 5-2 所示为页面描述语言的产生和处理过程。

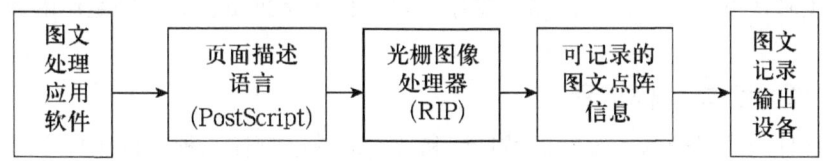

图 5-2　页面描述语言的产生和处理过程

为了使 RIP 正常地工作，在输出前或者生成 PS 文件前必须在组版软件中对页面的各项参数进行合理的设置，其中最主要的参数包括以下几方面。

1. 输出设备和记录分辨率的设置

输出设备的设置即选择记录输出的设备，可以选择已安装的实际设备，也可以选择屏幕预显示，或者仅作 RIP 处理而不记录输出等方式。

分辨率设置即选择记录分辨率，由于有些输出设备可以有不同的分辨率，因此应选择一个满足输出要求的分辨率。

2. 页面参数设置

页面参数设置包括很多项设置选项，主要的有：

页面尺寸。用于选择或输入记录版面的尺寸大小，包括图文页面、套准线、裁切线、页面四周边缘等。

页面方向。用于指定页面传送到输出设备上的方向，是否旋转。

页面裁剪。用于去掉上下边缘部分，便于连续出片时节约胶片。

效果。用于设置输出阴/阳片、左右翻转页面等。

页面缩放。用于输入纵横向缩放百分比。

3. 加网分色设置

加网分色设置主要包括自动分色设置和加网参数设置。

自动分色设置用于确定由 RIP 自动对页面当中的 RGB 彩色图像数据转换成 CMYK 数据指定使用的设备特性文件。

加网参数设置包括加网线数、网线角度、网点形状等的设置。

在页面设置完成后，可以通过应用软件的"打印"功能生成 PS 文件，然后进行 RIP 处理输出，在启动"打印"功能后，软件首先生成页面的语言描述，随后 RIP 开始把 PostScript 页面解释成可以曝光记录的点阵信息，发送到记录设备上，曝光记录成分色片或印版。

第二节 打 样

打样是印刷生产过程一个关键环节，是进行质量控制和管理的重要手段，目的是确认印刷生产过程中的设置、处理和操作是否正确，为客户提供最终印刷品的参考样品，称为样张。因此在印前处理和制版过程中，打样所处的地位是较为特殊的，它的作用主要有：（1）检查和校对文字排版、版式、彩色图像复制的质量；（2）为客户提供与印刷品一致的整版样张，供其认可和签字付印；（3）签字认可的样张是批量正式印刷生产的依据。

一、打样方式与打样流程

打样最常见的可以分为传统的机械打样和现代的数字打样两种。机械打样因为使用与正式印刷机相似的打样设备、印版、纸张和油墨，是最传统的也是最可靠的一种打样方法，但打样机一般都是单色或双色机（一次运行只能得到一种或两种颜色），自动化程度不高，需要很高的操作技能和经验，而且必须事先制作印版，因此，打样效率低，需要恒温恒湿环境控制，成本较高。数字打样不需要印版，将数字印前系统（计算机）中生成的数字彩色图像页面或数字胶片直接转换成彩色样张，即 CTProof（Computer to Proof；从计算机直接出样张）。数字打样是 20 世纪 90 年代初期兴起的打样方法，但其快速、高效和直接数字转换的特点与印刷技术数字化和网络化的发展完全吻合，将成为最主要的打样方法。实际中也可以采用数字印刷机进行打样。各种打样方式的基本工艺流程如图5-3所示。

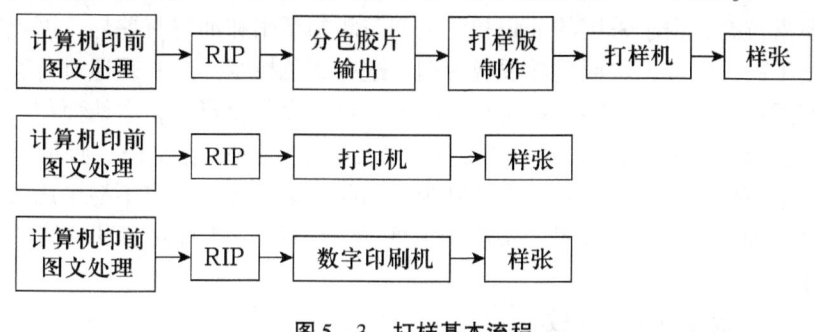

图 5-3 打样基本流程

1. 机械打样

机械打样是指在印前工艺中,先将印前作业中制作好的页面图文信息在照排机上输出胶片,再通过晒版机晒制 PS 打样版,最后在打样车间通过打样机按照印刷的色序、纸张与油墨,印制各种分色或彩色样张的过程。机械打样中打样机的工作原理与印刷机的原理相同,其利用油、水不相混溶的原理,通过网点大小来再现彩色图文层次。常见打样机大都采用圆压平的压印方式和湿压干的油墨叠印方式,有单色打样机和双色打样机两类。

机械打样系统的配置较复杂,通常要配有温湿度控制的房间、拼版台、晒版机、单色或双色打样印刷机、印刷用反射密度计等设备;还需要晒版人员以及具有一定印刷知识和打样经验的师博。

机械打样过程同正式印刷过程类似,利用印刷油水不相混溶的特性,需要拼版、晒版的过程,使用印刷中的 PS 版,并使用印刷用纸张打样,而且网点类型和结构也和正式印刷相同,因此机械打样有利于模拟正式的印刷效果。但是,机械打样机采用圆压平的印刷方式,与印刷机相比具有速度慢、压力小、传墨、串墨辊少;储墨系数低,墨色变化快;油墨从橡皮布转移到纸张的时间长;给墨量的大小靠手工操作;压力调节简单,给水量的控制比较灵活;对颜色的控制相对容易等特点。所以相对印刷品而言,打样样张的墨层厚实、色彩饱和度高,还能根据客户要求来提高或降低打样稿的色彩等,但也会造成忽视后续实际印刷工艺,给印刷带来困难等问题。

2. 数字打样

数字打样是以数字出版印刷系统为基础,在出版印刷生产过程中按照出版印刷生产标准与规范处理好页面图文信息,不经过任何模拟处理方式,以数字方式直接输出彩色样稿的新型打样技术,即使用数据化原稿直接输出印刷样张。它通过数码方式采用大幅面打印机直接输出打样来替代传统的制胶片、晒版、打样等冗长的工序。

数字打样的工作原理与机械打样和印刷的工作原理不同,数字打样是以数字印刷系统为基础,利用页面图文信息的 RIP 数据由计算机及其相关设备与软件再现彩色图文信息,并控制印刷生产过程的质量。它是以数字图文信息为基础,无须制作印版,通过多种打印机设备实施的样张制作技术。数字打样技术可以制作用于检查校对的黑白或彩色样张、用于检查页面图像复制的小幅面彩色样张和大幅面整版彩色合同样张。

数字打样是采用全数字化的打样系统制作样张的过程,它具有许多与机械打样不同的特点：可以灵活方便地采用多种打印技术输出样张；在采用色彩管理技术的前提下，色彩再现的稳定性和质量较高；由于采用的纸张和呈色剂与印刷纸张和油墨有差异，网点类型和结构也与正式印刷不同，一般无法通过微观观察网点进行颜色控制，故必须通过色彩管理技术使样张的色彩接近正式印刷；数字打样还具有以下特点：设备投资少，占地面积小，环境要求低；节省人力资源，降低成本费用，对操作人员经验依赖小；速度快，质量稳定，重复性强，成本低；适应性广，特别适合于直接制版、凹印和柔印等不能或不易采用机械打样的工艺；既能模拟各种印刷方式的效果，又能与CTP及数字印刷机的数字设备结合，真正实现自动化的工作流程等。

3. 机械打样与数字打样的比较

数字打样采用了与机械打样完全不同的原理和技术，因此两者在样张质量、生产速度、生产成本等方面存在较大差异。实际上，机械打样有许多优势，如打样色彩模拟能力很接近印刷品，尤其在网点模拟能力上，机械打样有绝对优势，但在稳定性、生产速度和使用成本上，数字打样远远领先于机械打样。例如：数字打样表达的色域远比机械打样丰富；不需经验、也没有人为因素干扰，自动化成像，可以很稳定；尤其是采用同一套RIP完成的数据做打样及数字印刷，就会更稳定。此外与机械打样相比，数字打样减少了机械打样的多个手工操作的步骤，不仅速度快、时效性高，而且可重复性好，避免了机械打样的诸多限制，如对环境温、湿度要求高，过分依赖操作人员经验，多次打样难以保持一致等。同时机械打样只能用在传统的模拟印刷流程中，无法满足CTP流程及数字印刷的要求，而数字打样在模拟流程和CTP流程及数字印刷流程中都可以使用。在生产流程中采用彩色管理技术，可以极大地提高彩色作业的色彩质量和稳定性。而且，在投资成本方面，数字打样也比机械打样便宜许多。

但是与机械打样相比，目前数字打样还存在适用性方面的一些问题：虽然数字打样系统支持专色，但实际上是将专色用数字打样设备的色料模拟，与印刷使用的专色不完全相同。数字打样使用调频网点或者无网点的染料升华技术，这与以前印刷操作人员的传统网点的打样稿完全不同。数字打样中使用的打印机墨水与印刷使用的油墨适性相差很大，打印机墨水的色彩范围大于印刷机使用油墨的色彩范围，它们的匹配程度须进一步提高。

二、数字打样系统及工艺

1. 数字打样系统的工作原理

各种连续调图像经数字化后，就变成了彩色数字图像，这些图像可送到计算机中保存起来，或被取出在计算机上做某种形式的处理，或与其他数字图像或文字稿进行组版，形成数字版文件。在对这些数字图像进行处理或拼版组版过程中，经常要对计算机处理的结果或组好版的文件进行检查，或供用户审查。这一工作通常由数字打样系统来完成。

（1）数字打样系统的输出模式

数字式彩色打样系统的输出模式分为软打样和硬拷贝打样，软打样用图像监视器，硬拷贝打样使用各种打印机。

硬拷贝输出模式：硬拷贝输出模式直接输出彩色硬拷贝，也称之为硬打样。一般采用数字式彩色硬拷贝技术制作出样张。目前应用较多的有染料热升华型、静电照相型、喷墨打印型、银盐彩色照相和热蜡转移型等。特别是染料热升华型，虽其打样系统的分辨率不高，但样张质量很好，可以达到连续调效果。另外，彩色数字打样系统中采用的彩色硬拷贝均属无压成像系统，加之显色剂和承印材料也不能与实际印刷时完全相同，这些因素都是造成样张与实际印品存在差异的原因，不过这些问题都可通过印前图像处理技术加以补偿。

软拷贝输出模式：软拷贝输出模式又称为软打样，即直接将彩色版面在荧光屏上显示出来。这种输出模式具有高速、低成本的优点，但是荧光屏显示是采用色光加色法原理呈色的，而实际印品则是靠色料（油墨）减色法原理呈色的，加之这两种最终的图像载体也相差较大，因此，软打样的样张很难做到与实际印品相一致，所以，这种输出模式主要作为内校使用。

（2）数字打样系统的构成

数字打样系统由数字打样输出设备和数字打样软件两个部分组成，采用数字色彩管理与色彩控制技术达到高保真地使印刷色域同数字打样的色域一致。其中数字打样输出设备是指任何能够以数字方式输出的彩色打印机，数字打样控制软件是数字打样系统的核心与关键，主要包括RIP、色彩管理软件、拼大版软件等，完成页面的数字加网、页面的拼合、油墨色域与打印墨水色域的匹配，不同数字打样系统对纸张、油墨的要求也不同，因此就形成了不同的数字打样解决方案，包括打印服务器、色彩管理系统、打印机、油墨、纸张等，当然关键是数字打样机。

①激光印字机

激光打印机又称作激光印字机，是平版制版系统的校样输出装置之一，应用十分广泛。它主要用于输出单色校样，供校对文字以及图像的大小、位置等。激光印字机是将激光扫描技术与电子照排技术结合起来的产物，20世纪90年代激光印字机开始成为打印机领域的主流产品。

激光印字机主要由两大部分组成，即激光光学系统与电子照相转印系统。激光光学系统由激光器、声光调制器、多面棱镜、聚焦镜头等组成。电子照相转印系统由光导鼓、充电电极、消电电极、转印电极、清洁器、显影磁刷、加热器、送纸辊等构成。

激光印字机的工作原理如图5-4所示，激光印字机通过接口接受计算机生成的版面点阵信息，暂存于扫描缓冲存储器中。在同步检测器检测到同步信号时，扫描缓冲存储器把存储的版面信号依次取出并同步送往高频振荡发生器，去控制高频振荡信号的有无（产生"1"信号和"0"信号），再通过声光调制器便可把版面信息加载于激光扫描束（1级衍射光）中。由于声光调制器的衍射有0级光和1级光之分，这两种衍射光能同时送到多面棱镜（6面棱镜或8面棱镜），0级衍射光经棱镜、反射镜反射后到光栅就产生同步控制信号，而1级衍射光将承载的版面信号则通过多面棱镜、聚焦镜，平面光栅后对光导鼓即扫描滚筒进行扫描。

扫描滚筒是激光印字机的核心部件之一。扫描滚筒一般以铝合金作为筒基，表面具有很高的光洁度，并镀有一层光导特性很好的材料，如硒-碲合金（Se-Te）、硫化镉（Cds）、氧化锌（ZnO）等。这些半导体材料在无光照条件下具有很高的电阻，一旦曝光，电阻值急剧下降立即成为良好的导体。扫描滚筒应用静电记录技术记录激光扫描信息，其原理与静电复印相似，不同的是复印机采用的是全色可见光曝光，而激光印字机采用的是由激光器产生

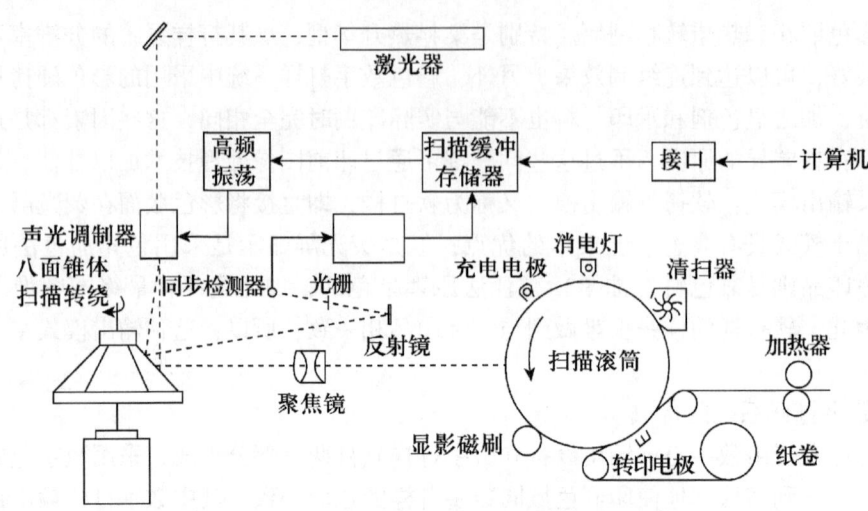

图 5-4 激光印字机工作原理示意图

的并经调制器调制的激光来曝光。激光印字机电子照相转印系统的打印过程主要包括六个步骤：

充电。在扫描滚筒表面附近安置着一根直径为 0.1mm 的钨丝作为充电电极，在其上加有 5~7kV 的静电正电压，在此高电压作用下，钨丝与滚筒表面之间的空气被电离，电离后的空气中带有大量的正电荷就会均匀聚集在扫描滚筒的表面。

曝光。当载有版面点阵信息的扫描光束扫过滚筒表面时，见光区域因滚筒表面的半导体材料电阻急剧下降，电荷经地线而消失，而暗区电荷依然存在，从而使滚筒表面形成静电潜像。

显影。显影是利用静电潜像对显影墨粉的吸附作用而形成墨粉图像，于是在感光鼓表面形成可见的图文。

转印。转印是利用转印电极的静电作用力，将墨粉图像吸附到转印电极连续传动的记录材料上。

定影。每一微小的墨粉颗粒都含有热熔性树脂，被吸附在记录材料表面的墨粉经过加热器时，树脂被熔化，墨粉就会被黏附在记录材料上，成为永久性图形字符。

记录材料的输出和感光鼓的清洁。将记录材料从激光打印机中输出。用消电灯照射扫描滚筒使其表面的残余电荷全部消去，再用清扫器清除滚筒表面的残余墨粉，使扫描滚筒表面恢复到初始状态，为进入下一次打印循环作好准备。

激光打印机的数据处理有两种方式：一种是字符输出方式，另一种是图像输出方式。在字符输出方式下，计算机把要输出的字符的内部码通过接口输入到激光打印机的缓冲存储器中暂存起来，然后将这些内部码转换成字符发生器的地址码。字符点阵信息的取出顺序是以版面横向扫描行为单位，将一行字符的同行横向上的点阵信息从左到右依次取出之后，再取出下一条横向扫描线上的点阵信息。在取出字形点阵信息后，通过激光调制器把字符点阵信息加载到激光扫描光束中去，然后由扫描光束利用电子成像技术扫描出一页全部版面信息。在字符输出工作方式下，计算机向激光打印机传送的信息量比较少，版面输出速度比较快，打印质量也比较高。目前一些激光印字机中加有硬汉字库，另外有的也可以通过加挂外挂字库硬盘的方式大大地扩充字库的容量。

在图像输出工作方式下，整个版面点阵都是由计算机产生的，通过激光打印机的接口将生成好的版面点阵信息输入到打印机的缓冲存储器中暂存起来。扫描输出时，按扫描行的顺序依次取出图像点阵信息加载到激光扫描光束中。在图像输出工作方式下计算机生成并向激光打印机传送的信息量比较大，其速度和效率与字符输出方式相比较慢，但对于打印机中所带的字库较少时是一种比较好的解决办法。

②喷墨打印机

喷墨打印机是通过控制喷嘴喷出的细微墨滴沉积在承印材料上而产生密度形成图像的图文输出设备。喷墨打印机最突出的优点是易实现彩色化，在硬拷贝彩色输出设备中发展很快，广泛应用于彩色绘图，彩色图像打印等方面。

喷黑打印机的打印不通过中介物而直接将墨滴喷射在记录材料上，是一种新的打印方式。从喷墨打印技术的工作原理上来分喷墨打印机可以分为连续喷墨方式与按需喷墨方式两种。连续喷墨方式又称为同步喷墨打印；而按需喷墨方式又叫间歇式或间断式，或称作异步喷墨打印。按需喷墨方式的驱动主要采用压电式喷墨技术和热感式喷墨技术。

喷墨打印机主要由控制部分、驱动电路以及喷墨机构三部分组成。

控制部分：控制部分是控制喷墨机构按计算机命令动作的部分，也是控制电气驱动电路动作的部分。

驱动电路：用于控制喷墨机构动作，包括喷墨头传动电机驱动电路，走纸电机驱动电路、高压偏转电压电路、墨水泵控制电路、墨水微粒带电荷的控制电路等，以及控制墨水循环、喷墨头、墨水微粒偏转系统等。

喷墨头：喷嘴喷出的墨滴可以是连续式和随机式两种。a. 连续式喷嘴连续喷出墨滴，在墨滴运动过程中按墨滴的性质（如充电与否）控制其运动的方向，使形成图文的墨滴落到纸上，不形成图文的墨滴落到墨滴收集器中，回收使用。这种方式墨滴喷射速度高，易实现高速打印，但需要墨水泵和墨水加收装置，机械结构比较复杂，设备规模比较大。b. 随机式喷嘴对墨滴喷射与否进行控制，即将要形成图文的墨滴喷出，不形成图文的墨滴就不喷出。这种方式的技术难度比较大，墨水喷射速度低，靠采用多喷嘴结构获得高速打印。这种方式机构简单，可用于便携式打印机。

③热敏打印机与热升华打印机

热敏打印机的打印头上有无数个热敏元件，它们将彩色色带上的颜色熔化到纸上，一般有三个或四个与纸同样大小的色带，分别为 Y、M、C、BK，它们卷成卷，打印一幅彩图需要重复打印三遍或四遍，一遍一个颜色，每遍换一色，每打一色后纸张都要回到最初位置。

热升华打印机的打印方式与热敏打印机类似，其不同之处在于，热升华打印机使用透明染料，每个颜色可直接覆盖在其他颜色之上，叠合出各种颜色，而且热升华打印机的颜色能渗透到纸里，而热敏打印机的颜色只留在纸的表面，因此，热升华打印机的打印质量最高。

2. 数字打样流程

数字打样按照接受数据类型方式的不同，还可分为 RIP 前打样和 RIP 后打样。

（1）RIP 前打样

所谓 RIP 前打样是指数字打样管理软件先接受未经 RIP 解释的 PS、PDF、TIFF 等数据，再依靠数字打样系统的 RIP 来解释这些文件，其工作流程如图 5-5 所示。

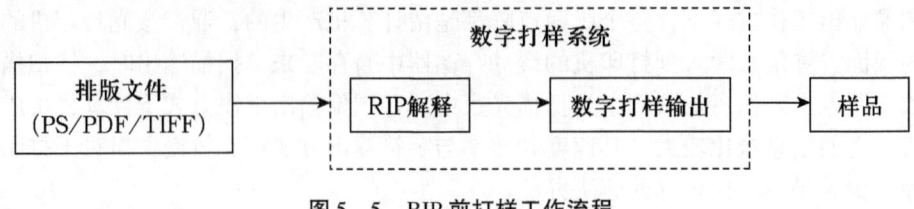

图 5-5　RIP 前打样工作流程

（2）RIP 后打样

RIP 后打样是指数字打样管理软件直接接受其他系统 RIP 后的数据，将这些文件直接处理打样，其工作流程如图 5-6 所示，需将排版生成的 PS 文件通过 RIP 解释后才能打样。

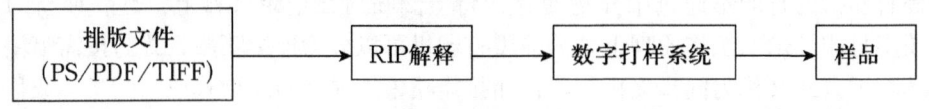

图 5-6　RIP 后打样工作流程

RIP 后数字打样技术是目前数字打样发展的主流，采用 RIP 后的数据进行数字打样的优点在于保证了打样数据同输出制版数据的一致性。RIP 后打样还可以反映排版、转换 PS 文件及 RIP 解释等工艺过程所出现的错误，也可以用来控制扫描分色参数的确定、印刷质量的控制，完全满足现有工艺的需求。同时 RIP 后的数据经过了光栅化处理，可以打印出同印刷调幅加网更接近的真网点效果，在色彩、细微层次等方面表现得更加逼真，有利于提高印刷质量和效率。

（3）RIP 前打样与 RIP 后打样的比较

在实际生产中要求数字打样系统同时具有 RIP 前打样和 RIP 后打样功能，并对 RIP 类型没有限制，能真正接受不同 RIP 后的数据，还能发现印前的问题。RIP 前打样与 RIP 后打样的主要区别在于：首先，RIP 前打样由于生成 PS 文件的环境、选用的 PPD、PS 生成的打印设置等的不同，使得打样时的 PS 文件很难保证同输出印刷时的 PS 文件一致，同时，激光照排输出时 RIP 解释 PS 文件过程同数字打样解释 PS 文件过程不一致，很容易造成数字打样的结果同印刷的结果不一致；其次，RIP 前的打样数据还没有光栅化，没有办法打出印刷调幅网效果，给印刷追样造成困难；最后，RIP 后数据的色彩描述同 RIP 前数据的色彩描述之间存在差别，RIP 后色彩描述形式和内容更适合于数字打样色彩的需要，在色彩、阶调层次、精度等最终表现上更加符合印刷打样的需求。而 RIP 前数字打样比较适合于版式打样和样稿打样，但要作为合同打样，还存在一些问题。

3. 数字打样的设置与输出

（1）彩色数字打样的色彩管理

彩色数字打样关键在于：使打印输出样张的颜色与正式印刷的颜色一致，否则，有可能导致印刷复制单位与客户之间出现矛盾。

利用色彩管理技术可以做到样张色彩与印刷色彩的一致或基本一致，具体过程如图 5-7 所示。

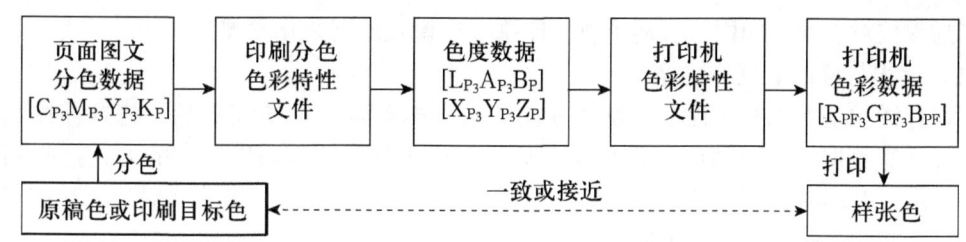

图 5-7 彩色数字打样的色彩转换

在针对四色印刷复制的分色过程中,已经进行了正确合理的分色设置,即用来做印刷分色的色彩特性文件是已知的,分色完成后,原稿的颜色已经被分解成印刷四色数据。

彩色数字打样系统依靠各种彩色打印机输出样张,而彩色打印机也具有自己的色彩特性文件。利用彩色打印机的色彩特性文件,就可以把色度数据转换成驱动打印机的色彩数据。在很多情况下,驱动彩色打印机打印的色彩数据是 RGR 模式的。

为了进行准确的彩色数字打样,打样系统必须"知道"印刷的颜色到底是什么,因此,数字彩色打样系统会利用印刷分色的特性文件,进行第一次色彩转换,即把页面图文的分色数据转换成印刷的色度数据,这要利用印刷的色彩特性文件,由此,系统已经"知道"要印刷的色彩是什么"模样"了。

随后,针对彩色数字打样的需求,打印到样张上颜色的"模样"必须与印刷色的"模样"一致或接近,因此,就要将上述印刷品色度数据转换成驱动彩色打印机的数据。这是彩色数字打样的第二次色彩匹配转换。显然,在这次转换中,要利用彩色打印机的色彩特性文件。

经过两次颜色匹配转换获得了打印机的颜色数据,用其驱动彩色打印机,即可打印输出与印刷颜色一致或基本一致的样张。

(2) 彩色数字打样的过程和设置

①生成印刷色彩特性文件:在制版、印刷的工艺状态正常稳定的情况下,制作数百个色块组成的 IT-8 印刷样张,在专门的软件中进行色度测量,生成印刷色彩特性文件。

②生成彩色打印机色彩特性文件:在采用线性化数据的情况下,制作数百个色块组成的 IT-8 彩色打印样张,在专门的软件中进行色度测量,生成打印机色彩特性文件。

③彩色打印机网点线性化:确认彩色打印机状态正常,进入数字彩色打样软件,进行网点线性化工作。一般而言,数字彩色打样软件的网点线性化需要打印出四色网点梯尺,进行网点测量,以便获得打印后纸张上的网点面积率。随后,软件自动或由操作者建立原始网点面积率与实际网点面积率之间的对应关系曲线。

④数字打样设置:数字彩色打样的设置包括页面、打印、材料尺寸、RIP 以及色彩管理等方面的设置,其关键是色彩管理的设置,可直接在界面中正确选择和设置已有的线性化曲线、印刷色彩特性文件、打印机色彩特性文件,设置完成即可进行正确的数字彩色打样。

4. 远程打样

远程打样系统是以网络技术、色彩管理技术、数字打样技术为基础,实现跨时间和空间的打样生产结构形式,是印刷生产向信息化迈进的重要步骤。它不仅实现了异地打样,而且实现了远程校对、异地印刷，带动了整个印刷生产模式的网络化发展。

(1) 远程打样的数据传输途径

远程打样的基本工艺流程是，发送方在生成打样页面的 PDF 文件后，将打样控制数据及生产规格等数据一起随 PDF 文件传送到远程打样现场，输出端以一定的方式接收到文件后即可输出，并同时检测相关数据，看是否与发送端的数据一致，并作实时的调整控制。

常见的数据传输方式有以下两种：

第一种是打样终端与服务器直接建立链路连接。这种数据传输方式是通过网络将打样终端与服务器直接连接，实现对打样数据及信息的实时控制。

如图 5-8 所示，打样终端与印刷厂通过 ISDN 或高速的 T-1 线路连接，印刷厂接收打样数据后嵌入色彩特性参数，将数据压缩后传输到异地打样终端的彩色打样机上，实现对打样数据及信息的实时控制。这种传输方式要求打样终端有固定的 IP 地址，打样数据将根据 IP 地址寻找对方主机，同时根据对应的端口号将数据提交给数字打样远程数据接收端。有些数字打样系统可以实现一个打样中心支持多个远程打样工作平台。

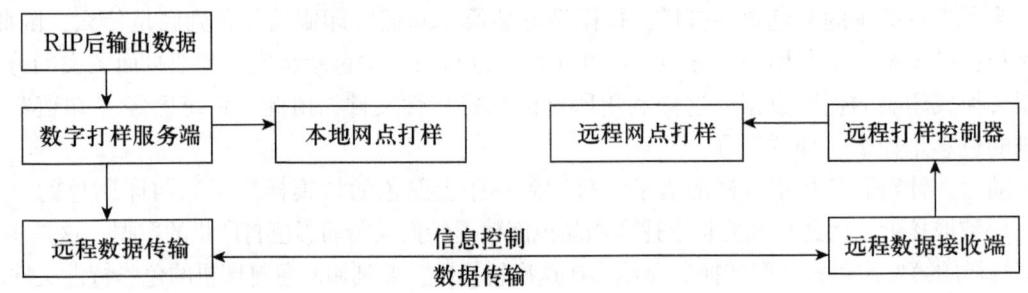

图 5-8 打样终端与服务器直接交换数据

第二种是打样服务端及打样终端都与网络服务器进行双向数据交换。如图 5-9 所示，对技术颇为敏感的印刷和印前厂商已经建立了 Internet FTP（File Transfer Protocol 文件传输协议）站点，这些站点经常是建立在印刷厂的 Internet 服务器上，印刷厂及打样终端都与网络服务器交换数据。客户把自己的文件上传到印刷厂的 FTP 服务器上，印刷厂完成了印前制作后，再把工作数据传输回服务器，打样终端可以从服务器上下载制作完成的文件，并在自己的彩色打样机上输出，完成远程打样。这种方式的特点是打样系统并不直接连接，而是通过服务器中转的，对接入网的方式要求不高，也不需要固定的 IP 地址。通过网络服务器的路径，将工作数据直接传输到网络服务器，同时数据接收端通过该路径自动下载，接收数据，自动完成打样。

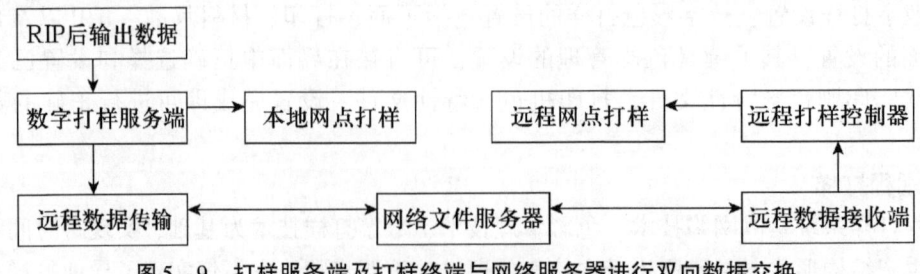

图 5-9 打样服务端及打样终端与网络服务器进行双向数据交换

(2) 远程打样的文件传输方式

远程打样实际是一种特殊的文件传输方式，因此除了要解决数字传送途径问题外，还涉及文件怎样进行远程传输。远程打样传输文件的方式主要有三种。

第一种方式是热文件夹（hot folder）方法，就是远程打样的文件通过热文件夹的方式传送到异地。采用这种传输方式，首先要在机器上建立一个热文件夹，由 RIP 软件监控这个文件夹，将文件调入 RIP 软件，RIP 识别并对文件进行处理（特别是传送到热文件夹上的文件是 PostScript 文件时）。在采用热文件夹传送文件时，必须在生成文件的连接终端按 PPD（PostScript 打印描述）与目标输出设备相匹配，并打印出一份文件。因为如果不设定 PPD 来与目标打样机相匹配，那么打印活件时设备出错的可能性会很大，以致不得不重新生成并发送这个文件。

第二种方式是用 Macintosh 机的"桌面打印机"，基本上是把文件拖放至桌面打印机上，桌面打印机随后把文件发送给打样设备。使用这种方式可以将文件传送给绝大多数输出设备。

传送文件的第三种方式即 LPR 远程方式打样。它是标准的 Unix 方式，即 Unix 及其 RIP 都支持这种文件传送方式。

第三节　CTF 输出与晒版

目前国内大部分印刷企业特别是中小印刷企业所采用的印前工艺流程是 CTF（Computer to Film）工艺，即将印前处理完成的页面信息首先输出记录在分色片上，然后再晒制印版（平版印刷中常用 PS 版），因此 CTF 工艺的基本工艺流程如下：

印前图文处理——打样——校对修改——输出分色片——晒版

一、激光照排输出

激光照排输出就是利用激光照排机在感光胶片上记录印前处理的页面信息，获得分色片的过程。

1. 激光照排机及自动冲片机

激光照排机又称图文记录机，是在胶片或其他感光材料上输出高精度、高分辨率图像和文字的打印设备。激光照排机以激光为光源，根据印前处理系统传送来的版面点阵信息生成黑白位图，在感光材料上曝光，从而输出所需的单色或四色分色胶片，供制版印刷用。

激光照排机的工作原理如图 5-10 所示，它属于"二值型"设备，即：在记录阳图图文时，激光对图文部分进行曝光，而对空白部分不曝光，对胶片只有曝光和不曝光两种状态（"二值"）而没有其他状态，因此用 1 位数字信号（0，1）即可控制激光对图文的记录。

激光照排机的工作同 RIP 和自动冲片机紧密相关，RIP 将前端处理好的版面信息以激光照排机相应的输出分辨率转换成加网位图信息，传送到激光照排机，并驱动其记录装置在胶片上曝光，曝光结束后送到自动冲片机进行显影、定影、水洗和干燥等一系列后处理。

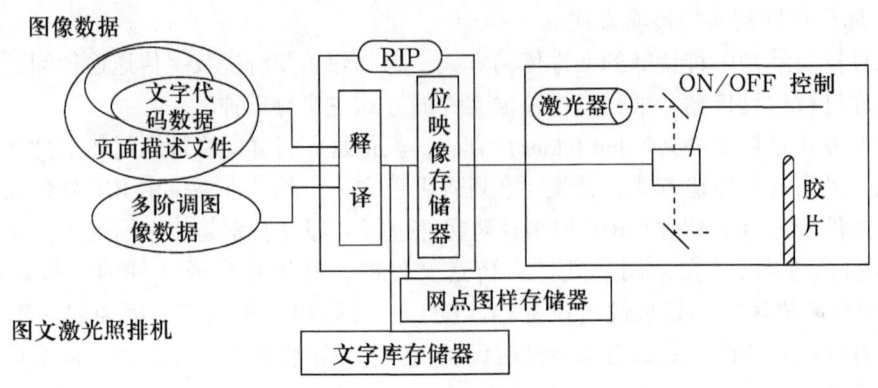

图 5-10 激光照排机的工作原理

(1) 激光照排机的类型

激光照排机按记录机构设计方式可分为平面式和滚筒式两类。平面式激光照排机指感光材料平铺在平台上的机型，常见的有绞盘式和平台式两种。滚筒式激光照排机是指感光材料卷绕在滚筒上曝光的机型，根据感光材料包覆在滚筒上的部位不同而分为内鼓式激光照排机和外鼓式激光照排机以及虚鼓式激光照排机。

①绞盘式

绞盘式激光照排机在曝光时感光材料由几个摩擦传动辊带动，从记录头扫描光束下方通过，记录下光栅图像。由于在胶片传动的同时，激光将图文信息记录在胶片上，因此胶片的走动速度和曝光速度必须是严格一致的，绞盘式照排机的激光光源固定不动，曝光光线的偏转靠棱镜转动来实现。绞盘式激光照排机的主流机型有 ECRM 系列、Panther 系列、SCREEN 3050、Agfa 公司的 Accuset 系列等。

绞盘式激光照排机由供片系统、光学扫描系统、收片系统、控制部分等组成。绞盘式激光照排机的结构和操作都很简单，价格也较便宜，可以使用连续的胶片，连续的记录长度无限制等。其缺点是记录精度和套准精度略低，一般只限于四开或四开以下幅面照排机。

绞盘式照排机精度不高的主要原因：其一是胶片走片不均匀或打滑，尤其是当照排机使用一定时间后，送片辊老化或太脏，更容易造成套准精度下降；其二是结构本身造成的。胶片记录在一个方向上是靠胶片移动，另一个方向靠棱镜转动偏转光，棱镜转动 1 周记录 1 行或几行。如果激光光斑是圆形的，则激光与胶片中间相垂直，光斑可以保证是圆形；而在胶片两边，激光不再与胶片垂直，光斑形状就会变形，变成椭圆形，从而影响记录精度。因此，激光光束的偏转角越大，激光到胶片中间和两边的距离差就越大，光斑形变就越厉害。为了解决这个问题就需要加大棱镜到胶片之间的距离，减小偏转角，并限制记录幅面，因此绞盘式照排机幅面不能太大。

②平台式

平台式激光照排机在曝光时感光材料静止不动而由记录头移动来记录图像。激光器发出的光束到达一个多面转镜或振镜，经过镜面的反射，激光束被投射到胶片表面，对其形成曝光，记录平台移动，直至将整个版面记录完毕为止。这种形式的激光照排机比较适用于输出大幅面的分色片。

③内鼓式

内鼓式激光照排机在曝光时感光材料卷绕在静止滚筒内壁静止不动，靠记录头在滚筒的中心轴上边旋转边做轴向运动，在感光材料上记录成像。激光器发出的一束激光照射到转镜的斜面上，并随镜面转动而反射到胶片的表面，形成一条曝光线。随后，记录装置移动一条线的距离，进行下一条线的曝光记录，直到所有图文记录完毕。

由于滚筒和胶片不动而由激光光束扫描记录，没有走片不匀造成的误差。激光光束位于滚筒的圆心轴上，激光器可以绕圆心轴转动，每转1周记录1行，同时激光器沿轴向移动1行。激光束是做圆周形扫描，其记录光束到胶片任一点的距离都一样，没有光斑变形，还能有效避免因胶片传动不稳定所造成的记录精度降低问题，具有非常高的重复精度。此外，由于滚筒不动，靠棱镜的转动来偏转光束，棱镜很轻，转动惯量很小，转速很高，记录速度也很快。

内鼓式激光照排机由供片系统、收片系统、光学成像系统、控制系统等组成。内鼓式激光照排机也使用连续供片方式，操作方便，但记录长度限制在滚筒圆周内（通常限制在半个圆周内），不能像绞盘式照排机那样记录无限长的版面。

内鼓式激光照排机在照排机中结构最好，具有记录精度高、幅面大、自动化程度高、操作简便、速度快等特点，几乎所有高档照排机都采用这种结构。

内鼓式激光照排机的常见机型有 Agfa Avantura 系列，Linotype – Hell 公司的 Linotronic 630，Scitex 公司的 Dolev PS 等。

④外鼓式

外鼓式激光照排机的工作方式与传统电分机输出端的工作方式类似。曝光时记录胶片卷绕在滚筒外表，随滚筒旋转而旋转。在图文记录的过程中，滚筒旋转一圈，多束激光同时对胶片曝光一周，随后记录头横向移动一段距离，进行下一圈的曝光记录，直到整个胶片的图文记录曝光完毕为止。

外鼓式激光照排机的优点是记录精度和套准精度都较高，结构简单，工作稳定，记录幅面大。外鼓式激光照排机的缺点是操作不方便，自动化程度低，需要手工上片和卸片，手工上下片时需在暗室操作。大幅面激光照排机的记录滚筒大，需要抽气系统和胶片固定装置，而且记录滚筒越大，转动惯性越大，转速受到限制，记录速度较低，必须靠增加激光光束数量来提高记录速度，这种类型的照排机目前较少使用。

常见外鼓式激光照排机有邮电部杭州通信设备厂的激光照排机，Optronics 公司的 Colorsetter2000 以及一些由电子分色机改造的高端联网系统（即电分机的输出系统）。

⑤虚鼓式

虚鼓式激光照排机又称为虚拟滚筒式激光照排机，结构与内鼓式激光照排机相似，但无滚筒实体，利用感光材料直接环于两侧支撑环上，即以感光材料作为鼓，故称虚鼓。属于内鼓式激光照排机的一种变型，目的是降低造价，虚鼓式激光照排机是 Extra 公司的专利。

（2）激光照排机的性能参数

无论什么类型的激光照排机，我们都要考虑其主要性能参数：输出分辨力、重复精度、输出幅面、记录速度和激光波长等，其中输出分辨力和重复精度是衡量激光照排机性能的两个最重要的指标，也是划分激光照排机档次的标准。

① 输出分辨力

输出分辨力又称为记录分辨力或记录精度，是指激光照排机在单位长度内可以记录的光点数量，通常以每英寸的点数（dpi）或每厘米的点数（dpc）来表示。输出分辨力越高，激光光点尺寸就越小，光点的密集程度就越高。在相同的加网线数下，输出分辨力越高，组成网点的光点数就越多，所形成的图像的灰度级变化就越大。当激光照排机的输出分辨力和输出加网线数确定后，可计算出相应的灰度级，即：

$$灰度级 = (输出分辨力/加网线数)^2 + 1$$

高输出分辨力能产生精细色调，使印刷品层次更为丰富，但增加了 RIP 和激光照排机的工作量，降低系统的输出能力。为了满足用户协调分辨力高低引起输出质量和生产力之间的矛盾，激光照排机有几档输出分辨力供用户选择。如 Agfa Avantura 系列的照排机的输出分辨力为：1200dpi，1800dpi，2400dpi 和 3600dpi 四档。而 Linotype–Hell 公司的 Linotronic–630 型激光照排机的输出分辨力为 1219dpi（480dots/cm）、2438dpi（960dots/cm）和 3251dpi（1280dots/cm）三档。

② 重复精度

重复精度指版面上某个点在两次输出时是否能精确处在同一位置的能力，描述了各分色版上图像位置的准确程度。重复精度对彩色印刷非常重要，其四张分色片四次输出后的相互套准精度与激光照排机的重复精度直接相关。如果激光照排机的重复精度较低，则胶片在先后两次输出或一次同时输出四色片时，四色之间无法套准出现印刷色彩错位，色块漏白，小号字体重影等问题。

激光照排机的重复精度分纵横两个方向，最好的外鼓式激光照排机重复精度为 $\pm 2\mu m$。内鼓式照排机的感光材料是不动的，其重复精度是 $\pm 5\mu m$。而绞盘式的激光照排机的重复精度最差，是 $15 \sim 20\mu m$，随着使用时间加长，重复精度会逐渐降低。为了改善绞盘式激光照排机走片不匀与胶片张力等因素造成的精度下降，有些绞盘式激光照排机（如 ECRM 的 Knock Out 4550 型激光照排机）采用了惰环式胶片缓冲的供片和收片装置，避免了胶片张力不匀造成走片不匀。胶片在传动过程中经过松弛的缓冲，不直接从供片盒拉动胶片，也不直接将胶片送到收片盒，减小了胶片传动中的拉伸，使胶片张力始终保持一致，改善了走片均匀性。

③ 激光波长

激光照排机的激光器波长决定了所使用胶片的型号及价格。激光照排机常用激光器有波长为 633nm 的氦氖激光器；波长为 650nm 或 670nm 的红光半导体激光器；激光波长为 780nm 的红外半导体激光器。目前，采用氦氖激光器和红光半导体激光器较多，都使用感红光型感光材料，价格比感红外型感光材料便宜 10% ~ 15%，感光速度比感红外型感光材料要快。

④ 最大输出幅面

激光照排机最大输出幅面有正八开、大八开、正四开、大四开、对开、大对开和全开幅面。激光照排机在最大输出记录幅面内可以换用几种不同幅面的胶片，以适应不同的幅面要求，达到节约胶片的目的。激光照排机的输出分辨力和重复精度与其幅面关系很大，幅面越大，对精度要求越高，制造加工难度越大，价格也高。

滚筒式激光照排机都可达到很大输出幅面，其原因是滚筒式激光照排机的激光器与胶片间距相同。而绞盘式激光照排机最大输出宽度有限,从技术上讲不超过510mm,若幅面过大,则激光扫描偏角越大,激光束距离胶片中间和两端的距离差越大,非线性失真越大,误差也越大。

⑤输出速度

激光照排机的输出速度是指以1200dpi输出分辨力记录时的出片速度来衡量的。尽管新型激光照排机走片速度很快,但还受到RIP速度的限制,即输出一个版面所用时间等于网络传输数据时间,RIP解释版面时间和激光照排机记录时间之和。因此,激光照排机的输出速度只影响记录时间部分。

(3) 自动冲片机

自动冲片机即显影机,是将曝光胶片的潜像变为稳定影像的设备,包括显影、定影、水洗、干燥和控制五个部分,有离线冲洗和连线冲洗两类。显影机有容积30~60L的深槽式显影机(见图5-11)和容积7~20L的盘式显影机(见图5-12)两种。其中深槽式显影机由于胶片穿过显影机液体的路程较长,药液量大,冲洗胶片的质量稳定性更好,冲洗时间和作业控制的调整性更优。

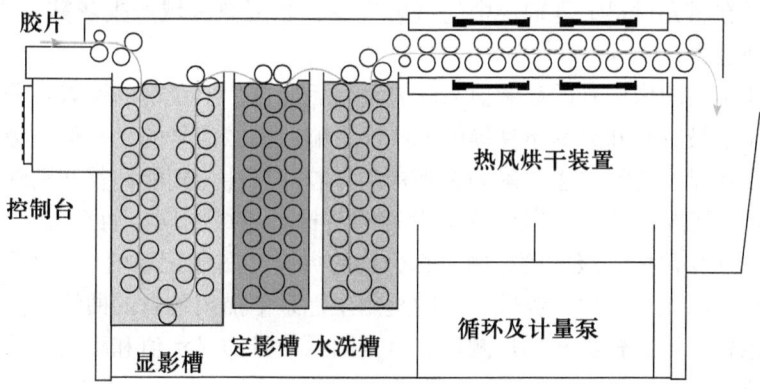

图5-11 深槽式胶片显影机

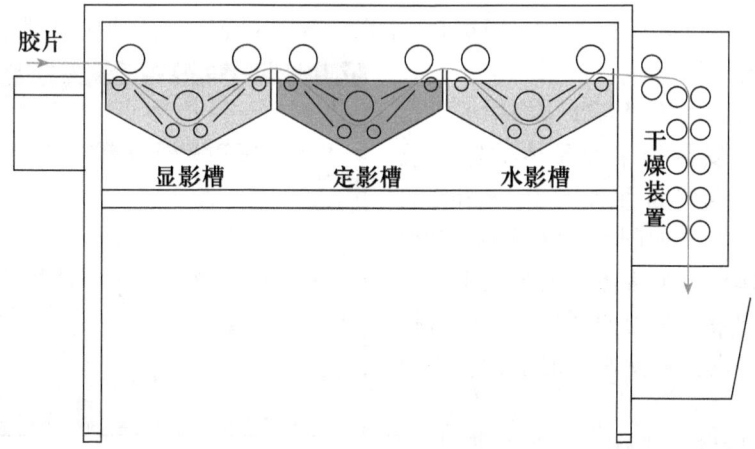

图5-12 盘式胶片显影机

目前，印刷工业用的显影机主要采用高温快速冲洗方式，显影定影温度在30℃~40℃之间，干燥温度55℃~65℃，整个冲洗时间大约90s。现代显影机采用了明室操作设计，可以进行明室作业，药液的补偿和控制采用电脑自动进行，操作人员不接触化学液体，降低了健康危害和污染，生产能力极高。

2. 激光照排输出工艺

（1）激光照排机的标定

激光照排机安装完成后，为了保证激光照排机的良好工作状态和各项功能的正常发挥，需对激光照排机进行标定。在目前印前图像处理系统中，图像处理部分的网点百分比精度是0.1%，但激光照排机输出胶片的网点值与图像数据值相差可达20%，因此激光照排机的标定是印前处理输出质量控制的关键环节。激光照排机的标定包括调节激光照排机的激光束光强和胶片线性化两项工作。

调整激光束光强的目的一是使激光强度与不同感光片的感光性能相适配，以不同胶片上产生最大密度值Dmax；二是对激光器老化进行补偿。正确调整激光束光强值，可使输出胶片的反差优良、边缘清晰度好。激光束光强过低，则输出胶片的密度不足；而激光束光强过高，则增大光线在感光材料上乳剂层中的漫射现象，非图像区域产生灰雾，使分辨力降低，字体细部模糊或丢失。

胶片线性化是指图像信号的显示值与曝光记录后分色片上获得的网点百分比完全对应的工作。由于所用记录胶片和显影条件等的非线性影响，图像信号的显示值与曝光记录值往往存在一定差距，使操作定标失去正确的客观标准。胶片线性化则能调整和消除上述非线性影响，并加以补偿。其方法是先读出机器中设置的灰梯尺各级的网点百分比数值（图像显示值）和测出输出灰梯尺的各级密度或网点百分比的数值（图像记录值）。然后在坐标纸上以梯尺级数为横轴，网点百分比为纵轴建立的直角坐标系中描出各自的曲线，然后再调整激光值和显影冲洗条件，再次输出灰梯尺测试，直至图像信号的显示值和曝光记录值二者一致或方差趋于零为止。

（2）输出设置

记录输出设置在图文处理软件中进行，一般通过软件的打印功能实现，如在CorelDRAW中记录输出设置有如下六个方面（以下以CorelDRAW12为例加以说明）：

①选择输出设备

在打印"目标"的"名称"框中下拉菜单，可以选择已安装的某种具体的输出设备，或者选择"与设备无关的PostScript文件"（PPD文件），如图5-13所示。PPD文件内包含打印机自带字体、纸张大小、优化加网参数和记录分辨力的列表。PPD由打印机制造商所提供，它反映了记录设备最为通用的配置。

②设置记录材料（胶片或印版）尺寸

点击打印界面的"属性"按钮，可以调

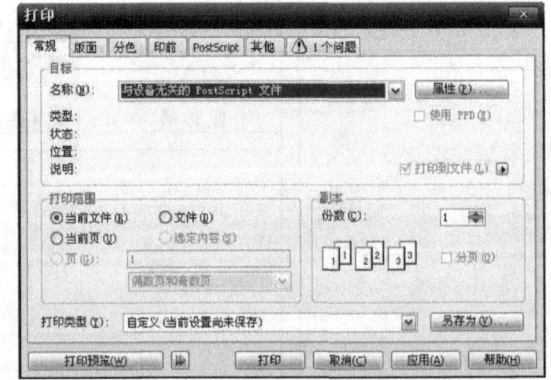

图5-13 选择输出设备

出"纸张"设置界面，如图 5-14 所示。此处设置的材料尺寸应大于页面，这是因为在页面以外还需要加入各种标记，如套准线、裁切线、测控条等。

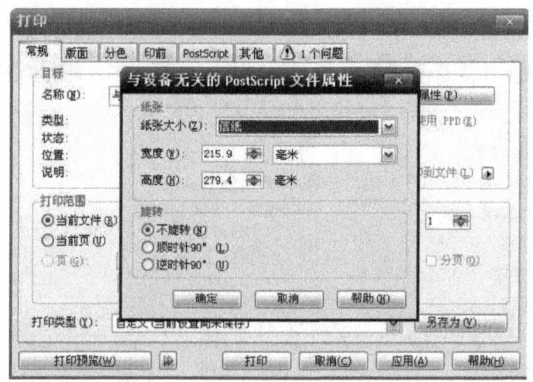

图 5-14 纸张设置界面

在 CorelDRAW 的输出设置中，设有"版面"选项界面，如图 5-15 所示，其中，可以对页面中的图像位置进行调整。另外，如果记录材料的幅面小于页面，还可以设置"平铺（拼贴）"打印方式，用多个小页面拼接成需要的大尺寸页面，小页面边缘留有重叠区域。

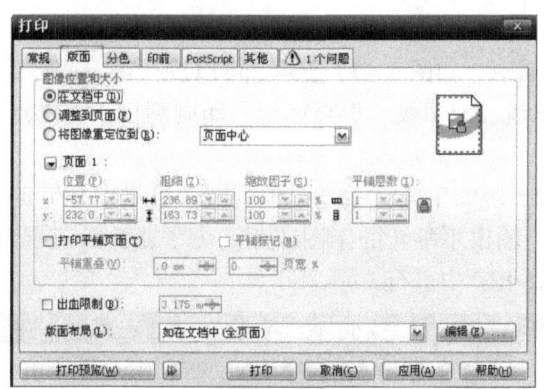

图 5-15 版面选项界面

"出血限制"用来限制图文超出页面边缘的尺寸。为了防止裁切页面后出现白边，覆盖整个页面的底色、图案、图像应少许超出页面边缘，称为"出血"，出血宽度一般约为 3mm。

③分色和加网设置

在"分色"选项界面中选择"打印分色"，如图 5-16 所示，即可进行分色页面的输出，否则只能输出复合彩色页面。除常见的 CMYK 四色分色页面外，CorelDRAW 软件还可以输出 Pantone 六色分色页面，如果需要，还可以输出一个空白版。

在界面下方安排了加网设置，如果选中"使用高级设置"，则对每个分色版的加网线数、网线角度、网点形状可以单独设置，否则，软件采用缺省的加网设置。

"补漏"是"补漏白"，为了防止不同色版图文套印误差造成图文交界边缘露出白色，需要进行补漏白设置，以便使图文对象在交界边缘处收缩或扩展。如果在文件中已经对某些图文对象进行过补漏白处理则选择"保留文档叠印"；一般选择"自动扩展"，则可以对图文交界边缘的扩展宽度进行设置。

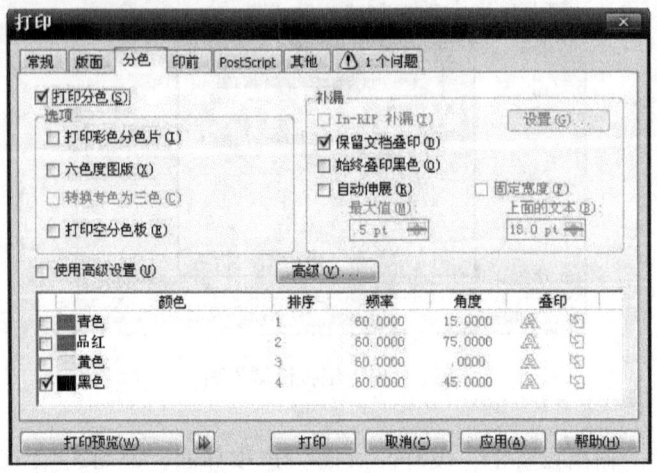

图 5-16　分色和加网设置

④印前设置

在"印前"选项界面中，如图 5-17 所示，可以进行记录阴图或阳图（反显）、分色版横向翻转（镜像）、套准线、裁切线、折页标记、印刷测控条、网点梯尺、文件信息、页码等方面的设置。

对使用阳图型胶印 PS 版的工艺，激光照排机应输出横向翻转的阳图分色片；如果采用计算机直接制版工艺则应输出不翻转的阳图印版。为了避免管理混乱，阴/阳图、分色版横向翻转的设置最好统一在 RIP 中进行。

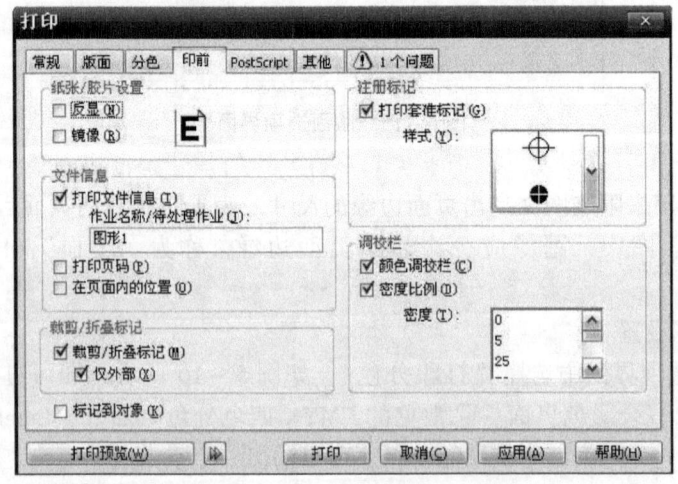

图 5-17　印前设置

⑤PostScript 设置

在"PostScript"选项界面中，如图 5-18 所示，可以进行 PostScript 相关的各种设置。设置项目有：PostScript 语言级别、字体转换和下载、图像压缩和替换（OPI/DCS）、PDF 标记、每条曲线最多结点数、自动增加曲线平滑度、自动增加颜色渐变级数、优化渐变填充等。

如果在文件中使用了不常用的字体，RIP 字库中没有该字体时，可以将字体轮廓信息"下载"到 PostScript 文件中，以防止 RIP 时因缺少字体而在输出时出现问题。如果页面内使用了 TrueType 字体，可转换成 PostScript 的 Type 1 字体。

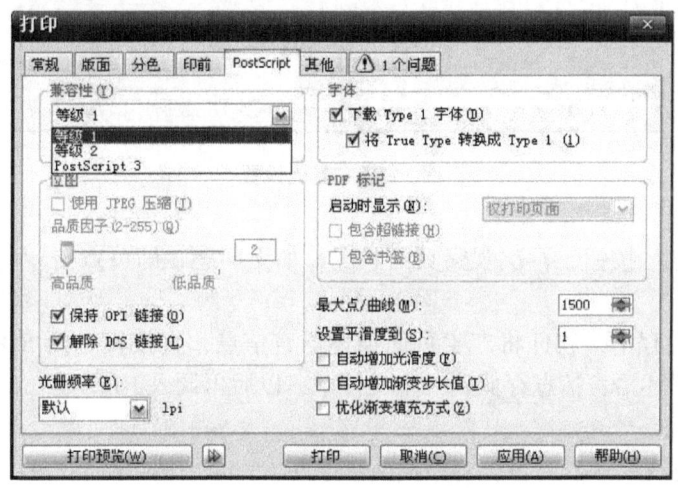

图 5-18　PostScript 设置

图像 OPI 替换是指页面中的图像是低分辨率的，其对应的高分辨率图像保存在特定的位置。当进行 RIP 时，必须用高分辨率图像替代低分辨率图像，才能正确输出。

如果采用 DCS 方式，则在 DCS 文件内已经包含了低分辨率的"预示图"和高分辨率的图像。图文排版时，在页面内置入低分辨率的图像，而在正式记录输出时，则利用文件中的高分辨率图像，以保证输出质量。

PDF 标记的设置是允许保留页面中的网络链接、多媒体链接和书签等标记。

⑥其他设置

在其他设置中主要包括以下几个选项的设置，如图 5-19 所示。

如果页面中的一些图文是 RGB、LAB 等颜色模式的，则可以选择"应用 ICC 预制文件"（色彩特性文件），它能够对页面图文进行印刷分色，如果页面图文已经分色，则不必选择此项。所谓"胶印分离预制文件"是指可以进行胶印分色的色彩特性文件，如果需要使用其他色彩特性文件，可以在软件主菜单"工具"项下的"颜色管理器"中选择。还可以根据需要进行数字打样的设置。可以改变页面中渐变颜色的步长值，增加这一数据，可改善渐变色的连续性，但页面的 RIP 处理时间会增加。如果有必要，还可以降低页面上的图像分辨率。所谓"光栅化整页"是指将整个页面转换成位图点阵图像，可以在此设置位图分辨率。

所有输出设置完成后，可以进入"问题提示"界面，了解并解决一些剩余的问题，随

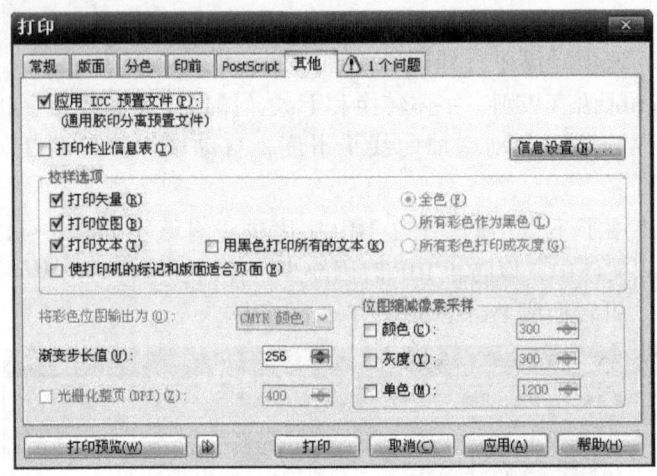

图 5-19 其他设置

后点击"打印预览"按钮，再次观察页面状况，如无问题，即可点击"打印"按钮，做正式的输出。

在"打印"过程中，软件将产生页面描述语言信息，直接发送给 RIP，也可以将"打印"生成的页面描述语言信息存储到一个文件中，以后再调入 RIP。

（3）胶片冲洗

对胶片冲洗过程要认真对待，它涉及两个方面，一是药液浓度、温度、冲洗速度等参数控制，二是对胶片冲洗前、冲洗中和冲洗后的检查和控制。保证胶片冲洗的密度、灰雾度、均匀性等参数良好，而且所有胶片质量均匀一致。一般胶片均提供了可供参考的冲洗参数，可在其范围内进行适当调节。配液时应严格按照药液使用说明来配。

在胶片冲洗前、中、后均要认真地检查，发现异常及时处理。因为胶片输出较慢，为防止废片，最好在冲洗胶片前对冲片机进行一下检查，发现有问题及时调整。

冲洗后的胶片应达到以下质量要求：
①胶片无划伤，无马蹄印。
②套准标记、版别齐全。
③四色胶片套准，重复对位精度≤0.05mm。
④胶片密度要足够，且均匀一致。
⑤图片、文字要清晰，层次要分明。

二、PS 版晒版

1. 晒版机

晒版是将原版胶片通过曝光来制作印版的过程。晒版设备分为常规晒版机和连晒机两种。其中，普通晒版机也称框架式真空晒版机（见图 5-20）由晒版光源、晒版架、真空抽气装置和控制装置组成，主要实现完整拼版整页或整版尺寸的原版胶片向印版的图文转移。而连晒机或自动拼版拷贝机，如图 5-21 所示，主要用于将单个小版原版复制成包括多个小版的整版胶片和印版的设备。连晒是按照预设的程序，采用接触曝光的方法，胶片被逐页曝光到印版上的过程，从而在保持各色版精确套准的前提下，替代手工拼版作业。

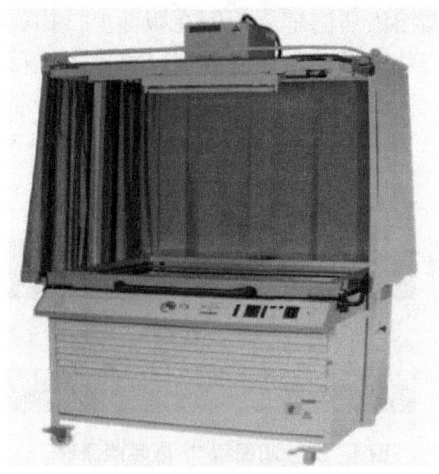

图 5-20　真空晒版机

常规晒版作业，要求使用整张印版幅面的拼版胶片曝光，拼版胶片乳剂层与印版感光层相对，使用定位销钉将胶片套准固定在已打孔印版上，并将其放入晒版架，然后将玻璃板和橡皮布之间的空间进行真空抽气，使拼版胶片与印版的接触良好，最后用紫外线光源进行照射曝光。为了保证显影优良，版材的曝光必须达到其单位面积的最小能量值。与制作原版胶片相似，晒版曝光的时间控制与光源和印版的材料相关。

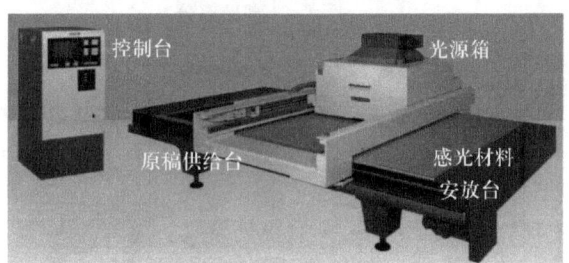

图 5-21　连晒机

2. PS 版

PS 版（Pre-sensitized Plate，即预涂感光版），是指预先在铝版上涂布感光层，然后销售给印刷制版厂使用的印版。它是用重氮或叠氮、硝基等感光剂与树脂配制成的感光胶，涂布在版基上，干燥后存放备用。PS 版的亲油部分是高出版基平面约 $3\mu m$ 的重氮感光树脂层，是良好的亲油疏水薄膜，油墨很容易在上面铺展，重氮感光树脂层还具有良好的耐磨性和耐酸性，所以 PS 版具有很高的耐印力。

PS 版有阳图型 PS 版和阴图型 PS 版两种，它们分别使用阳像和阴像底片晒版，且所涂布的感光液及其感光机理不同。

① 阳图型 PS 版。阳图型 PS 版使用的感光剂是光分解型重氮化合物，晒版底片为阳像底

片。如图 5-22 所示,晒版时重氮化合物见光后分解,生成极易溶于稀碱溶液的化学物质,然后用稀碱溶液显影而被溶解,露出铝版基,形成印版的空白部分,而未见光部分的感光层未发生任何变化,也不被稀碱溶液所溶解,仍留在版面上,构成印版的图文部分,可直接亲油墨。此外,也有用叠氮化合物分解出氮烯基或通过氢原子转移等改变溶解性,在这种感光液中加有线型酚醛树脂等高分子化合物,使图文基础牢固,而不需要加亲油性基漆用以补强。

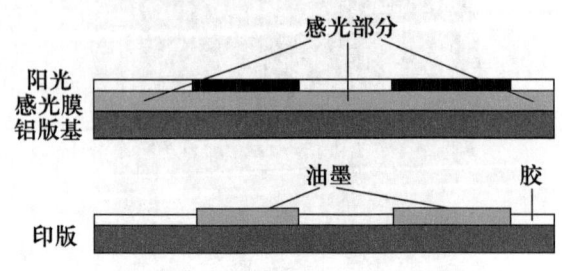

图 5-22　阳图型 PS 版晒版原理

②阴图型 PS 版。阴图型 PS 版使用的感光剂为光聚合或光交联型重氮化合物,晒版底片为阴像底片。如图 5-23 所示,晒版时重氮化合物见光后产生交联或聚合反应,成为不溶于显影液中的物质,而未见光部分的感光剂保持原有可溶性,可溶于显影液,因此,曝光后通过显影,除去未感光层,露出版基,构成亲水性的空白部分,而见光部分的不溶性物质具有亲油性,成为图文基础,由于该部分耐磨性小,耐印力较低,为了改进这一弱点,在图文上涂布补强基漆。

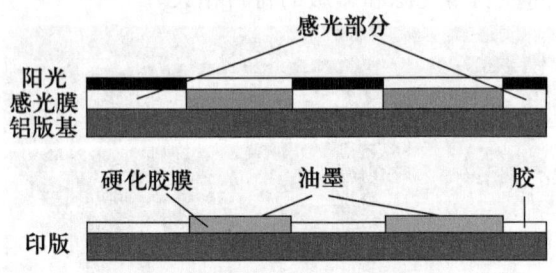

图 5-23　阴图型 PS 版晒版原理

3. PS 版晒版工艺与原理

PS 版版材是由 PS 版生产厂家对铝版经过电解、阳极氧化、封孔等处理后,再涂布重氮型感光液而制成的。去油之后的铝版基,经电解粗化,建立了砂目。为了进一步增强砂目的耐蚀、耐磨性,还需将铝版放入注满硫酸电解液的氧化槽中氧化。待氧化的铝版为阳极,铅版作阴极,通上直流电。铝版表面经氧化后即可生成硬度高、亲水性好的氧化铝层。阳极氧化后的版面,氧化膜呈多孔性,具有极强的吸附能力,如直接涂布感光液,版面就会将感光物质极其牢固地吸附住,致使在曝光后应该溶解在显影液中的树脂也不能彻底脱离版面,在印刷中造成上脏的后果。所以阳极氧化后的铝板还需在专门可结晶的溶液中浸泡一段时间,进行封孔处理,减少过多的孔隙,常用的封孔溶液为硅酸盐溶液。最后涂布感光液,烘干即可。

PS 版晒版的基本过程包括晒前准备、曝光成像、建立亲油性图文基础和建立亲水性空白基础及印版质量检查，其基本工艺流程如图 5-24 所示。

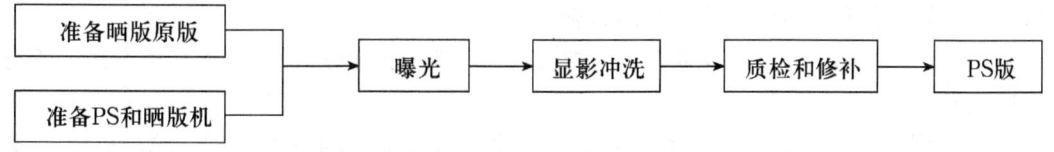

图 5-24　PS 版制版基本工艺流程

晒前准备：阅读工艺单，检查和调试晒版设备工作状态，检查和测试 PS 版材性能，配制或准备晒版冲洗药品，检查和测试原版质量。

曝光成像：将底片的膜面和感光版相向密合曝光，使感光版的性能——如溶解性、黏着性、亲和性及颜色等发生变化，利用这种性能变化把原版上的图文信息成像记录在感光版上，形成可见或不可见的影像。

建立亲油性图文基础和亲水性空白基础：采用化学溶解、腐蚀或黏着等方式对版面上曝光形成的图文部位和非图文部位进行表面性能处理，一方面是形成图文基础物质，如直接保留下图文部位的感光膜。另一方面是形成非图文基础物质，如通过显影除去版面上空白部位的感光膜露出版基原有亲水层，而具有一定的斥油亲水性和化学稳定性，使版面获得满足印刷要求的使用性能。

检查印版质量及修补：根据对印版的质量要求，仔细检查所晒制印版的质量，对存在的脏点、污点或白点进行涂擦修补。

（1）阳图型 PS 版的晒版工艺与原理

阳图型 PS 版晒版是利用阳像晒版原版，通过一定的物理化学方法，将印版上的图文部分的感光层变成稳定的亲油基础，而使空白部分露出亲水的版基，其基本工艺流程如图 5-25 所示。

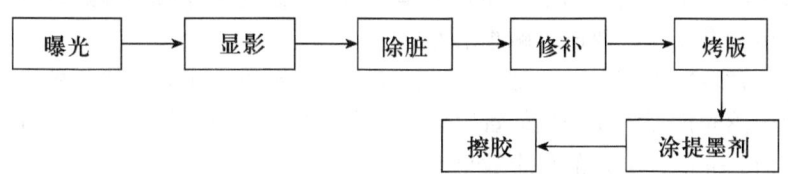

图 5-25　阳图型 PS 版制版基本工艺流程

① 曝光

曝光是指将 PS 版置于晒版机工作台上，放好底片，通过曝光以获得一种潜在或可见图像的过程。曝光是一切光化学成像方法的基本过程与主要特征。阳图型 PS 版是光分解型感光版材，除曝光外，制版全过程均应避免强光照射，工作室以黄色安全灯作为照明灯。当放置好 PS 版和原版底片后，还要通过抽气使印版与晒版底片紧密接触，以提高印版图像的清晰度，然后再进行正式曝光。

阳图型 PS 版使用阳图分色片曝光，光线透过低密度的非图文部位到达感光版的感光层上被感光剂吸收，使见光部分的感光剂发生分解，放出氮气，引起环的开裂，分子结构发生重排，生成茚酮化合物，这一部位感光层的颜色会由绿色变为蓝灰色，茚酮化合物遇水生成茚酸化合物，使曝光的感光剂的溶解性能由稀碱不溶变为稀碱可溶，即曝光使阳图型预涂感光版感光层的颜色和溶解性能发生显著改变。

晒版时曝光时间越长，图文越浅，反之则深。若曝光时间过短，感光层因分解不充分，会造成显影困难。

对 PS 版曝光的操作步骤是：首先将底片药膜面与 PS 版感光层相对置于晒版机中。然后抽气曝光，使用晒版机需预置真空时间和曝光时间，抽气时间，半真空不得低于30s，全真空不得低于80s，大幅面或网点图要增加抽气时间或者增加抽气次数。曝光时间视光源强弱、温度、湿度和制版底片的密度、灰雾度而定。一般情况下在 70～80s。目测一般版面由绿色变为蓝色即可。如果是新批量印版或非常规活件，可进行试片曝光，以确定正确的曝光量。

在曝光过程中，最重要的是要控制好曝光量，因为阳图型 PS 版是光分解型，若曝光不足，小文字、细线条会晒不出来，图像暗调部分阶调合并，且非图文部分因感光剂分解不彻底，印刷时易上脏。若曝光过度，小文字、细线条及小网点丢失，图像层次受损。

②显影

阳图型 PS 版曝光后，虽然记录下了分色片图文，并已形成了印版图文，但空白部位的光解产物仍然附着在版面上，空白部位不具备满足印刷要求的亲水、吸水性能。因此必须在曝光之后对版面进行显影加工，其目的是除去见光部分分解的感光涂层，露出亲水性的金属氧化膜，形成印版空白部位的亲水基础。

a. 显影的作用与原理

显影时，将曝光后的 PS 版平放在显影槽内，使显影液与之充分湿润，这时，感光剂曝光分解生成的不溶于水的茚酮类化合物，在碱性物质的作用下，生成可溶性盐而溶于水，首先是感光剂曝光先生成茚酮类化合物在水的作用下，水解为茚羧酸，茚羧酸遇碱再发生中和反应，而生成可溶于水的钠盐和水。同时未曝光部位的感光层在碱性显影剂的作用下，感光剂与成膜剂发生耦合反应，变成为碱难溶性物质。

显影是否正常取决于感光层的碱溶性，而感光层的碱溶性主要取决于感光剂是否曝光彻底，也就取决于感光剂吸收光子的能量以后，有多少分子进行分解，只有光分解的分子数量达到一定程度时，才能得到好的显影效果。

非感光区域即版面的图文部分，经过显影之后能够保存下来，单独的酚醛树脂在版基仅有成膜性，而感光性、抗水性也很差。但是感光剂的加入制约了酚醛树脂在碱液中的溶解性能，使得感光层通过显形之后得以保存下来。线型酚醛树脂与感光剂混合以后，经过成膜固定于版基上，其分子间的作用力是比较大的，尤其是相互间的氢键作用，使之牢牢地结合在一起，而且两种物质的摩尔比愈接近，其抗碱性愈好，所以感光剂的含量过少或树脂的含量过少都不易做成实用的 PS 版，当然两种物质分子间的作用力、氢键的结合是有一定限度的。显影时显影液浓度过高，温度过高或显影时间过长就有可能破坏这种结合力而造成图文部分的感光层部分被溶解或全部被溶解。

b. PS 版显影液的组成与性能

不同类型感光剂的 PS 版，要求采用不同组分和不同浓度的显影液。一般它是和 PS 版配套作为商品供应的。PS 版显影液一般是碱性水溶液，由显影剂、保护剂、润湿剂和溶剂等组成。

显影剂：显影剂是用来溶解 PS 版上空白部位见光分解的感光层的物质，由于版基的表面处理方式不同，所采用的显影剂也有所不同，常用的主要是碱性物质如氢氧化钠、氢氧化钾、硅酸钠等。

保护剂：铝版基的氧化层对碱的抗蚀能力较弱，为了抑制显影速度，减少显影侵蚀铝版基，一般加入适量的保护剂。保护剂又称抑制剂，用于稳定显影液，降低显影剂在显影过程中对版基的侵蚀作用，保护图文部位的感光层不受显影液的侵溶，增大显影宽容度。常用的保护剂有磷酸钾、氯化钾等。

润湿剂：润湿剂的作用是降低显影液的表面张力，使显影液快速均匀地布满版面，提高显影速度和匀度。常用的润湿剂有十二烷基苯磺酸钠、TX10 等表面活性剂。

溶剂：显影液多以水作为溶剂，有条件的可使用蒸馏水，以消除自来水中 Ca^{2+}、Mg^{2+} 等易产生沉淀或絮状物的缺陷。

PS 版显影液一般呈强碱性，并且其碱性越强，显影能力越强，但同时它对版面图文基础和空白基础的腐蚀能力也越强，易造成版面亲油能力降低和上脏等故障。

PS 版显影加工分手工显影和机器显影。

手工显影一般是在聚氯乙烯浅槽中进行，将曝光后的 PS 版放入显影槽内，显影工作液全部浸过版面，再用软尼龙刷刷洗，待见光部分的感光层全部溶解脱落后将版取出，用水将版面上的残液冲洗干净，然后进行 PS 版加工处理的其他步骤。

用显影机显影可排除人为因素的影响，制出的印版统一性好，质量稳定。

③除脏

除脏是指为保证版面的整洁性和空白部位的亲水性，对版面上出现的脏点、影印、底灰和多余的规线、图文等进行去除的一种修整方法。阳图型 PS 版除脏方法有：溶剂法、光化学法和工具法三种，其中溶剂法和工具法均属事后对故障采取的补救方法，而光化学法是在显影之前采取的一种预修整除脏法。

溶剂除脏：溶剂除脏采用专用除脏剂除脏。其基本方法是：在版面微湿状态下（有水液时易使除脏剂流渗到图文上），用普通毛笔把除脏剂涂描到脏点上，或使用专门的除脏膏直接在脏点上涂描，利用除脏剂中的溶剂溶解掉脏点，即空白部位未曝光的感光层，然后用清水迅速将版面冲洗干净。这种除脏方法简便、操作灵活，适用于版面局部少量脏点的去除，若脏点较多时，此法工作量较大、效率低。除脏剂又称修正液，它由感光层溶剂、油墨溶剂、增浓剂、润湿剂、染料等组成。其中感光层溶剂用来快速溶解感光层，属于这类的溶剂有：环己酮、二甲基甲酰胺、一缩二乙二醇、丁酮、甲乙酮、乙二醇独甲醚、乙二醇独乙醚、丁内酯、戊内酯等。油墨溶剂用于溶解图文部分的油墨和显影墨等，特别是对那些干固或半干固的油墨应具有溶解性能，属于这类溶剂的有酮、苯、酯、醚、醇等有机溶剂。增浓剂防止除脏剂流延扩散，主要是硅石粉（SiO_2），其颗粒直径应为 $2\sim4\mu m$，硅石粉是一种多孔状微细颗粒，具有较强的吸附能力，其颗粒越小吸附能力越强，也有采用高分子化合物如聚乙烯、吡咯烷酮等。润湿剂增强除脏效果，其作用是使除脏后的版面不上脏，同时使除脏液易于分散在版面上，增强除脏效果。一般可采用十二烷基苯磺酸钠、吐温-60、洗净剂等染料用于观察除脏作业。良好的除脏剂应具有除脏速度快，除脏产物易于脱离版面，不渗染版面，使用方便、成本低等特点。

光化学除脏：光化学除脏就是在主曝光之后利用二次曝光的方式除脏。它具有速度快、劳动强度小等优点，适用于除脏量较大的版面除脏。一般采用散射膜曝光除脏。散射膜曝光除脏是在主曝光后，在晒版玻璃上铺放散射膜进行二次曝光，利用散射膜对光的散射原理，把直射光线变为散射光线，使原来那些因分色片和晒版玻璃上脏点、划痕及胶带印等造成的未曝光的感光层重新曝光分解，显影时被除去达到除脏的目的。

工具除脏：工具除脏是指采用修版刮刀、刻针或浮石棒等通过刮、刻、磨等方式进行除脏。除脏时先将版面脏点部位用水润湿，然后轻轻刮掉脏点。工具除脏易损伤版面，引起氧化上脏，故此法是在不得已的情况下，如脏点距图文太近或在图文内部存在个别细小脏点时才采用的一种除脏方法。

④修补

修补是对图文部位出现的不完整漏缺故障如残笔、断线少点等进行添加补的一种修正方法。具体方法是：先把修补部位洗净并用热风吹干，以防止版面存在水分而影响修补液的附着效果以及产生流延现象，再用毛笔或绘图笔蘸上修补液涂在需修改的地方，然后在60℃~70℃的热风下吹干，促使修补液中溶剂的迅速挥发，加快修补液的结膜干燥，增强其黏附强度和耐磨性。

修补方法仅是一种事后补偿措施，其操作难度大、技艺性强，一般只用于版面上局部个别残缺点线的修补，图文残缺较多时不宜使用，应重新晒版。

⑤烤版

阳图PS版的图文部分由未见光的感光膜构成，在印刷过程中，由于光的作用，感光膜仍会不断分解，使膜层的耐蚀性、黏附性逐渐下降，因此其耐印力在10万印左右，为了进一步提高其耐印力，可在涂布一层保护液后采用高温烤版法，使图像部分的感光剂由线型结构转为网状结构，感光基团随之消失，从而使感光膜的耐磨性、耐蚀性、耐溶剂性、附着性等都有较大的提高。烤版一般可提高印版耐印力3~4倍。

⑥涂提墨剂

经过除脏或烤版后，印版均可直接上机印刷，此时有一个问题需要注意，即网点感光胶的保护问题。PS版未见光分解的感光胶具有一定程度的碱溶性，而已见光分解的感光胶应完全溶解于碱性显影液中。当PS版晒制好以后，如果网点感光胶受到二次曝光的侵害，在上机印刷时，与PS版接触的润版液、油墨、纸粉等外界物质都具有一定的酸碱性，如果pH值偏于碱性，就有可能在正常印刷生产过程中，分解侵蚀网点的周边，致使印刷质量也逐步降低。因此为进一步提高图文部分的吸墨能力，在PS版晒制修整工作完成以后，立即用手工对版面做好"提墨"保护的工作，即擦显影黑墨。防止图文网点膜面受到二次曝光的侵害。通过涂擦显影墨，在图文网点处形成一层由手工操作保证均匀的油墨层，当上机开印时就可以快速均匀的上墨，节约过版纸。

⑦擦胶

擦胶是在版面上均匀涂擦一层阿拉伯树胶保护液。一方面可防止版面被划伤，和版面直接接触腐蚀性、氧化性的气体或吸附灰尘与油脏等；另一方面利用树胶分子上的羟基等亲水性官能团可增强和保护空白部位的亲水性。

擦胶时可用棉质毛巾或海绵蘸取适量保护胶在版内纵横两向擦拭，做到均匀薄平即可，涂抹太厚易起皮脱落，太薄或不匀起不到保护作用。擦胶完毕将版置于工作台晾干。

(2) 阴图型 PS 版晒版工艺与原理

阴图型 PS 版是以光致不溶型预涂感光版为晒版材料，通过阴图分色片晒制成的一种平印版。它具有制版速度快、版面干净、耐印力高、节省制版材料等特点，特别适用于书报刊类产品的印刷。

①阴图型 PS 版晒版工艺

阴图型 PS 版晒版直接采用阴图分色片晒版，分色片的图文部位透过光线，使感光版的感光层曝光硬化、在显影时保留下来构成亲油性图文基础；未曝光部位的感光层在显影时被溶解掉，露出版基金属构成空白基础。阴图型 PS 版的晒版工艺流程是：

装版——曝光——显影——提墨——擦胶

装版：阴图型 PS 版晒版装版时的分色片定位与阳图 PS 版完全相同，但须特别注意两点：一是所用分色片必须是反向阴图型的；二是无论单晒或套晒，都必须对分色片图文以外的感光版部位进行全面遮光，以防止版面上脏。

曝光：阴图型 PS 版在曝光时，见光部位的感光层由可溶变为不溶。其曝光量的控制与阳图型 PS 版刚好相反，曝光过度，易产生网点增大或图像暗调部分出现小白点糊死的现象；曝光不足又会造成图像图文基础不牢固，耐蚀性差，并产生网点缩小或图像高调部分小黑点丢失的现象。

显影：阴图 PS 版显影也是一个溶解过程，其目的就是除去空白部位未曝光的感光层，露出金属氧化膜，形成亲水性空白基础。阴图 PS 版感光剂的种类较多，所用的显影液应与感光剂的种类相适应，一般外型版多用水直接显影，而内型版有用水显影的，有用碱性溶液显影的，也有采用有机溶剂显影的，因此在显影时应使用与 PS 版相匹配的显影液。阴图 PS 版是利用表面活性剂的扩散、渗透作用进行加速和完成显影的，其显影速度与显影温度、显影液 pH 值等成正比关系，即温度升高，显影液 pH 值增大，显影速度加快。显影过度，网点缩小；显影不足，版面起脏。这些与阳图 PS 版显影时的变化规律完全一致。

提墨：阴图 PS 版提墨的主要作用是增强图文基础的亲墨性和耐磨性，特别是外型版必须在显影之后进行提墨处理，在图文基础上再涂上一层感脂剂。

擦胶：擦胶过程与阳图型 PS 版完全相同，这里不再复述。

②重氮感光树脂阴图型 PS 阳版的晒版原理

重氮感光树脂即对重氮二苯胺多聚甲醛缩合物，这种树脂在感光前具有良好的水溶性。经蓝紫光、紫外线照射，受光部分重氮基分解，失去水溶性，成为亲油性很强的物质，这种感光剂的分子量较小，因而耐印力低。为了增强印版的着墨性能及耐印力，可对制好的印版表面加涂腊克，使图像部分加强，这种感光版称为外型版，外型版的感光液按下述配方配制：

| 对重氮二苯胺多聚甲醛缩合物 | 5% |
| 水 | 95% |

若感光液是由有机溶剂溶解的重氮树脂与高分子成膜剂配制而成，就不必在制好的印版表面加涂腊克，这样的感光版称为内型版，内型版的感光液可按下述配方配制：

β–羧乙基甲基丙烯酸酯共聚物	0.87g
对重氮二苯胺，多聚甲醛缩合物的2–甲氧基–4–羧基–5苯甲酰苯磺酸盐	0.10g
油溶性染料	0.013g
2–甲氧基乙醇	6g
甲醇	6g
二氯乙烯	6g

把涂有感光层的感光版与阴像底片密接曝光，受光部位经短波光照射以后重氮基分解失去水溶性成为亲油性物质。

对于外型版，在曝光以后还须在感光层上加涂腊克，其腊克呈乳剂状，腊克的配方如下

乙基–丁基酮（溶液）	20g
线型酚醛树脂	6g
CMC 4%水溶液（乳剂稳定剂）	60g
硫酸月桂酸钠（阴离子润湿液）	4g
苯酚（防腐剂）	0.1g
染色剂（使图像着色）	
酞花菁染料　　　3份 ⎫	
硫酸月桂酸钠　　1份 ⎬ 6g	
水　　　　　　　10份 ⎭	

倒适量腊克于版子中心，用脱脂相上下左右均匀拭擦。由于腊克是乳剂型的，除了对图文部分能够补强以外，对空白部分的感光层也有溶解作用，因此涂擦腊克时可以观察空白部分逐渐露出了版基，待图文部分清晰以后，即可用水冲洗版面的残余物质。

对于内型版，在曝光以后可直接用水或乙二醇和磷酸的水溶液溶解未见光的感光层达到显影的目的。

无论是外型版还是内型版，在显影、水洗以后还须擦胶保护版面。

③聚乙烯醇缩对叠氮苯甲醛树脂阴图型PS版的晒版原理

聚乙烯醇缩对叠氮苯甲醛树脂阴图型PS版的感光液可按下述配方配制：

聚乙烯醇缩对叠氮苯甲醛树脂	1g
乙二醇独甲醚	20ml
5–硝基苊	0.05g
0.5%盐基蓝	3ml

按配方配好后过滤，避光保存待用。

由于该树脂的固有感光度比较低（见图5–26），在应用中往往需加入一定量的增感剂，以提高其感光度，因此先用0.05g的5–硝基苊作为该树脂的增感剂，其增感效果如图5–27

所示。

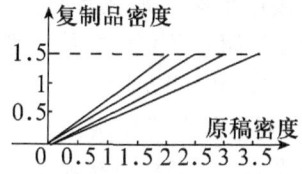 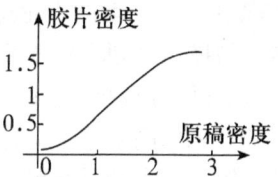

图 5-26　LN-型叠氮感光性树脂的紫外吸收光谱　　图 5-27　5-硝基苊用量与硒版后显影密度的关系

感光版与阴像底片密接曝光以后，受光部位的感光树脂经短波光的照射，叠氮基首先分解放出氮气生成氮烯游离基，一个分子的氮烯游离基与另一个分子氮烯游离基偶合形成交联体系。

把曝过光的版放入显影液中进行显影，显影液的配方是：
氢氧化钠　　　　　　10g
洗衣粉（普通）　　　5g
水　　　　　　　　　1000ml

显影液的温度控制在 20℃ ~ 25℃，显影时可用软毛刷刷洗，显影后用 3% ~ 5% 磷酸水溶液中和版面的碱性，然后水洗、风干。

为了便于检查印版质量和防止阿拉伯树胶在图像部分结膜而影响亲墨能力，在显影以后涂擦显影墨，最后，为保护版面擦上 10°Be'（波美度）的阿拉伯树胶，风干后即可上机印刷。

第四节　CTP 输出

CTP（Computer to Plate，即直接制版）技术是指由计算机到直接完成印版制作的工艺过程。它通过 RIP 将数字式版面信息转换成位图点阵信息后，再由印版照排机将 RIP 后的数字式版面信息直接扫描输出在印版版材上，然后经适当后处理即制成印版。

一、直接制版系统组成和工作原理

CTP 系统的关键设备是直接制版机，它由精确而复杂的光学系统，电路系统以及机械系统三大部分构成。直接制版机用激光对印版材料曝光，形成版面图文而制成胶印印版。这种输出设备的结构和工作原理与激光照排机近似，也有外滚筒型、内滚筒型和平面型的直接制版机。

直接制版机在扫描成像时，由激光器产生的单束原始激光，经多路光学纤维或复杂的高速旋转光学裂束系统分裂成多束（通常是 200 ~ 500 束）极细的激光束，声光调制器根据制版图像信息的明暗等特征，对每一束细微激光束的亮暗变化加以调制，使之变成受图像信号控制的光束。再经聚焦后，几百束微激光直接射到印版表面进行刻版，通过扫描刻版后，在印版上形成图像的潜影。再经显影，计算机屏幕上的图像信息就记录在印版上，可供胶印机直接印刷。每束微激光束的直径及光束的光强分布形状，决定了在印版上形成图像的潜影的清晰度及分辨率。微光束的光斑愈小，光束的光强分布愈接近矩形（理想情况），则图像的清晰度愈高。扫描精度则取决于系统的机械及电子控制部分。而微激光束的数目则决定了扫描时间的长短。微光束数目越多，扫描越快，则刻蚀一块印版的时间就越短。

  直接制版机采用高功率半导体或 YAG（钇铝石榴石）激光器进行印版记录。由于印版材料的感光灵敏度远小于感光胶片，为了达到较高的生产效率，计算机直接制版设备所采用的激光功率比激光照排机高得多（一百倍至数千倍）。基于同样的原因，外滚筒型直接制版机的滚筒转速低于激光照排机（最低仅为数十转/分钟），但其激光束可达几百束，因此可以满足生产效率需要。

二、直接制版材料

  由于直接制版机是通过激光扫描的方式在印版上记录影像的，而传统的印版的感光范围在紫外区，且感光度很低，因此直接制版必须使用特殊的版材，而且这种版材既要满足激光扫描记录信息的要求，同时又应具有传统印版版材的制版适性和印刷适性，即应具有高感光度、高耐印力、制版后处理简单等特点。具体对 CTP 版材的要求主要有以下几方面。

  ①感光度高。CTP 版材必须经济，实用，以完成激光在短时间内的曝光过程，并使用经济的激光器。感光波长必须由常规 PS 版的紫外区移向可见光或红外光区，并且曝光量要比常规 PS 版提高近万倍，曝光能量应在 $100\mu J/cm^2$ 以下。

  ②分辨力与网点再现性好。用于高质量彩色印刷的版材，必须有感光度高，分辨力高，网点再现能力强，易于处理，高反差的要求。

  ③操作性与印刷特性好。CTP 版材还必须具有制版工艺简单，印版印刷适性好，耐印力高等特点。

  从感光制版机理上划分，直接制版版材主要有光敏版和热敏版两大类型。根据 CTP 版材在扫描曝光时曝光部分是形成印版的图文部分，还是空白部分，光敏版和热敏版也都可以分别分为阳图型 CTP 版材和阴图型 CTP 版材。

1. 光敏型 CTP 版

  光敏版是指版材带有光敏涂层，用紫激光或绿激光进行曝光，版材表面光敏层通过吸收光量子而产生感光作用成像。根据所用光敏材料的不同，又可分为银盐扩散型、感光树脂型、复合型和光聚合型等。

（1）感光树脂型版材

  感光树脂版材与传统的 PS 版最接近，其基本结构是在粗化后的铝版上涂布加有染料的光敏树脂层，并用 PVA 作为保护层以防止氧化，保护曝光区，其成像原理如图 5-28 所示，扫描时，激光使曝光部位的感光树脂乳剂中感光树脂的亲水性分子发生链结或聚合，形成不溶于水的聚合物。再经过热处理，加速分子间聚合反应，形成固化的聚合物。然后经过显影将感光部分上层的保护层与未感光部分的保护层及感光树脂层一起清洗掉，而固化的树脂部分，不溶于碱性显影液，留在版面上形成亲油墨的图文。

（2）银盐复合型版材

  银盐复合型版由高感光度的卤化银层与感光树脂版材复合而成，所以兼具感光高分子和

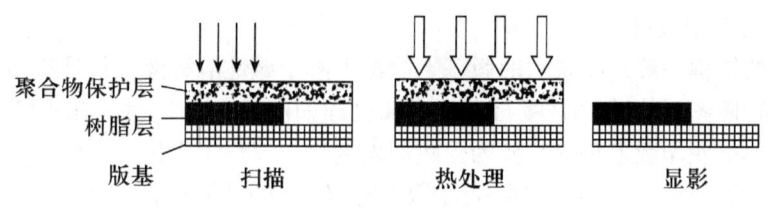

图 5–28 感光树脂型版材

银盐版材的特点，其制作及成像机理如图 5–29 所示，先在版材底基上涂布一层耐印力高、对紫外线感光的感光树脂层，再在这层感光树脂上涂布一层卤化银乳剂层。制版时，先用低功率的氩离子激光或双频激光（Nd–YAG）扫描，使上层的卤化银乳剂感光，然后进行显、定影过程。感光的卤化银（非图文区域）形成黑色的银粒子在感光树脂层上方形成不透光的蒙层。用紫外光进行第二次曝光，非蒙盖部分感光层被紫外光照射后，固化在印版上形成图文部分。将版材感紫外光树脂层以外的卤化银蒙层和未感光的感光树脂溶解掉。版材最后留下被紫外光固化的感光树脂图文。

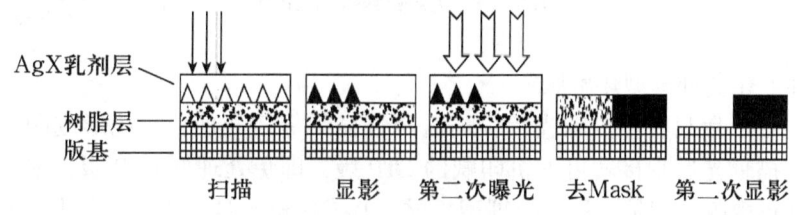

图 5–29 银盐复合型版材

2. 热敏型 CTP 版

热敏版是指不具有光敏层，利用热而不是光成像的版材，具有不经过化学处理、无环境污染问题，耐印力高，网点再现性好，以及可明室操作等优点。根据成像机理，热敏版又可以分为许多类型。

（1）热交联感应型版材

热交联感应型印版在粗化、阳极处理的铝版上，涂布一层热敏树脂聚合物，然后再涂一层保护层，如图 5–30 所示，扫描时，激光热能使印版聚合物中的酸性引发剂聚合形成潜影，潜影部分只有 10% 聚合。然后印版被送到高温处理室进行烘烤，印版的潜影部分进行充分聚合反应，形成的交联体固化在铝基版上。经过碱显影后（与传统 PS 版显影过程一样）清洗掉热敏版上的保护层和未曝光部分的聚合物层，只留下曝光部分的图文。

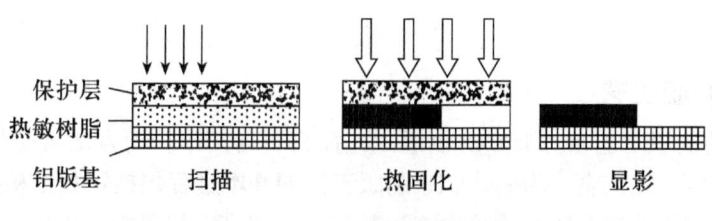

图 5–30 热交联感应型版材

（2）感热溶解型版材

这种版材的结构一般是在亲水的版基上涂覆不溶于碱性溶解液，且具有亲油性能的感热物质，它是一种阳图型热敏 CTP 版材，其成像机理如图 5-31 所示，在用红外激光扫描曝光时，激光的热能使印版上感热物质因受热而发生物理或化学变化，而变成可溶于碱液的物质，再用碱性显影液处理版面，以除去印版上曝光部分的感热物质，形成亲水的非图文部分，而未曝光部分的感热物质保留在印版上，形成亲油的图文部分。

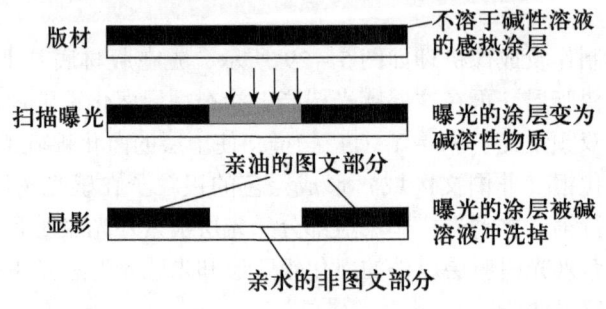

图 5-31　感热溶解型 CTP 版

（3）极性变化免处理型热敏版

上述各类 CTP 版材在扫描曝光后，均需经过显影等后处理，才能形成印版。近几年又出现一种经扫描曝光后直接就可上机印刷的 CTP 版，即免处理型 CTP 版，如图 5-32 所示的极性变化型热敏版，就是一种免处理型板材，其成像机理是：印版版基上涂布的涂层为亲水性的，经扫描曝光后，曝光区的涂层发生物理或化学变化，而变成亲油性，所以经曝光后的印版无须再进行显影等处理，即可满足印刷的要求。当然也有涂层在曝光前为亲油性的，曝光后涂层物质极性增强而变成亲水性的。

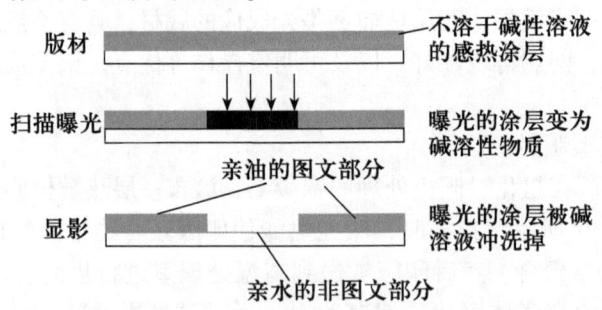

图 5-32　极性变化免处理型 CTP 版

三、CTP 制版工艺

基于 CTP 的制版工艺相对于 CTF 制版工艺而言更为简单，简言之就是将 CTF 工艺中的胶片输出和晒版两个工艺合二为一。CTP 制版工艺的基本过程包括：数据检查、曝光模式设置、曝光成像、印版冲洗及印版质量检查，其基本工艺流程如图 5-33 所示。

1. 数据准备与检查：CTP 制版采用计算机直接曝光，曝光数据的正确与否，以及数据

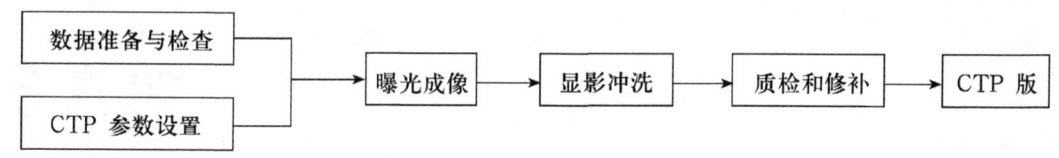

图 5-33 CTP 制版的工艺流程

内容与控制要素极其重要。因此，必须认真做好数据的准备与检查，保证输出数据的质量。

2. CTP 参数设置：在 CTP 制版中必须正确设置 CTP 设备的各项参数，包括曝光条件、加网方式、版式模板等。

3. 曝光成像：将 CTP 版正面置入曝光系统，曝光后使感光版的性能——如溶解性、黏着性、亲和性及颜色等发生变化，利用这种性能变化把图文信息成像记录在 CTP 版上，形成可见和不可见的影像。

4. 显影冲洗：其目的是在版面上建立亲油性图文基础和亲水性空白基础，采用湿式化学处理或干式处理等方式对版面上曝光形成的图文部位和非图文部位进行表面性能处理，形成图文基础物质，如直接保留下图文部位的感光膜。同时形成非图文基础物质，如通过显影除去版面上空白部位的感光膜露出版基原有亲水层，而具有一定的斥油亲水性和化学稳定性，使版面获得满足印刷要求的使用性能。不同类型的 CTP 板材，其显影冲洗的方式和过程各不一样。

5. 检查印版质量及修补：根据对印版的质量要求，仔细检查 CTP 印版的质量，对存在的脏点、污点或白点进行修补处理。

复习思考题五

1. 什么是 RIP？其主要功能有哪些？
2. 试述 RIP 输出的设置方法。
3. 打样的基本作用有哪些？
4. 试比较 RIP 前打样和 RIP 后打样。
5. 试述 CTF 输出的基本流程和方法。
6. 简述阳图型 PS 版晒版的基本工艺流程与原理。
7. 比较阳图型 PS 版和阴图型 PS 版的异同。
8. CTP 版材应具有哪些特点？
9. 试比较热敏 CTP 版材和光敏 CTP 版材的优缺点。
10. CTP 制版的基本工艺流程是怎样的？

第六章 印前图文处理质量控制

印刷品质量是印刷品各种外观特性的综合效果。从印刷技术的角度考虑，印刷品的外观特性对于不同类型的印刷产品具有不同的内涵。对于线条或实地印刷品，应该要求墨色厚实、均匀、光泽好、文字不花、清晰度高、套印精度好，没有透印和背凸过重，没有背面蹭脏等。对于彩色网点印刷品，应该要求阶调和色彩再现忠实于原稿，墨色均匀、光泽好、网点不变形、套印准确，没有重影、透印、各种杠子、背面黏脏及机械痕迹。这些外观特性既是对印刷复制品质量的评价依据，又是我们在图文复制处理过程中控制质量的根本内容和指标。

第一节　印刷复制质量控制参数

印刷复制质量是指印刷复制品对原稿图文复制的忠实性，包括图像质量和文字质量。由于图像和文字分别具有不同的特征，人们对其复制再现的具体要求也不完全一样，因此两者的质量控制参数也有差异。

一、图像质量控制参数

根据图像的质量特征，图像质量控制参数主要包括四个方面：阶调与色彩再现、图像分辨力、龟纹等故障图形以及表面特性。

1. 图像阶调和色彩再现

阶调和色彩再现是指印刷复制图像的阶调平衡、色彩外观跟原稿相对应的情况。就黑白复制来说，通常都用原稿和复制品间的密度对应关系表示阶调再现的情况（复制曲线）。就彩色复制品来说，色相、饱和度与明度数值更具有实际意义。

印刷图像的阶调与色彩再现能力不仅受到所用的油墨、承印材料以及实际印刷方法固有特性的影响，而且也常受到经济方面的制约。例如在多色印刷时，采用高保真印刷工艺就能够取得比较高的复制质量，可是那将是以提高成本为代价的。所以对于以画面为主题的印刷品来说，所谓阶调与色彩的最佳复制就是在印刷装置的各种制约因素与能力极限之内，综合原稿主题的各种要求，生产出多数人认为是高质量印刷图像的工艺与技术。

2. 图像分辨力

图像分辨力包括分辨力与清晰度两方面的内容。印刷图像的分辨力主要取决于网目线数，但网目线数是受承印材料与印刷方法制约的。人的眼睛能够分辨的网目线数可以达到每英寸 250 线，但实际生产中，并不总能采用最高网线数。此外，分辨力还受到套准变化的影响。清晰度是指阶调边缘上的反差。印前处理过程可以采用多种方法调整图像的清晰度。但是，若清晰度增强太多，会使风景或肖像之类的图像看起来与实际不符而产生失真的效果，但像织物及机械产品的图像却能提高表现效果与感染力。

3. 图像外观的均匀性

图像外观的均匀性会受到龟纹、杠子、颗粒性、水迹、墨斑等的影响。在网点图像中，有些龟纹图形（如玫瑰花形）是正常的，但当网目角度发生偏差时，就会产生不好的龟纹图形，使图像的阶调和色彩产生漂移。影响图像颗粒性的因素很多，如纸张平滑度、印版的砂目粗细都与图像的颗粒性相关。墨杠、水迹、墨斑显然会使图像产生明显的不均匀性。从技术角度讲，除龟纹与颗粒图形之外，人们可以通过控制印刷条件，使其他多数引起不均匀性的斑点与故障图形接近于零。

4. 图像表面特性

印刷图像的表面特性包括光泽度、纹理和平整度。对光泽度的要求依据原稿性质与印刷图像的最终用途而定。一般来说，复制照相原稿时，使用高光泽的纸张效果较好。在实际印刷中有时需要使用亮光油来增强主题图像的光泽。光泽程度高，会降低表面的光散射，从而增强色彩饱和度与亮度。然而，用高光泽的纸张来复制水彩画或铅笔画时，效果并不太好。使用非涂料纸或者无光涂料纸，却可以产生较好的复制效果。纸张的纹理会在某种程度上损坏图像，通常应避免使用有纹理的纸张复制照相原稿。但使用非涂料纸复制美术品时，纸张原有的纹理会使印刷品产生更接近于原稿的感觉。

二、文字质量控制参数

最佳文字质量的定义必须在没有堵墨、字符破损、白点、边缘不清、多余墨痕等各种物理缺陷的基础上，具有下列特性。

文字图像的密度应该很高。实际上，文字图像的密度受可印墨层厚度的限制。在涂料纸上，黑墨的最大密度为 1.40~1.80；而在非涂料纸上，黑墨具有的最大密度为 1.20~1.40。

笔画和字面的宽度应该同设计人员绘制的原始字体相一致。字体的笔画与字面宽度也受墨层厚度的影响。墨层比较厚的时候，产生的变形就会比较大，在一定的墨层厚度条件下，小号字产生的变形要比大号字产生的变形明显得多。为了获得最佳的复制效果，笔画宽度的变化应该保持在字体设计人员或制造人员所定规范的 5% 以内；字符尺寸应保持在原稿规范的 -0.025~+0.050mm 以内。

第二节　印前处理质量控制方法

印前处理过程中不仅要对图像的质量特性进行校正，还要根据图像复制的全过程中各种影响图像复制质量的因素，综合地校正处理图像。

一、图像处理质量控制的内容

图像处理的目的是使图像经复制后得到理想的再现，即使图像的阶调层次和颜色清晰地在复制品上再现，因此图像处理的质量好坏就取决于对图像的阶调层次和颜色的调整效果，而图像的阶调层次和颜色的变化是相互影响的。

阶调复制泛指一组被复制的阶调值与原稿上相应一组阶调值的对应关系，阶调值可用密度值或网点覆盖率值表达。当一张原稿的阶调得到最佳复制时，图像会表现出令人满意的反差，原稿上的重要细节得到表现，并有助于在整个画面取得平衡。如果是低反差原稿，可以在复制时对阶调进行局部校正，从而得到令人更满意的反差。若阶调复制不正确时，印刷图像看起来是不鲜明的，缺乏应有的自然光泽，亮调不亮或反差偏小，重要部位给人以"平"的感觉，色彩饱和度不够。

阶调再现对印刷复制的最终效果来说是重要的参数，但最佳阶调复制却具有相对性，这是因为：在生产过程中，阶调复制经常是由操作者根据某些准则主观地做出决定，而且对于一个既定原稿来说，在样张打出或印张印出之前无法准确了解阶调调节的实际效果。还有就是影响印刷图像阶调复制质量的变量也很多，主要有原稿图像的质量、油墨特性、实地油墨密度、加网线数、纸张特性、网点形状和印刷特性参数（如网点增大、网点变形、叠印和糊版）等。

理想图像复制最明显的要求是被复制的图像在视觉上跟原稿是匹配的，但事实上在大多数情况下是不可能的。在大多数情况下原稿的密度范围比印刷图像的密度范围大，而且随着纸张质量的降低，可复制的密度范围减小，对于饱和的色彩来说也是如此。解决这个问题的方法是压缩原稿的阶调范围。所谓阶调压缩就是在压缩和减少原稿阶调范围的基础上，进行印刷复制，但印刷图像的外观看起来还是正常的，并与原稿一致。

阶调再现的质量取决于对原稿进行阶调压缩的正确性，最佳阶调再现的反差一般比原稿的反差低。由于印刷复制品的高光区在视觉上比暗调区更重要，在高光区的很小的偏差就能被眼睛检测出来。因此，最佳阶调复制时，对暗调区的压缩比亮调区多，在理想的印刷条件下，即使胶片上的暗调出现一些小的偏差，在印刷复制图像上可能是看不出来的，因为这种变异在印刷图像上只有较小的偏差。但是，为了在亮调区获得尽可能高的反差，阶调压缩是比较小的。

为控制图像的阶调和颜色再现效果，一般是通过在印刷图像旁边放一灰梯尺，并用黄、品红、青、黑油墨印刷灰梯尺，以此为依据来对彩色图像的阶调复制效果和颜色再现特性进行调节，任何影响中性灰复制的因素都影响彩色图像的阶调复制。

为使图像的阶调层次得到较理想的再现并达到灰平衡，关键是在图像印前处理时使图像的各阶调达到理想效果，因此在对图像的阶调进行处理时，应在灰平衡和印刷复制所要求的层次再现效果的基础上，确定印前处理的层次曲线，具体方法与4.4.3所述类似，只不过须将黑白图像的单色印刷转移曲线改为灰平衡曲线，最终得到的是三色或四色分色曲线。

采用灰平衡的方法控制图像的阶调层次的再现，实际也对图像的颜色再现因油墨等因素所带来的色误差进行了校正，但对下述问题还需作进一步的颜色校正。

（1）分色系统中分色元件所产生的输出误差。
（2）油墨叠印时，两种油墨组合所产生的二次色误差，这是不能通过灰平衡校正解决的。

（3）色彩复制中存在相加失效和比例失效问题，在印刷机上复制的色彩跟原稿相比缺乏饱和度，为了取得更好的效果，需提高颜色的饱和度，这种改进要求通过校正调节完成，但不能影响三色的灰平衡。

二、印前分色必须考虑的因素

由于图像复制本身的复杂性，其复制处理的每一过程都需要非常精确和严格的质量控制，以便取得最佳的效果。分色片或印版在彩色复制流程中只是扮演了其中的一个角色，图像的最终质量还要看四色油墨在承印物上的印刷效果，因此，印前处理过程必须掌握复制全过程中影响复制质量的重要因素。

1. 印刷承印物

承印物纸张的质量与最终的复制质量密切相关，纸张的白度、油墨的吸收特性、表面的平滑度等与印刷品质量和印前图像复制密切相关。为了使各分色片之间达到色彩平衡，在进行校正和层次调节的时候必须考虑油墨在纸面的呈色效果。例如：为平滑的涂料纸所做的一套分色片对于粗糙表面的纸张是不适合的。同样，打样也应当用类似色相和结构特性的纸张，以便模拟印刷效果。因此，分色人员必须知道用于印刷产品的纸张类型，并根据不同纸面的印刷效果量化对分色设备的控制调节，以便取得最佳效果。

2. 油墨

四色印刷中虽然都是用三原色及黑色油墨但不同品牌的四色油墨的呈色性能是不一样的，它们存在的带灰成分大小及偏色都不一样，因此，为使分色达到最佳效果，分色人员应根据不同的油墨类型调节分色条件，但品种繁多的油墨可能会造成混乱，因为分色人员和打样人员为了得到满意的效果要不断地改变分色条件。因此，应当尽可能采用色相标准的一组油墨，一旦有所变化，就应调整分色条件。采用一组标准油墨也使打样和印刷容易达到匹配。

3. 墨层厚度

油墨的色彩强度跟印在纸面上的墨层厚度有关，这是由印刷人员调节控制的。墨层厚度不同时，纸面反射的光会发生改变，通过对反射光的测量可以控制印刷和打样效果。如果密度计的读数发生明显的改变，就要进行必要的调节，以校正印刷状况。但是，不同的密度计对反射光的响应可能不同，从而导致不同的读数。因此，印刷、打样和分色人员若只用密度读数传递色彩信息，就必须事先相互对密度计进行标定。

4. 网点增大

网目调网点在各个工序之间原样传递是不可能的，这是因为网点覆盖率受许多复杂的光学和机械因素的影响。例如纸张和油墨的内部反射，印版、橡皮布、纸张类型、印刷压力、滚筒包衬、墨层厚度、油墨的黏度和流动性等。显然，要想得到一致的印刷图像，必须在一定程度上控制网点增大和使印刷条件标准化。如果各色之间在印刷时是波动的，那么四色印刷将是不可靠的。对于四色印刷来说，色与色之间的网点增大量之差不得超过4%。为了补偿前述因素的影响，分色和打样人员必须掌握各生产工序中与这些变量有关的信息。可以用密度计测量和评价网点增大，例如，如果在印刷过程中实地密度不变而网点密度发生了变化，这时就可以考虑是网点覆盖率发生了变化。

5. 灰平衡

只要油墨特性、墨层厚度、网点增大得到限定，那么控制色彩复制的一个最重要的参数是从白到黑产生一系列中性灰和黑时所具有的黄、品红、青油墨的比例，这个比例跟各色的墨层厚度和网点增大有关。灰平衡偏差会导致复制各色的不平衡，从而引起明显偏色。为了在印刷中控制色彩，可以用视觉评判三色合成的中性阶调，如果油墨之间的初始关系遭到破坏，中性面会呈现彩色的特性，应根据偏差的方向对机器进行调节。

6. 叠印和色序

油墨叠印指湿墨层叠印在已印墨层上，理想的叠印墨层厚度应跟单独印在纸上的厚度相同。可是预先印刷的油墨不能完全接受湿油墨层，结果使先印的墨层在复制中占优势。因此，印刷色序不同，叠印的色效果可能不同。例如，黄和品红先印时，图像会呈红调，如果黄和青先印，印刷图像泛绿。理想的油墨是透明的，印刷色序对印刷效果不应有任何影响，遗憾的是油墨的连结料不纯，它会散射光线，使油墨在一定程度上产生不透明性。结果，色序不同也可能引起不同的复制效果，为了保持色彩的一致性，这些参数必须得到控制并事先顾及这个问题。

7. 晒版控制

在晒版过程中对印版的曝光、显影等因素将影响印版的网点面积，晒版的标准化操作是控制印版质量的关键，分色人员应当了解这些控制规范。

第三节 印刷图文复制质量测控条

为保证印刷产品质量符合要求，并保持稳定一致的效果，在印刷复制过程中，必须实时监控图像复制、处理、传递的质量。针对传统印刷质量的控制，许多国家研制了控制质量的测试元件，如美国的 GATF 系统，瑞士布鲁纳尔系统，德国的弗格拉系统等。这些测试元件主要包括信号条、测试条、控制条几类。针对数字化的印刷图文复制过程的质量控制则有数字式控制条。

信号条：主要用于视觉评价，功能较少，只能表达印刷品的外观信息，是一种定性的质量评价方式，如 GATF 彩色信号条等。

测试条：是以密度计检测评价为主的多功能标记元件，并借助图表、曲线进行计算，通过定量方式评价图像质量，如布鲁纳尔测试条。

控制条：结合了前两者的功能，从定性和定量两方面对图像质量进行评价与控制，如布鲁纳尔第三代测控条。

国内采用的比较有代表性的是 GATF 信号条和布鲁纳尔控制条。

一、测控条的作用

在印前处理、晒版、打样工艺操作中，实现数据化、规范化的手段是统一使用控制条。

统一使用测控条的作用如下：
(1) 检验阳图版晒成印版的网点传递百分率。
(2) 检验印版网点转印到纸上的传递情况。
(3) 检验各种稿件的晒版、打样效果的一致性。
(4) 检验同一原版多次晒版的一致性。
(5) 检验长期晒版、打样的稳定性。
(6) 检验从打样到印刷的一致性。

测控条之所以能起到控制晒版、打样质量的作用，是因为它能表达网点在传递过程中的变值，正确反映网点的传递情况。

二、GATF 信号条

GATF（美国印刷技术基金会）信号条可以不用密度计，凭肉眼就能对网点面积变化与密度进行检验，该信号条由网点增大部分、变形范围和 GATF 星标三部分组成，它的原理就是利用细网点的网点增大比粗网点敏感来判断网点增大值，在该信号条上，可通过数字来检验印刷时网点增大和缩小。这种信号条有阴图型和阳图型两种。

1. 网点增大部分

该部分由 0~9 十个数字组成，数字均由 200 线/英寸的网点构成，且每个数字的网点面积不同。这十个数字的底衬为 65 线/英寸的平网，无论阴图还是阳图，2 号数字的网点面积与底衬的网点面积相同。0~7 数字，网点面积按 3%~5% 减少；7~9 数字，网点面积依次按 5% 递减。

在拷贝、晒版、打样或印刷过程中，网线越细，越容易受到微小变化因素的影响。相反，网线越粗，对微小变化的反应很小。由 200 线/英寸组成的 0~9 号数字的不同网点层次，对拷贝、晒版或印刷中的微小变化反应很敏感，一有异常情况出现，数字部分网点面积容易扩大或减少。而由 65 线/英寸组成的粗网底衬，即使复制条件出现微小的变化，它也几乎没有反应或反应很小。这样，可以根据数字变深或变浅来判断拷贝、晒版、打样或印刷过程中的网点变化。如正常时，2 号数字的网点面积应与底衬的网点面积相同，若出现了 4 号数字与底衬相同，那么，此时的网点就扩大了 6%~10%；若 1 号数字与底衬相同，那么，此时的网点就缩小了 3%~5%。

2. 变形范围

该部分由相同面积比例的竖线和横线组成，以竖线作为底衬，横线组成"SLUR"文字。

印刷过程中，若印刷机的径向和轴向处于稳定状态，则"SLUR"与底衬的密度相同，人眼视觉就感觉不到二者的差异。若印刷机的径向和轴向处于不稳定状态，则横线或竖线就会往外扩大而变粗，人眼视觉就会感到"SLUR"变深或变浅，这样，就能很快地区别打样或印刷时有无方向性的网点扩大和因变形而引起的网点扩大。

3. GATF 星标

GATF 星标如图 6-1 所示，是供视觉检查的信号条，这是一个多功能的印刷指针，在直径 10mm 的圆内，对称分布了 36 根黑色楔形线和 36 根白色楔形线，夹角均为 5°。星标的中心是直径为 1mm 的小白圆点。通过目测星标中心的白点和楔形线的变化，便可判断印刷过程中网点增大、变形和重影的状况。楔形成等量扩大或缩小的情形能够非常敏感地反映出来，特别是在楔尖部位集中的圆心中反映出来。由此可检查印刷过程中网点扩大、糊版、花版、重影、网点变形等变化，帮助操作者快速、有效地做出判断，并采取有效措施做出及时纠正。另外，还可用来测定印版的解像力。

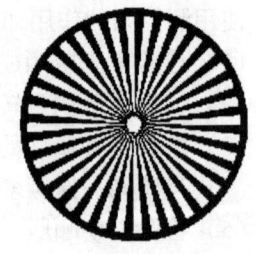

图6-1　GATF——星标

在晒版时把星标晒制在版面的拖梢空白处，也可放置在其他空白处。经晒版或印刷后，通过目测或用放大镜来观察印张上星标图案的中心部位墨量引起的变化情况，就能获知网点扩大量和扩大方向，如图6-2所示。

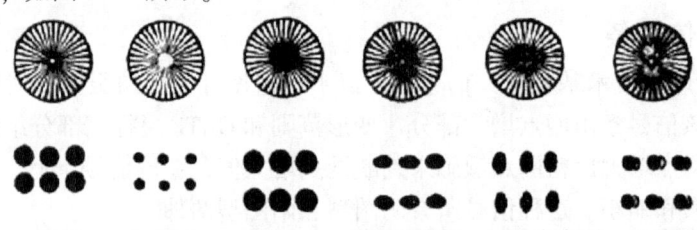

图6-2　GATF星标对网点变形的反映

a. 如果星标中心部位白点和楔形线都印得很清楚，说明印版上的网点扩大不明显，基本保持正常状态。

b. 若是楔形线变细，中心白点变大，说明网点缩小，图文偏浅，则发生了花版。

c. 若楔形线增粗，中心白点被油墨遮盖，说明墨量太大，造成了印版上网点扩大明显，而且呈现了糊版的现象。

d、e. 若星标中心部位变成椭圆形，楔形线增粗，圆心呈直的双环影，说明轴向的网点形状发生变化，且纵、横向变化不一样，圆形网点扩大产生了椭圆形变化，即产生横向变形或纵向变形。

f. 若星标中心形状成了"8"字双环形，楔形线同样要增粗，说明径向的网点发生变化，甚至是网点发生了重影。

三、布鲁纳尔测控条

布鲁纳尔（Brunner）印刷测控条由许多色块组成，但用于控制和显示网点增大的微线标是该系统的主要基础。布鲁纳尔控制条分三段和五段（在三段基础上增加75%粗网区和75%细网区，即成五段）两种，如图6-3所示为布鲁纳尔五段控制条。这种控制条灵敏度较高，利用它既能用密度计测量计算网点增大值，又能在没有密度计的条件下，用放大镜进行目测确定数据。

①第一段为实地墨块，用于检测实地密度值。

②第二段为10线/厘米的75%的粗网区，第三段为60线/厘米的75%的细网区。利用

图6-3 布鲁纳尔测控条放大图

这两段可计算出75%阶调处网点的增大值，计算方法如下：

$$网点增大值（75\%部分） = （D_{细} - D_{粗}）/D_{实}$$

其中：$D_{细}$为75%细网区密度值；

$D_{粗}$为75%粗网区密度值；

$D_{实}$为实地密度值。

75%粗网区还能用于测算相对反差值K，计算方法如下：

$$K = （D_{实} - D_{粗}）/D_{实}$$

K值越大说明实地密度与75%处的密度差别越大，暗调拉得开，网点增大值也小，所以控制K值实际上既控制了75%处的密度值，又在一定程度上控制了网点增大值，K值一般以大于0.4为好。

③第四段为10线/厘米50%的粗网区，由方网点组成。观察印版上方网点间的搭角情况，可以判断晒版曝光量是过度还是不足；观察印刷品上方网点间的搭角情况，可以判断墨量的大小。测出50%细网区和50%粗网区的密度值，按下式可计算出中间调（50%处）的网点增大值：

$$网点增大值（50\%部分） = （D_{细} - D_{粗}）/D_{实}$$

其中：$D_{细}$为50%细网区密度值；

$D_{粗}$为50%粗网区密度值；

$D_{实}$为实地密度值。

④第五段为细网区，由中心十字线把方块分割成四个大小一样的小方块，每个小方块内网点数目种类一致且相对称，每一小方块的具体构成如图6-4所示，包括如下几部分。

外角均由6线/毫米的等宽折线组成。作为检查印刷时网点有无变形、重影的标记。若网点横向滑动，则竖线变粗；网点纵向滑动，则横线变粗。

图6-4 Brunner 细网区放大图

80个网点覆盖率为50%的圆形网点，用于检测圆网点边缘的变化情况。

极细小的阴阳点子各有12个，其中阳图点子包括从0.5%~20%（从左到右依次为0.5、1、2、3、4、5、6、8、10、12、15、20），阴图点子包括从80%~99.5%。这样12个阳图点和12个阴图点在控制条上是互补的，晒版时，用它们来判断高调处极细小网点和暗调处极细小白点的还原情况。

阳图和阴图小十字线各10个，各组阴、阳十字线之和恰为50%的圆网点之面积，用于检查网点增大或缩小的情况。阴、阳十字线的粗细分别为 2.5μm、4μm、5.5μm、6.5μm、8μm、11μm、13μm、16μm、20μm 和 25μm。

中心有四个 50% 的方网点，用于控制晒版、打样或印刷时版面深浅变化。50% 网点搭角大时，说明图像深，网点扩大量大；50% 点四角脱开，说明图像浅，网点缩小。

两组直径渐变且互补的圆形网点，共 24 个，从 75% 对 25%，逐级变化到 51% 对 49% 为止，共 12 对，第一列从下向上逐渐扩大，直至第十二个网点为 75% 的面积；第二列从下向上逐渐缩小，第十二个网点面积为 25%，互相对应的两个网点总面积为 100%。通过放大镜或显微镜观察各个圆形网点的变形情况，检查其边缘接触情况，就能方便地得知网点扩大或缩小的趋势，观察不同网点面积的距离和网点并连范围。

边线上排列有不同宽度的阴线，分别为 4μm、5.5μm、6.5μm、8μm、11μm、13μm、16μm、20μm，这些粗细级变的垂直线用来检测印版表面感光乳剂的分辨率。

四、数字式测控条

由于数字印前作业的特点，模拟测控条无法作为数字胶片或印版的质量检验与控制的手段，现在能有效控制数字工作流程的质量的数字式印刷测控条，典型的是 UGRA/FOGRA PostScript 数字式印刷测控条。

UGRA/FOGRA PostScript 数字式印刷测控条由瑞士印刷科学研究促进会 UGRA 和德国印刷研究协会 FOGRA 联合开发制作的激光成像数字式印刷测控条，如图 6-5 所示，UGRA/FOGRA 数字式印刷测控条以 PostScript 语言定义，采用了模块式的结构，因而具有很大的灵活性。

图 6-5 UGRA/FOGRA 数字印刷测控条

UGRA/FOGRA PostScript 数字式印刷测控条由三个模块组成，其中模块 1 和模块 2 用于监视印刷复制过程，模块 3 则用来监视调整曝光过程。

1. 模块 1

模块 1 包含以下 8 个实地色块：青、品红、黄和黑各单色实地色块各 1 个，三原色相互叠印色即"青 + 品红"、"青 + 黄"、"品红 + 黄"实地色块 3 个，和三原色叠印色"青 + 品红 + 黄"实地色块 1 个。这些控制色块用于控制数字印刷油墨的可接受性能以及三原色的叠加印刷效果。在叠印色旁边是一个由青、品红、黄三色叠印的 300% 的网点色块，以及一个褐色边框的白色网点块，最边上用于判断输出设备是否与 BVD/FOGRA 标准匹配。

模块 1 主要用来控制实地即油墨叠印率，四色套印工艺可能因油墨叠印率不够而导致颜色复制误差，通过两种颜色的叠印可作出判断。例如，如果青、品红和黄三种色块与标准色块的匹配良好，而二次色绿色存在严重的偏色，即青和黄色混合出现偏差，则说明油墨叠印率发生了问题，可用的补救措施包括改变印刷色序，采用另一套油墨组合以及改变承印材料，或在分色时调整底色去除量等。

2. 模块 2

模块 2 主要用于控制实地、网点扩大和色彩平衡，依次包括灰平衡控制色块、实地区域、D 控制区和网目调控制区。

①灰平衡控制色块：该色块定义了与胶片输出 80% 黑色和由 75% 青、62% 品红和 60% 黄组成的混合色有关的灰色调数值，如图 6-6 所示，其中 80% 黑色用于控制网目调加网效果；混合色是为了与 80% 黑色色块比较，控制灰平衡。印刷时若灰平衡控制不好，则该色块将呈现出彩色成分。

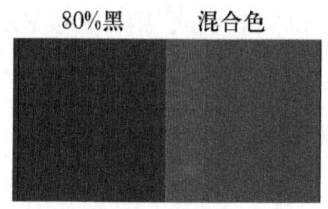

图 6-6 灰平衡控制色块

颜色平衡块主要用于检查彩色数字印刷设备或数字打样设备实现灰平衡的能力。其中左面色块的色相在印刷后应该接近于灰色，两个色块的亮度应该大体上与邻近的网目调区 80% 网目调加网控制色块相等。如果左面色块打样的结果与理想灰色的偏差很小，印刷品的颜色匹配也将是正确的。此外，模块 2 的颜色平衡块也可直接用于检验和控制彩色数字印刷过程，如果颜色平衡块的灰平衡是正常的，那么彩色数字印刷品其他区域的灰平衡也应该是正常的。

②实地区域：实地区域包含 4 个实地色块，按黑、青、品红和黄次序排列，每隔 4.8mm 放置一个色块，用于检测控制各单色实地密度。紧靠颜色平衡控制色块的第一个实地色块（黑色块）的四个角上压印了黄色，用于检查印刷色序，即黄色先于黑色印刷还是黑色先于黄色印刷。

③D 控制块：D 控制是指方向控制，即检验采用特定的复制技术、复制设备和承印材料组合对不同加网角度的敏感程度。D 控制块分为四组：青、品红、黄和黑色各一组，每一组中均包含 3 个色块，如图 6-7 所示，3 个色块均采用线形网点加网，加网角度从左到右依次为 0°、45° 和 90°，每个色块采用的加网线数均为 48 线/厘米，阶调值为 60%。其总尺寸为 6mm×4mm。在组成数字印刷测控条时，通常按黑、青、品红、黄的次序排列。

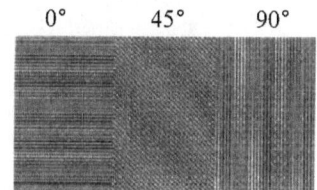

图 6-7 D 控制块

理论上，当采用相同的加网线数和网点形状时，这 3 个色块应该有相同的密度值。如果实际测量出来的 3 个密度值有较大差异，则说明用户使用的复制技术、复制设备和承印材料组合在某个加网角度太敏感。

D 控制块之所以采用 60% 阶调值而不采用中间调值（50%）的主要理由是，输出后的色块比中间调略暗，可以更清楚地识别加网工艺的方向敏感性。

④网目调控制块 40% 和 80%：该控制块同样有青、品红、黄和黑 4 组，每一组控制块由 40% 和 80% 两个色块组成，采用 60 线/厘米加网，如图 6-8 所示。两个网目调控制色块与中间调网点百分比呈不对称分布，代表了比中间调略淡（接近中间调）和接近实地的网点百分比。不同的数字印刷工艺采用不同的加网复制技术，会得到不同的输出效果。因此，这两个控制块可用来评估特定数字印刷加网技术的表现能力与行为特性，衡量加网技术能否获得需要的记录效果。在形成测控条组合时，按黑、青、品红和黄的次

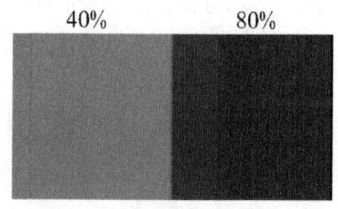

图 6-8 网目调控制块

序排列。

为了通过测量确定网点扩大值，密度计必须切换到相关颜色，并用纸张白色将密度计调零，接下来就可以测量实地色块和相邻的网目调色块了。如果密度计已经被设置到参考值40%和80%，则可直接显示网点扩大值；否则，密度计显示实际的网点百分比，可以从实际测得的网点百分比减去参考值40%或80%，从而得到网点扩大值。

3. 模块3

模块3包括15个不同深浅的灰色块，每个色块的尺寸相同（6mm×10mm），均采用黑色油墨印刷。如图6-9所示，15个色块组成5列，每一列均包含3个色块，但采用了不同的网点结构。这些色块的油墨覆盖率分别为25%、50%和75%，其中最左面一列为25%，第二、三、四列油墨覆盖率为50%，第五列为75%。

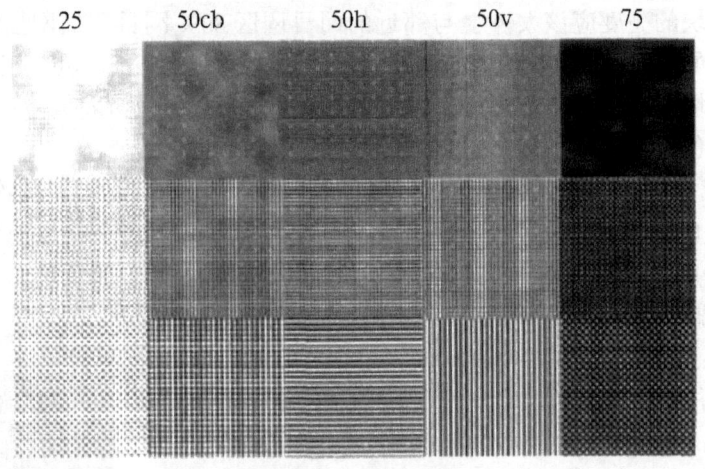

图6-9 模块3

控制块的第一行分辨率最高，用输出设备可以达到的最高记录分辨力复制，第二行色块的记录分辨力是第一行的二分之一，第三行是第一行的三分之一。由此，从第二行和第三行色块可看到较大的网点结构。控制块的第二、三、四列均为50%黑色，第二列命名为50cb（Checker Board），它们均是格子状图案；第三列包含水平线；第四列则包含垂直线。

理论上，模块3被印刷出来后，每一列中的三个色块的密度值应该是相同的，不同的仅是记录分辨力；在行方向上，每一行的中间3个色块复制到纸张上后也应该具有相同的密度值。因此，如果每一行中间3个色块的阶调存在差别，则这种差别一定与复制方法有关，导致差别产生的原因可从网线角度方向上找。输出时将记录设备调整到使行方向的阶调差别最小，则列方向上色块的密度值不同时，反映的是加网线数对复制效果的影响。

第四节 打样质量控制与检测

打样是检验印前图文处理质量及预测最终印刷效果的重要手段，打样的样张还可以作为印刷过程控制和印刷质量评价的依据，因此对打样质量的控制与检测是非常重要的。

一、机械打样质量控制

机械打样基本模拟了正式印刷的条件，在打样过程中主要应从以下几方面控制打样质量。

1. 实地密度

实地密度是指复制品（样张）上 100% 网点部位的光学密度值，常用符号 DV 表示，用来衡量油墨呈色能力和打样墨层厚度。实地密度值大，表示油墨的呈色能力强，能够复制的图像阶调范围大、层次对比度强、画面清晰度高。实验证明：实地密度范围大，表明墨量稳定性和受控程度差，网点再现稳定性差，墨色波动大。

2. 网点扩大值

网点是复制再现图像的基本元素，其大小和形状直接影响图像颜色、层次和清晰度的复制再现。因此在整个复制过程中控制网点大小比控制密度更直接、更有效。网点增大值是打样过程中最重要的控制指标。

网点扩大分为机械扩大、光学扩大两种。其中机械扩大是由墨膜受压引起的流展性扩大现象，与油墨流动度、墨层厚度及压力大小有关。网点机械扩大的一个显著特点是网点的面积变化与网点的边缘长度及边缘长度与面积之比近似成正比关系，即网点的周长越大，网点面积的扩大越多。光学扩大是指由于纸张的光吸收性等引起的网点视觉扩大现象，与纸张的平滑度等有关。纸张表面越粗糙，吸光性能越强，网点扩大越多。

确定打样网点扩大允许值时，应充分考虑到打样和印刷的技术水平和质量要求，应遵循如下规律：

①打样条件好时，如纸张质量较好，采用气垫橡皮布，网点扩大值相应小些。
②打样网点扩大值与正式印刷时的网点扩大值尽量靠近（但不一定相等）。
③黄、品红、青三色版之间的网点扩大值尽量相等，最大误差不超过 2%，否则会使色彩及灰平衡再现受到影响。
④强弱色之间可稍有区别，如黄墨呈色较弱，打样时墨层较厚，其网点扩大值可适当大一些。

3. 相对反差

打样过程中各色版的阶调再现效果不同，各色版实地密度也不同，因此获得最佳实地密度值十分关键。相对反差又称 K 值，是衡量最佳实地密度，判断网点扩大程度及控制图像阶调对比度的一个重要指标。其定义式为：

$$K = \frac{D_V - D_R}{D_V} = 1 - \frac{D_{75\%}}{D_V}$$

式中：K 为相对反差；
D_V 为实地密度值；
D_R 为 75% 网点的密度值。

K 值一般在 0~1 之间，对于 75% 网点，其 K 值越大越好。即表明网点扩大较小，网点密度与实地密度之差较大，暗调层次对比度好；相反 K 值小，表明网点扩大较多，暗调层次对比度较差。

4. 叠色量的检测

叠色量也称叠印率 T 或受墨力，是指多色印刷过程中各油墨按一定顺序进行套印时的油墨转移量，是衡量先印在纸上的油墨接受后印油墨的能力，或者后印色在前色油墨上叠印牢度的一个指标。它是影响间色、复色叠印再现和灰平衡的重要因素。叠印率常用印在第一色上的第二色油墨密度和印在白纸上的第二色油墨密度之比表示。叠色量值越大，表示叠印效果越好，叠色量理论值应达到100%，但实际上由于叠色部位的密度值均小于单色部位的密度值，即密度叠加失效，造成这种现象的基本原因是叠印的油墨转移量小于首次的油墨转移量。

5. 小网点再现值

小网点再现值是指打样或印刷过程中能够转移再现印版上网点面积的最小值，反映在画面上就是从绝网到有网点的过渡部位对应于印版上网点成数，是控制画面亮调复制状态的一个指标。小网点是表现画面质感、立体感和光泽、光线感的关键，其再现性能直接影响到亮调部位的颜色、层次的再现效果。因此打样条件较好时，要求1%的小网点能够有效地再现出来。

二、数字打样质量控制

数字打样的质量取决于两方面的因素，一是打样系统及材料的性能，二是打样过程中对图像再现性的控制。

1. 数字打样系统及材料的性能对打样质量的影响

喷墨打印机打印头的性能好坏直接影响数字打样的输出效果。打印头能够达到的打印精度决定了数字打样的输出精度。喷墨打印机的横向精度是由打印头的结构状况所决定的，纵向精度受步进电机影响，如果走纸不好，会对打印精度造成影响，必要时需要校正打印头。此外，生产过程中如果打印头出现堵塞时，样张上就会出现断线现象，因此应经常清洗打印头。

打印墨水对打样色彩的还原起到决定性作用，如喷墨打印机的墨水有颜料型和染料型两种。颜料型墨水不易褪色，其墨水原色同印刷油墨更加接近，但光源环境对样张色彩影响更加明显。染料型墨水成本较低，且对打样的纸张适用范围更广。

数字打样所用纸张一般为仿铜版打印纸。一方面，它同印刷用铜版纸具有相似的色彩表现力，更易达到同印刷色彩一致的效果；另一方面，仿铜版表面有适合打印墨水的涂层，涂层的好坏将决定样张在色彩和精度等方面的表现；同时打样纸张的吸墨性和挺度也会影响打样质量。

2. 数字打样对图像再现性的控制

（1）输出分辨力的控制

数字打样的分辨力有着双重的控制标准，既要达到一定的输出精度要求，真实地还原图像，又要求满足印刷输出的精度要求。在打印设备和耗材满足基本精度要求的情况下，要实现数字打样与印刷的精度匹配，必须通过数字打样软件采用相关的加网技术来完成。数字打样分辨力的控制比较简单，只要选择合适的打样控制软件、打样设备和介质就能满足打样的要求。

（2）阶调再现性的控制

控制数字打样阶调传递的第一步是要确定数字打样输出的密度范围，即墨水和纸张相互配合所能够表现的密度范围。可通过数字打样软件控制打印机的最大给墨量，确定 CMYK 四个通道的最大密度及双色、三色和四色叠加的最大密度。打样最大密度确定了，整个打样输出的阶调密度再现范围也就确定了。再在此基础上控制调整打样输出图像对原稿各阶调的再现效果，包括灰阶级数的确定、对图像高中低调的压缩拉升等处理，以及灰平衡控制等。

（3）颜色再现的控制

色彩的传递建立在阶调传递的基础上，但由于数字打样的工艺原理和使用的墨水、纸张同印刷是不同的，因此还需要对数字打样的色彩传递作进一步控制。数字打样的目的是为印刷提供标准，必须对用户实际生产工艺特点进行数据化分析，然后以这些数据为基础，使数字打样系统达到打样同印刷相匹配的要求。数字打样系统在完成自身的基本校正后，打印色域与印刷色域还不能达到一致，需要通过色彩转换引擎（CMM）的转换将打印的色域映射到印刷的色域内，实现数字打样色彩同印刷色彩匹配。首先，要采集印刷工艺数据生成印刷特性文件，同时，分析打样系统自身的特点，生成打样系统的特性文件，然后通过 CMM 完成色彩匹配。

数字打样软件的转换引擎在进行 PCS 色度空间转换时，必须依照国际 ICC 标准委员会规定的 D50 标准白点。但众所周知，数字打样各种墨水的光谱特性不同，而印刷的油墨也有不同的光谱特性，同时测量仪器的标准光源和光谱采集的分析计算等存在一系列差别，因此要求在采集印刷和数字打样的特性数据时要满足一定的条件和做出不同的设置。

三、样张的检查方法

在打样过程中和打样结束时，除了对打样技术质量及其指标参数进行检测外，还必须对样张和外观质量等进行认真的检查验收。

1. 样张色彩的检查

色彩是彩色与消色的总称，是人眼最敏感的心理物理量，它直接影响着人的情感的兴趣好恶。因此，既要求样张颜色符合原稿及复制要求，又要求样张的颜色真实、自然、协调，符合人们的心理颜色特征。同时还要求样张上及样张之间的墨色均匀一致，光泽度高，灰度小，质感强。

进行样张颜色检查时，应以样张图像和颜色控制条为对象，以原稿为依据，既要看画面上重点部位重点颜色的再现效果，又要看画面颜色的整体再现效果，采用画面、色标、灰平衡相结合的综合检查方法，必要时可借助色度计或密度计进行定量测定分析。

2. 样张层次的检查

层次是指画面上从最亮到最暗部位可以辨别的亮度（密度）等级。一般情况下，样张上所能辨别的亮度等级越多，表示样张上层次的复制再现效果越好。样张上的层次再现效果不仅与打样过程中的实地密度、网点扩大值、亮调小黑点及暗调小白点的再现程度有关。更重要的是与制版过程中层次复制曲线的选择与调整有关。因此在检查打样过程中的层次复制效果时，就必须以原稿作为依据。

进行样张层次检查时，以梯尺或者画面图像为对象，通过放大镜分别检查亮调、中间调和暗调的网点再现质量。基本要求是亮、中、暗三区阶调分明，层次清晰，小网点不丢，大网点不糊，网点变化在标准范围之内。

3. 样张清晰度的检查

影响样张清晰度的打样因素主要有墨层厚度、网点质量及套印状态等。墨层厚实，网点光洁、饱满、清晰、角度正确，套印准确都有利于提高样张的清晰度。相反墨层较薄，网点变形及扩大，出现重影、套印不准、油墨乳化、灰度等大都会降低样张的清晰度。因此可通过人眼在正常视距及照度下观察样张上细部层次的易辨程度，并借助放大镜观察样张上的网点质量及规线套合情况，来准确判断样张的清晰度并及时进行调整。

4. 样张外观质量的检查

样张外观质量主要是指样张的平整度、洁净度以及图文内容等非技术因素等给人的整体视觉效果。样张是提供给客户图样和作为印刷标准的，因此其外观质量必须满足如下几点要求：

①用纸用墨符合工艺单要求，规格尺寸及图文排列满足版式样及折页、印后加工要求。
②样张整洁干净、无浮脏、无色斑、无墨杠。
③图文清晰，不"花"、不"糊"。

检查与检测打样及样张质量时，必须以质量标准为依据，真正做到规范化生产与控制，保证独立、稳定地打样，使打出的样张真实可行。否则样张既不能反映出制版的真实效果，无法向前工序提供准确的打样特性参数，又不能代表印刷的实际效果，无法向印刷工序提供可行的墨色标准，使打样工作流于形式，达不到其真正的作用与目的。

第五节 分色片的质量检测与控制

在 CTF 工艺中，印前处理输出的图文合一的分色片通常直接用于晒版，将这种直接用于晒版的大版分色片称为原版。原版分色片的质量性能直接决定和影响着晒版质量，要晒制出高质量的印版，首先必须要有高质量的分色片保证。采用印前图像处理制作的分色图片由于其彩色图像复制功能的完善，使分色图片可以达到接近准确复制的程度。但是在实际作业中由于作业人员水平，原稿的缺陷与不足，图像复制要求的变化，在扫描分色完成之后，还必须对分色片的质量和参数进行检查，并对某些局部进行修整，以满足后工序及图像复制质量的要求。

一、对分色片的质量要求

1. 分色片图像外观参数检查

分色片图像的外观参数检查有以下内容。

（1）版式规格：版式规格即版面排版样式与尺寸大小。图像成品尺寸在阴图分色片上为图像最终成品尺寸与拼修口尺寸之和。在阳图片上则为图像成品尺寸。检查时应对纵横两个方向分别进行，精度为 0.01mm。晒版原版的版式规格必须与印品及工艺单上的规定相符，图文的内容、位置正确，方向性、阴阳性和版面尺寸等能满足正常晒版、印刷以及印后加工的工艺要求。

（2）扫描控制参数：它包括加网线数、网点形状、网点角度、图像正/反、图像阴/阳、色版标志、生产时间、套合十字线等。

（3）拼修参数：图像剪裁是否合适，套合是否准确，密度是否达到要求。

（4）外观质量：它包括图像分色片是否平整、光洁和干净、有无折痕、波痕、结晶斑点。

2. 分色片图像内容质量检查

分色片图像内容质量检查主要包括层次、颜色和清晰度三方面。

（1）层次再现的检查

层次再现检查有两方面内容。第一是检查图像整体阶调控制的正确性，各色版层次能否满足该原稿的印刷要求；第二是图像的高调、中间调和暗调层次是否体现了图像复制的目的和要求，调整是否准确，传递是否合理，主要检查参数有：①图像高光记录网点大小；②暗调记录网点大小；③黑版高、低调网点大小；④高、中、低调图像层次分布是否与原稿及复制要求一致；⑤极高光处理是否准确。

（2）颜色再现检查

颜色再现检查是检查Y、M、C三个色版网点百分比构成是否合适，主要内容有①灰平衡再现是否正确，即检查图像高、中、低部位中性灰区域的网点百分比构成的准确性。②色彩校正效果即检查校正色彩部位，其网点值是否达到设定的网点百分比值。

由于人物肤色的再现最难控制，因此在检查以人物肤色为主的图像分色片时，应特别注意对肤色部分的颜色再现效果的检查。通常正常肤色的面部中色彩配置基本规律是暗调黄版应不深于品红版，即 Y% ≤M%，前额部位则 Y% 略大于 M%，脸颊部位则 Y% < M%，下额部位则 Y% = M%。在分色版检查中应注意：①黄版是肤色基础，肤色由黄版的强弱来表现。因此黄版网点色量在各层次区域要准确，其高光区域与光线层次区域要崭，富有层次变化，切忌平和满。泛色区域黄版要有变化，光点处黄版网点百分比要小于品红网点百分比。②品红版是肤色的主色版，要求细腻光洁，色量恰当，应注意以面部中间调固有色为基础，控制整体色量的大小，同时面部各区域要有层次和色量变化，保证嘴唇最深，面颊次之，下额标准，前额明亮，高光亮点不绝网。并应根据原稿人物特点作灵活调整。③青版重点是表现面部轮廓层次、明暗对比、色彩冷暖变化及衬托主体。检查时需注意面部整体明暗关系，面部轮廓层次，肤色色调组合所含青版量和高光的表现。青版在高光区域一般不要绝网，保留尖细点。④人物肤色为主的黑版应以轮廓黑版为宜，通常高调，中间调区域应绝网，绝网边缘要衔接自然，避免过渡生硬。

（3）分色片清晰度的检查

主要检查分色片中图像轮廓边缘的清晰整齐程度，包括图像中细小线条的清晰程度，线条图形边缘轮廓清晰程度，以及图像细小的层次变化的清晰程度等几个方面。

二、分色片中常见故障分析及解决方案

为满足晒版要求，印前处理制作的原版底片应满足以下质量要求：无划伤和马蹄印；版

别、套准标记齐全；四色版套准重复精度高；原版底片密度高，且均匀一致；图片文字清晰，层次分明。但是由于原版制作过程中的复杂性，常会出现以下一些故障。

1. 分色片版式不正确，套准标记不全

现象：原版中图文排列与版式设计的要求不符，或者缺少套印标记等符号。

可能原因：拼版时出现差错。

解决方案：重新严格按照版式设计及印刷工艺的要求拼版。

2. 分色片上网点偏小

现象：原版上网点黑度不够，阶调偏浅，反差偏小。

可能原因：(1) 激光照排机的密度盘选定与感光胶片的感光度不匹配。(2) 显影条件控制不当，显影液浓度过低，或者溶液补充不充分，显影液温度偏低，显影时间过短。

解决方案：(1) 正确使用激光照排机密度盘，对不同感光度的胶片应选用不同的档次，当胶片冲片条件及密度盘档次选定后，不应随意变动，当改用其他品牌的胶片时，要重新通过试验确定新的条件及要求。(2) 保证显影参数良好，同时对显影液的配制、补充也要认真对待，以保证冲片质量的稳定，一般胶片都提供有可供参考的冲片参数，可在其参数范围内进行适当调整，配液时严格按照药液使用说明进行。

3. 分色片灰雾过大，清晰度差

现象：原版上非图文部分不够透明，图文不够清晰。

可能原因：(1) 感光片存放时间过长或露光。(2) 激光输出时曝光量过大。(3) 显影条件控制不当，显影时间过长，或者显影液温度过高。

解决方案：(1) 更换感光片。(2) 调整激光照排机的曝光参数。(3) 严格控制显影条件。

4. 分色片密度不均匀

现象：原版整版范围内图文密度大小不一致，或者部分空白部位出现明显灰雾。

可能原因：显影时显影液搅拌不充分。

解决方案：显影时充分搅拌显影液。

5. 分色片层次再现不全，有损失

现象：原版上对图像高调或暗调层次再现损失较大，且超出了复制要求。

可能原因：激光照排机的线性化条件改变。

解决方案：隔一段时间，应对激光照排机做一次胶片线性化处理，当显影条件改变，或更换不同型号的胶片时，应及时作胶片线性化，并定时检测输出胶片的阶调再现情况。

6. 四色分色片阶调不一致，达不到灰平衡的要求

现象：各色版阶调再现效果不一致，对图像中性灰色再现的网点大小偏差超出了允许的误差范围。

可能原因：(1) 印前处理分色设置不正确。(2) 显影冲洗条件不稳定。

解决方案：(1) 重新设置分色参数。(2) 稳定显影冲洗条件，保证所有胶片冲洗的效果一致。

第六节　印版的质量控制与检测

印版是实施印刷的基础，不同的印刷方式的印版具有不同的特点，对其质量要求也不同。要使制成的印版质量高且稳定，就必须搞好晒版工艺的规范化质量管理，即在找出晒版工艺流程中各环节影响印版质量的主要因素的基础上，再想法稳定这些因素，使它们处于良好的状态。实际上，实现晒版质量规范化，就是要做到两点：一是正确再现原版图文阶调；二是使晒的版好印，如对 PS 版而言，其版面应具有稳定的印刷基础，图文部分亲油斥水性好，空白部分亲水斥油性好。

一、平印制版的质量要求

无论是哪一种形式的印版，都必须具有很好的印刷适性，印版适性是指印版满足使用要求所必须具备的性能，包括印版上网点的还原性和网点质量、印版的稳定性和耐印力以及印版外观的特性等。所以对平印制版的质量要求包括以下几方面。

1. 印版的外观质量

印版的外观质量主要是指印版外表的性能状态，一般多采用目测法检查。对印版外观质量的基本要求是：版面平整、干净、擦胶均匀、无破边、无折痕、无划痕、无脏物和墨点等。

2. 版式规格的要求

印版的版式和规格包括版面尺寸、图文位置、叼口尺寸、后加工关系等，依据晒版工艺单和印刷机规格所要求的版式规格对照检查。如果印版尺寸误差过大或图文歪斜会造成印版上机后套印困难和发生印品报废等事故，所以对版式规格的质量要求是：印版尺寸准确，误差小于 0.3mm，套色版之间的尺寸误差小于 0.1mm，图文端正无歪斜现象。

3. 图文内容的要求

对印版图文内容的检查的基本质量要求是：文字正确、无残损字、无瞎字、无多字、无缺字等现象；图片与文字内容对应一致，方向正确；多色版套晒时，色版齐全，无缺色或重复现象；应有的规矩线齐全完整，无残缺现象。

4. 网点质量的要求

印版网点质量主要是指印版上网点的虚实饱满度、边缘光洁程度和再现性。满足印刷要求的印版网点质量应达到：网点饱满、完整、光洁、无残损、无划痕、无空心、毛刺少，虚边窄。

5. 图文深浅要求

借助放大镜、控制条，依据晒版原版和晒版质量标准检查印版高光、中间调、暗调区域的网点再现性。一般情况下，高光的 2%，暗调的 99% 网点应完全再现。如果出现网点缩小，高光小网点丢失等现象，说明图文颜色晒浅，如果出现网点扩大，暗调小白点糊死现象，说明图文颜色晒深。

6. 图文的再现性要求

根据打样的特点和要求，晒制的打样版上图文适当晒深一点，以小黑点尽量出齐为准。对印刷版而言，由于印刷一般是圆压圆的印刷方式，且速度快，印量高，所以对印刷版的要求是图文应适当晒浅为准，以提高印刷适性。

7. 印刷适性的要求

要求版面有很好的印刷适性，即版面有稳定的印刷基础，图文部分亲油斥水性好，提墨快，空白部分亲水斥油性好，好印，且版面干净，耐印力高。

8. 版材质量要求

对版材的要求主要是：版基厚薄基本一致，砂目分布均匀，粗细深浅适度；感光液涂布均匀、无气泡、无伤痕等。

二、平印制版质量控制与检测方法

1. 影响平印制版质量的因素

平印制版要经过多个工艺过程，且其中涉及许多的材料、设备、工艺环节，因此印版质量会受到许多因素的影响。影响 PS 版质量的主要因素有如下几个方面。

（1）原版分色片质量的影响

原版质量对印版质量的影响主要表现在原版的网点质量，对原版网点质量的要求主要如下：

①网点密度要高，阳图晒版为使空白部分达到有效的曝光量，又使网点覆盖的部分没有光量通过，因此，网点必须有足够的密度，单个网点的密度应达到 3.0 以上，实地密度达到 4.5 以上。实际生产中常出现的问题有：一是网点密度不足，特别是 1% ~ 2% 小黑点发灰；二是修版腐蚀不当，造成网点发灰，发黄，影响晒版质量。

②网点要光洁，没有虚晕度，每粒网点要求其中心密度与边缘密度一致，这样才能扩大曝光时间的宽容度，达到忠实的转移。日常生产中常出现的问题：一是有些原版点子中心密度高，四周密度低，带有虚边，造成晒版曝光量的微小变化就会使印版上的网点产生较大的变化。二是文字质量差，文字中间密度大，笔锋等细笔道密度低，造成晒出的印版字形缩小，缺笔断道，影响文字质量。因此，晒版前应对原版的网点、文字质量作检查，发现问题及时解决。

（2）印版版材质量的影响

印版版材质量主要包括如下内容。

①版基

PS 版版基要清洁，砂目分布均匀，粗细、深浅适度。

②感光胶层的涂布

感光涂层要均匀，厚薄适度，既要完全盖住砂目凸峰，以防止空白部分上脏，又不能过厚，影响印版的解像力。

日常生产中版材的质量问题影响最大，主要原因：一是 PS 版本身质量不稳定，如有的版材砂目很粗糙，不清洁、脏点、马蹄印等弊病较多。二是打样用再生版，其质量问题更为严重，从而加剧了打样与印刷之间的矛盾。因此，应注意版材的选择。

（3）曝光量的影响

曝光是直接将原版上的网点转移到印版上的过程，合适的曝光量，是使原版上整个阶调的网点正确地传递到印版上的重要条件。对阳图型PS版晒版而言，曝光量过多，会使印版上网点偏小，过少又会使印版图文偏深，印刷时易起脏。晒版曝光过程中，影响到曝光量多少主要有以下两个指标：

①光源

晒版光源很重要，选择正确合理，不仅能准确控制曝光量，缩短曝光时间，而且能提高版材分辨力，减少网点变化。理想的是金属卤素灯，它有较强的紫外线光谱，光谱在350～360nm之间，具有清洁、安全、稳定、光效利用率高的优点，与PS版的光谱感度相匹配。但应注意灯管用的时间长会老化，从而光谱辐射会发生变化，照明的均匀性会受到影响，致使晒制的印版图文深浅不一致，所以最好计量灯管的工作时间（最好用自动定时开关），在规定的最长工作时间期满之前及时更换。

②曝光时间

在光源不变的情况下，晒版的曝光时间实际确定了曝光量的多少，它直接关系到印版的深浅，阳图型PS版晒版时间少了，印版相对要深，版面容易起脏。相反，曝光时间多了，印版网点变小，版子就浅，而且高、中、暗调的深浅变化也不一样。

因此，当晒版条件都已选择好，并加以固定后，就要找出合适的曝光量。方法是采用测试条进行逐级曝光，经显影后测试，按几何位置对应原理，1%与99%或2%与98%的黑白小点子都能对应晒出来，才是合适的曝光量。

在日常生产中，由于PS版种类不同，所需曝光时间也不同。因此，应做到每购进一批PS版，都要进行曝光测试，取得最佳的曝光时间。

（4）晒版时原版与版材感光层接触状态的影响

晒版时原版与PS版感光层接触好坏是影响晒版质量的又一个重要因素，接触状态不同，网点变化规律也不同。如：若抽气不够紧密，则晒出的印版上网点会出现虚晕的效果；若版面抽气不均匀，则晒出的印版上网点会出现不均匀的变形，所以接触良好是网点调节受控转移的先决条件。操作时应做到抽气密合，真空度高，原版与版材接触紧密，均匀一致。

（5）晒版显影条件的影响

正确的曝光要有正确的显影来配合，阳图型PS版晒版的显影是除去印版上曝光的感光层，形成空白部分，若显影时显影不够，会使印版上空白部分的重氮化合物去除不干净，导致印刷时起脏，但若显影过量，又会破坏图文部分的网点，所以对显影条件的控制也非常重要。正确的显影效果若用视觉识别，应是版面上图文部分绿色未发生任何变化，而空白部分的绿色又完全消失，版基呈淡灰色。如果显影后，空白部分仍带有蓝绿色，则说明显影液药力弱或失效，或者曝光不足。

显影条件包括显影液的化学成分、温度、显影时间及机械搅拌等。采用自动显影机显影前，应使显影机进行循环搅拌，使药液保持均匀和恒温。

①显影时间与显影液温度

一般显影液温度控制在20℃～25℃，温度不合适，会造成显不掉或显不彻底，显影时间的控制也应根据具体的版材予以准确控制。

②显影液浓度

应根据不同种类的版材选配不同的显影液，现在大多数都采用廉价的氢氧化钠等强碱类为主剂，而且用量比例较大，药力强。这种显影液虽然速度快，但对版基表面的氧化层以及感光层都有浸蚀、溶解的缺点，对版基表面的亲水性能也有一定的破坏作用。而采用硅酸钠等弱碱类为主剂，虽然价格较高，但显影速度快，使用寿命长，而且能增加版面的亲水性和印版的耐印力。

准确控制显影液浓度的标准，应采用测试条测试，按正常时间曝光和显影，显影后空心点比较清晰，以及相对应的小黑点比较牢固，证明显影液浓度是标准的。如小黑点损失过多，说明浓度过高，如空心点糊死，则说明浓度过低。应以此为根据增减显影液的主剂含量。

(6) 晒版车间的环境的影响

晒版车间的环境条件主要包括：温度、湿度、环境光、灰尘等。温度、湿度对 PS 版影响较小，但 PS 版若要保存一到两年的时间，也要尽量放在低温干燥的地方。一般晒版车间的温度在 20℃±2℃，湿度在 55%±5% 范围内适宜。除此之外，晒版车间还应使墙和地板不反射而能大量吸收对曝光起作用的光，晒版车间的照明应当是不产生导致光化反应的光，且不能有日光射入。最好用吸光布帘将晒版机围起来。晒版车间还要注意防风保洁，尽量避免灰尘和脏物落到原版或印版上。

2. 平印制版质量检测与控制方法

印版质量检查是防止生产差错和印刷质量事故的重要一环。所以，印前认真对印版质量进行一系列的检查，对提高生产效率、保证印刷质量，具有重要的意义。

(1) 平印制版质量检测

对平印制版质量检测主要包括以下内容：

①对印版的规格尺寸进行检查

由于各种型号的胶印机滚筒直径不尽相同，故印版规格也有所差异。即使是同一类型的胶印设备，因所印产品规格以及版口尺寸不同，印版也应有所差别。所以，必须按照产品规格要求，认真核对印版图文的位置准确与否，以免盲目装版印刷后才发现问题，费工费时。

②对印版版面清洁度和平整度进行检查

对印版的清洁度和平整度的检查，主要是对印版的正反面外观上的检查。看正面印版上有无不洁净的脏点、硬化覆膜和其他残存的杂质，发现异常情况及时处理。印版的背面也应仔细检查，看有否沾上异物，如有硬质异物应及时清理干净，以免轧坏橡皮布。同时还应对印版厚薄的均匀程度进行测试，即印版的四边角的厚度误差不应超过 ±0.05mm，否则势必导致压力不均匀，可以通过垫版弥补压力不均缺陷。检查时如果发现印版表面有明显的划伤痕迹、折痕、裂痕以及凹坑等无法补救的缺陷，则该版就不能装机印刷，应重新制版以保证印刷质量。

③对印版色标、色别、规线及测试条进行检查

为了便于鉴别各色印品墨色与样稿是否一致，各色印版适当的位置上均应晒制一小块色标，且各色色标依次排列在印版靠边或朝外边的下方，与印刷所用的规矩相对，以便能较准确地检查出"白页"、双张和倒印废张。对印版色别的检查，目的是防止印前工序差错。套

色印版一般都有色别标志，但印刷前认真核对还是必要的。其方法可根据版面图文特征和色调深浅或者根据各色版的加网角度进行识别。对印版规线的检查，主要看版面上的十字线、角线的位置是否放得准确，以免影响成品的外观质量。规线是印品套印和成品裁切的依据，位置的合适与否不可忽视。版面如有晒制测试条，应检查其贴放位置是否准确。

④对版面网点与色调层次进行检查

检查时，用高倍放大镜观察到的网点，其外形应是光洁，圆方分明，且网点边缘无毛刺和缺损迹象。网点的形状不能呈椭圆、扁平状。网点颜色黑白应分明，点心不能发灰或有白点，否则，说明网点的感脂性能差。对印版层次色调的检查，可选取高调、中间调和低调这三个不同层次部位。与样稿的单色样张相对比，当印版上的网点比样稿相对区部位的网点略小，印刷后由于各种客观因素的影响，网点增大率在6%左右是允许的。若发现细小的点子丢失，表明印版图文太淡。如果低调版面上的小白点发糊，以及50%的方网点搭角过多，则说明印版图文颜色过深。

⑤对版面文字和线条进行检查

文字检查主要看有无缺笔断画或漏字漏标点符号等情况，发现问题可及时修正或采取补救措施，以保证印刷质量。对线条的检查，要看版面线条是否断续、残缺、多点及线条粗细与样稿是否一致。

(2) 晒版质量标准及控制数据

晒版质量标准之一是正确传递原版图文网点，标准之二是晒出的版好印，控制数据如下。

①晒打样版数据：应适当晒深，以小黑点尽量出齐为准，优质PS版做到2%小黑点出齐，2%细点损失为不合格，50%的中间调到98%~99%深调的空心白点忠实还原，98%小白孔点不糊死，分辨力线纹检测标显示6~8μm不全。离心涂布的再生PS版，控制3%小点出齐，97%小白孔点不糊死，分辨力线纹11μm不全。

②晒印刷版数据：晒印刷版数据应适当晒浅以提高印刷适性，控制3%小点出齐，50%部分晒浅3%~5%，97%小白孔点不糊死，分辨力线纹检测标显示11μm不全。

③版材质量符合标准：版基厚薄基本一致，砂目分布均匀，粗细深浅适度；感光液涂布均匀，无气泡，无伤痕。

④版面有稳定的印刷基础：图文部分亲油斥水性好，提墨快，空白部分亲水斥油性好，好印；版面干净，耐印力高。

三、晒版过程中常见故障分析及解决方案

1. 印版网点缩小

现象：晒到印版上的网点覆盖率小于原版上的网点覆盖率，且超出了标准允许误差值范围。

可能原因：(1) 曝光过度。在晒版时，若曝光量过多，即曝光时间过长，或除脏曝光时间过长，对阳图型PS版而言，会使印版上图文部分的重氮化合物也产生一定的分解作用，致使印版上网点偏小，图文偏浅。(2) 晒版时散光过多。晒版过程中，若环境光过多地投射到印版上，会使印版上本不应接受曝光量的图文部分也受到一定的散射光的影响，而使网

点变小。(3) 原版网点质量差。原版网点密度不够，或边缘虚边较宽，会使晒制的印版网点变小。(4) 原版与印版表面接触不紧密。原版与印版接触不紧密可能原因有：抽气不足，原版本身不够平服，原版与印版之间夹有异物等。(5) 显影控制不当。显影不当导致印版网点变小的主要原因有：显影时间过长，显影液温度过高，显影液浓度过大，这些原因都会导致显影过度，而减小印版上的网点。

解决方案：(1) 缩短曝光时间，减少二次曝光时间。(2) 缩小曝光光源的灯距，改善晒版车间的环境，减少环境光的影响。(3) 若原版网点密度过低（小于1.6），或网点虚边过大（大于10μm），应重新制作输出原版。(4) 检查抽气系统，增大抽气量；防止折压原版，胶带不与原版上图文靠得太近；清除原版与印版之间的异物，并重新装版。(5) 正确测定显影时间；将显影液温度控制在合适的范围内；按标准配方控制显影液浓度。

若是印版网点过大，其可能原因和解决方案，则和以上所述刚好相反，实际中应具体分析解决。

2. 印版显影困难

现象：印版显影困难是指在显影过程中，感光版版面上应该被去除的感光层不易或不能去除的现象。

可能原因：(1) 感光版质量差。感光版涂层的感光度过低，或者涂层过厚，会导致显影时不易完全除去印版上曝光后的涂层。(2) 曝光不足。印版涂层获得曝光量过少，会导致显影困难，其主要原因可能有：曝光时间过短；光源衰退，功率过小；灯距过大，导致照射到印版表面的光强度不够；光源的光谱与印版感光层的匹配性差；原版灰雾过大。(3) 显影效率过低。显影效率过低的主要原因有：显影液浓度过低；显影液温度过低；显影液疲劳衰退。

解决方案：(1) 增加曝光时间。(2) 更换感光版。(3) 更换新光源。(4) 适当调整灯距。(5) 冲洗输出灰雾较小的原版。(6) 补充显影剂。(7) 控制好显影液温度。(8) 更换显影液。

3. 印版图文基础不结实、亲墨性差

现象：印版图文基础不结实、亲墨性差，是指印版图文基础的稳定性差，印刷时耐蚀、耐磨性能差，耐印力低，上墨速度慢和存在上墨不匀现象。

可能原因：(1) 曝光过度。晒版曝光时，若曝光时间过长，或者原版网点黑度不够，以及环境光都会使印版上图文部分的感光层也产生部分分解，而降低其图文基础的亲油性。(2) 显影过度。显影过度，也会使印版图文部分的感光层受到破坏，而降低其亲油性，主要原因有：显影时间过长；显影液温度过高；显影液碱性过强；显影后水洗不彻底。(3) 除脏不当。除脏时对图文网点也产生了影响，如版面有水使除脏剂浸蚀到图文部位，除脏后水洗不彻底，二次曝光过度等。(4) 感光版保存或使用不当。感光版在曝光之前就已经有一定程度的感光，使整版的感光层受到曝光，如感光版存放时间过长或者避光不好，感光版在装版时长时间曝光，照明光源为蓝紫色光源（感光版的感光范围），未经烤版处理的印版受强光照射等。

解决方案：(1) 正确测定并控制曝光时间。(2) 应用黑纸有效地遮光。(3) 重新输出原版。(4) 规范显影操作。(5) 在版面干燥状态下除脏。(6) 除脏后彻底水洗。(7) 采用二次曝光除脏时，适当减少曝光时间。（8）感光版存放时间不应过长，且应保存在低温干燥避光的环境中。（9）缩短装版时间，避免强光直射。（10）使用黄色光源作为照明光源。（11）晒制好的阳图型PS版应尽量避光保存，特别不可保存在强光下。

4. 印版版面有脏

现象：印版版面有脏是指版面上黏附有其他物质或空白部位残留没有去除的感光层。

可能原因：（1）曝光不均匀。印版上获取的曝光量大小不一样，致使印版上非图文部位的感光层没有均匀地被曝光分解，而出现脏点。（2）感光版质量差。若感光版涂层不均匀或者再生版，都会引起印版起脏。（3）原版质量或操作问题。原版上若有划痕、带脏点，或者灰雾较大，会使印版起脏；拼贴原版的胶带纸位置不当，或胶带纸有阴影，也会导致印版起脏。（4）晒版框玻璃有脏点或划痕。（5）显影故障。显影不彻底导致印版起脏，主要因素有：显影液温度偏低；显影时间过短；显影液浓度偏低或显影液衰退；显影机故障；手工显影不规范。（6）水洗不足。显影后水洗不充分，可能使感光物质残留在印版上，主要原因是水洗时间过短，或者水洗时的水量过小。（7）除脏操作不当。除脏时遗漏版面上的脏点或除脏不彻底；除脏后冲洗不彻底；除脏时使用工具不慎划伤版面；除脏剂使用不当。（8）烤版不当。烤版时涂布烤版液不均匀，烤版温度过高或时间过长，也可能引起印版起脏。（9）擦胶引起脏污。护版胶本身带脏，或者擦胶布不干净，弄脏版面。

解决方案：（1）增大灯距，使曝光均匀，或者增加曝光时间，使空白部分彻底曝光。（2）更换质量合格的感光版。（3）修整原版或者重新输出原版，重新拼贴原版，或去除多余胶带。（4）晒版前，擦净晒版框玻璃，或者换修玻璃框，并保持工作环境清洁。（5）重新调整显影时间和温度，更换新鲜显影液，检查调整显影机工作状态，并规范显影操作。（6）延长水洗时间，并增大显影机的喷水量。（7）仔细检查，进一步除脏，除脏后彻底水洗，除脏时不用尖锐的工具刮或擦，更换除脏剂。（8）规范烤版作业，采用最佳的烤版温度和时间。（9）使用干净的胶合擦胶布。

5. 晒版密附程度差

现象：晒版密附程度是指原版和感光版之间的接触状态，紧密接触是晒版时网点受控转移的先决条件。接触良好有利于网点的真实转移；接触不良会加剧光渗程度，造成网点晒虚、晒丢，不能忠实转移。

可能原因：（1）晒版机的缺陷。如真空泵的抽气功率小，橡皮密封圈和橡皮导管密封不严；橡皮垫变形、老化等，或者晒版机本身真空接触不良，晒版架的玻璃或橡皮不平整。（2）晒版材料缺陷。感光版不平整，如有马蹄印等折痕，原版厚度不匀，如多张小片子拼版、胶片有毛边且厚度不同、胶带过多过厚等。（3）环境条件缺陷。晒版车间卫生条件较差时，灰尘多，容易造成灰尘落在原版与感光版上，造成胶片和PS版感光层之间出现接触不良。空气的相对湿度较小，在装版时产生了较强的静电现象。

解决方案：（1）使用正常的真空泵（一定要达到53~67kPa）。（2）换掉老化的橡皮垫，使用平整的感光版，最好使用整张原版（若只能用多张小片子拼贴的原版，就得去除多余的胶带）。（3）晒版车间一定要有良好的工作环境，保持室内温度20℃±2℃，相对湿度55.5%。

复习思考题六

1. 印刷复制中应从哪些方面控制复制质量？
2. 控制图像处理复制质量的关键有哪些？
3. 印刷复制过程中影响图像复制质量的主要因素有哪些？
4. 试述数字打样质量控制方法。
5. 简述CTF输出工艺的常见问题及解决方案。
6. 晒版过程中应如何控制印版的质量？
7. 胶印要求印版应达到什么样的质量要求？
8. 胶印过程中印版易起脏的主要原因有哪些？如何解决？

参考文献

[1] 刘全香．图像复制原理．武汉：武汉大学出版社，2006.04
[2] 王强等．平印制版技术．北京：印刷工业出版社，2007.03
[3] 姚海根．数字加网技术．北京：印刷工业出版社，2000.07
[4] 王强等．印前图文处理．北京：中国轻工业出版社，2001.08
[5] 王强．电子分色原理与应用．武汉：武汉测绘科技大学出版社，1993.12
[6] 田全慧，刘珺．印刷色彩管理．北京：印刷工业出版社，2003.02
[7] 张逸新．现代制版技术．北京：化学工业出版社，2004.02
[8] 沈晓辉，张秋实．现代版面编排与设计．北京：印刷工业出版社，1994.10
[9] 刘全香．数字印刷技术．北京：印刷工业出版社，2006.03
[10] 王永宁，张思良．平版晒版原理与工艺．北京：测绘出版社，1993.06
[11] 张逸新．分色制版新技术．北京：印刷工业出版社，2001.01
[12] 姚海根．印刷图像处理．上海：上海科学技术出版社，2005.03
[13] 陈永常．分色及制版工艺原理．北京：化学工业出版社，2006.03
[14] 王强等．分色原理与方法．北京：印刷工业出版社，2007.12
[15] 宋协祝等．印前工艺．北京：印刷工业出版社，2006.03
[16] 顾桓．彩色数字印前技术．北京：印刷工业出版社，2000.06
[17] 胡学龙．数字图像处理．北京：电子工业出版社，2000.09
[18] 刘世昌．印刷品质量检测与控制．北京：印刷工业出版社，2000.05